곽재식의 유령 잡는 화학자

곽재식의 유령 잡는 화학자

1판 1쇄 발행 2022. 10. 28.
1판 2쇄 발행 2022. 11. 30.

지은이 곽재식

발행인 고세규
편집 이예림 디자인 조명이 마케팅 신일희 홍보 장예림
발행처 김영사
등록 1979년 5월 17일(제406-2003-036호)
주소 경기도 파주시 문발로 197(문발동) 우편번호 10881
전화 마케팅부 031)955-3100, 편집부 031)955-3200 | 팩스 031)955-3111

값은 뒤표지에 있습니다.
ISBN 978-89-349-4340-2 03430

홈페이지 www.gimmyoung.com 블로그 blog.naver.com/gybook
인스타그램 instagram.com/gimmyoung 이메일 bestbook@gimmyoung.com

좋은 독자가 좋은 책을 만듭니다.
김영사는 독자 여러분의 의견에 항상 귀 기울이고 있습니다.

곽재식의 유령 잡는 화학자

김영사

들어가는 글

2020년 가을, MBC 방송국으로부터 갑작스러운 연락을 받았다. 새로 나온 책을 소개하거나 내가 쓴 소설을 TV 드라마로 만들고 싶다는 등의 제안이 아니었다. 연락을 해온 분은 다름 아닌 '시사교양국'의 임채원 PD님이었다. 심각한 이야기를 정면으로 지적하며 사회에 파장을 일으키기로 유명한 〈PD수첩〉이라는 프로그램 제작진이었다.

나는 겁을 먹었다. 어떤 무시무시한 일에 내가 연루된 걸까?

이야기를 듣고 보니 무시무시한 이야기에 엮인 것이 맞기는 맞았다. 그러나 천만다행으로 무시무시한 이야기, 그 자체에만 엮인 것이었다. 무서운 이야기를 들려주고 그에 대해 논의해보는 프로그램을 기획하고 있는데, 거기에서 해설 담당 전문가로 출연해줄 수 있느냐는 제안이었다. 작가로 활동하는 동안 나는 한국의 도시 전설에 대한 글을 여러 매체에 몇 번 쓴 적이 있었던 데다가, 한국 공포영화에 관한 글도 몇 차례 쓴 적이 있었다. 특히 내가 인터넷에 조선시대, 고려시대, 삼국시대의 이상하거나 무서운 이야기를 해설하는 글 몇 편을 쓴 것이 좀 알려지기도 했다. 임 PD님도 바로 그런 나의 글들을 읽어오면서 나를 알게 된 분이었다.

마침 2018년에 내가 쓴 《한국 괴물 백과》라는 책이, 삽화를 그려주신 이강훈 작가님의 명망 덕분인지 꽤 인기가 있었다. 이후에 방송국에서 자우림 밴드의 김윤아 님을 만나 뵈었던 적이 있는데, 《한국 괴물 백과》를 들고 오셔서 서명을 해달라고 하시기에 정말 기절할 정도로 놀랐던 기억이 있다. 덕택에 그 무렵 나는 한국의 옛 기록 속의 괴물 이야기를 다양하게 파악하고 있는 '괴물 전문 작가'라는 평도 종종 들었다.

프로그램 제작진과의 첫 회의에서 무서운 이야기를 해설하는 방송에 대해 이런저런 이야기를 나누던 중 나는 아주 오래전부터 마음속에 품고 있던 내 생각을 말씀드렸다.

"그러면 해설을 하다가, 제가 과학적으로 생각해봤을 때 이 이야기는 실제 악령이나 마귀가 나타난 것이 아니라 여러 이유로 착각한 것일 수 있다는 식의 설명도 해보면 어떨까요? 과학 지식도 전달하고 재미있지 않을까요?"

그랬더니 제작진은 이렇게 대답했다.

"선생님, 그건 저희 제작 방향하고는 완전히 반대인 것 같은

데요."

나는 실망했지만, 그래도 미련을 버리지 못했다. 다양한 해설을 하다 보면, 그런 식으로 무서운 이야기가 사람의 혼동이나 착각에서 비롯했을 가능성을 과학의 관점에서 덧붙이는 것도 필요하지 않겠느냐고 재차 이야기했다. 그렇게 정리하다 보니, 결국 그것도 또 다른 한 가지 방향으로 곁들여질 수 있겠다는 정도로 이야기가 맺어졌다. 그리하여 나는 MBC 〈심야괴담회〉에 출연하게 되었다.

무서운 이야기, 도시 전설 등을 좋아해 깊이 따지다 보면, 결국 그 이야기가 실은 착각이나 오류로 빚어진 것이라는 해설에도 자연스레 관심을 갖게 되기 마련이다. 이것은 누가 무서운 이야기를 했을 때, "세상에 유령이 어디 있냐?"라면서 그 사람을 무시하고 겁이 많다고 얕보는 태도와는 다르다.

무서운 이야기가 가치 없다고 여기거나 유령 이야기는 관심 없다는 사람들은 굳이 그 이야기가 탄생한 이유에 관해 과학적으로 분석해보려는 노력을 기울이지는 않는다. 반대로 무서운 이야기를 깊이 탐구하는 사람들은 그렇게 파고들다 보면, 자연히 그런 이야기가 탄생한 배경에 대해서도 알고 싶어 하게 된다. 그러다 보면 무서운 이야기에 대한 여러 가지 설명 중에서 착각, 환상, 헛소문에 관해 설명하는 과학에 대해서도 관심을 갖게 된다.

깊은 밤 유령이 자주 목격되는 장소가 있다고 해보자. 옛날 누군가 한 맺힐 만한 사연으로 죽고 그 혼백이 남아 유령이 보이는 것이라고 해석할 수도 있다. 그렇지만 그 근처에 흰 천의 빨랫감을 널어놓는 곳이 있는데 그곳은 상승기류가 강한 지역이라 가끔 그 천이 바람에 날리면 흰 빨래가 날아가는 모습이 유령처럼 보일 가능성이 크다고 해석할 수도 있다. 예전에는 사람들이 이해할 수 없었던 많은 현상이 과학기술의 발전으로 설명되는 사례가 많다. 그렇다 보니 현대에는 무서운 이야기를 과학으로 해석하는 것 또한 와닿을 만하다.

〈심야괴담회〉 첫 녹화가 시작되자, 나는 대본에 준비되어 있던 것에서 약간 더 나아가 무서운 이야기를 과학으로 해설하는 데 조금 더 무게를 실어 이야기했다. 마침 내 왼쪽에는 한국 최고의 코미디언 박나래 님이 앉아 계셨다. 내 말을 듣더니, 박나래 님은 이렇게 말씀하셨다.

"괴담을 말했는데, 저렇게 해설을 하신다는 것은… 이건 무슨 동심 파괴도 아니고, 괴심 파괴 아니야?"

그렇게 박나래 님이 즉흥적으로 대본에도 없는 말을 뱉으신 덕에 '괴심 파괴'라는 말이 생겨났다. 자연히 나는 '괴심 파괴자'라는 별명을 얻었다. 나는 그날 박나래 님이 붙여준 '괴심 파괴자'라는 별명이 정말 마음에 든다. 무서운 이야기를 과학 이론으로 분석해서 착각이라는 것을 밝히는 사람들은 외국에도 많이 있었다. 그런 내용을 다룬 방송 프로그램도 여럿 있었다. 외국에서는 그런 사람을 '스켑틱skeptic'이나, '디벙커debunker'라고 부른다.

나는 이보다 괴심 파괴자가 훨씬 더 좋은 이름이라고 생각한다. 스켑틱은 회의론자라는 뜻으로, 의심하며 다른 가능성도 생각해보는 사람을 말한다. 정밀하고 조심스럽게 진행해야 할 과학 연구에서 꼭 필요한 태도이기는 하다. 그러나 이 용어는 상대방이 들려준 무서운 이야기를 처음부터 믿지 않으려 하고, 의심하며 부정한다는 느낌이 강하다. 디벙커라는 말의 어감은 더 심하다. 디벙커는 속임수나 비밀로 숨겨져 있는 진실을 찾아내 공개하고 까발리는 사람이라는 뜻을 담고 있다. 그러다 보니 자칫 누가 들려준 무서운 이야기가 사실 다른 사람을 혼란시키기 위해 속임수를 숨겨둔 것이라는 느낌을 줄 위험도 있다. 그렇기에 스켑틱, 디벙커라는 이름으로 활동하는 사람들은 무서운 이야기를 부정하고 반대하고 밀어내려는 사람들처럼 보이기 쉽다. 그러나 괴심 파괴자라는 말은 그런 느낌이 아니다. 사람들 마음속에 생기는 무서움을 풀어주는 사람이라는 인상이 짙다.

이 책에서는 다양한 무서운 이야기들을 분석하면서, 그 내용의 진실을 추적해가는 데 필요한 배경 지식을 몇 가지 유형으로 묶어서 정리해보았다. 동시에 그렇게 무서운 이야기를 따지는 데 필요한 과학기술 분야의 지식을 이해하기 쉽게 설명하고자 노력했다. 현재 나는 숭실사이버대학교에서 환경안전공학을 가르치는 일을 하고 있는데, 환경안전공학은 과학 분야 중에서 화학과 깊은 관련이 있다. 또한 지금의 직장에서 일하기 전에는 화학 업계에서 계속 일했다. 그렇기에 주로 화학 분야의 지식들을 중심으로 이야기들을 정리해본 것들이 많다.

괴심 파괴를 위해 여러 가지 자료를 따지고 어떤 원리로 신기한 일이 벌어질 수 있는지 하나하나 추적해가다 보면, 결국 과학기술의 발전에 따라 예전에는 이상하게 여겼던 현상들이나 문제들을 차근차근 풀어온 것이 우리의 역사라는 사실을 새삼 느끼게 된다.

그런데 그런 발전의 원동력이 어떤 신기한 이야기를 하는 사람을 보고 미신을 믿는다고 얕보는 태도는 아니었던 것 같다. 또한 특정한 사상을 강조하기 위해 다른 사상을 믿고 있는 사람을 공격하는 목적으로 무서운 이야기를 부정하려는 노력 역시 별 도움은 못 되었던 것 같다.

그보다는 사람들이 두려워하는 문제, 이상한 현상에서 오는 공포감에 진심으로 공감하고 그 공포의 절박함을 같이 해결해보자는 태도가 먼저 있었다. 그렇기에 그 문제를 정확하게 풀 수 있는 가장 좋은 방법을 찾다 보니 과학기술의 힘을 이용할 수밖에 없었다.

옛사람들은 전염병을 악령이 돌아다니며 저주해서 일어나는 것이라 믿었고, 악령을 쫓는 의식을 치르는 것으로 병을 막으려 했다. 그런데 의식을 이렇게 치러야 악령을 쫓을 수 있다, 이런 제물을 바쳐야 악령을 쫓을 수 있다고 다툰 사람들이 전염병 문제를 해결한 것이 아니다. 전염병에 대한 두려움에 공감했기에 그 문제를 가장 정확히 해결하고자 차근차근 가장 좋은 방법을 찾아가며 애쓴 사람들이 치료제를 만들고 백신도 만들면서 전염병의 공포를 풀어나간 것이다.

2022년 종로에서

곽재식

차례

들어가는 글 · 5

1장 변신한 악귀를 물리치는 클로르프로마진 · 15

2장 지옥에서 온 괴물들을 물리치는 멜라토닌 · 39

3장 물귀신을 물리치는 클로로퀸 · 64

4장 심령사진을 물리치는 파레이돌리아 · 89

5장 저승에서 걸려온 전화를 물리치는 위양성 · 115

6장 악마의 추종자들을 물리치는 곰팡이 독소 · 138

7장 우물의 망령을 물리치는 EDTA · 165

8장 악령 들린 인형을 물리치는 열팽창 · 192

9장 예언하는 혼령을 물리치는 발표편향 · 218

10장 사상 최악의 악귀를 물리치는 백신 · 246

11장 도깨비집을 물리치는 일산화탄소 · 271

12장 유령의 발소리를 물리치는 타우 단백질 · 296

13장 괴이한 요정을 물리치는 금속산화물막 · 321

14장 거인 괴물을 물리치는 탄소 섬유 · 349

참고문헌 · 376

도판 출처 · 388

1장

변신한 악귀를 물리치는 클로르프로마진

〈브이〉와 만델라 효과

10여 년 전에 있었던 일이다. 회사 동료들과 어쩌다 보니 1980년대의 재미있었던 모험 영화들에 대해 이야기하게 되었다. 〈슈퍼맨〉과 〈인디아나 존스〉 주제가의 곡조가 좀 비슷하지 않냐, 비슷하긴 뭐가 비슷하냐, 그런 이야기를 하다가 〈백 투 더 퓨처〉가 세상에서 제일 재미있다는 이야기도 했던 것 같다. 그러다가 나는 1980년대 한국에서도 방영되었던 미국 SF TV 시리즈 중에 〈브이〉라는 것이 있었는데, 그것도 엄청 인기가 많았다는 이야기를 꺼냈다.

〈브이〉는 어느 날 갑자기 지구에 거대한 비행접시를 탄 외계인들이 나타나 교류를 요청한다는 이야기로 시작된다. 처음 외계인들은 지구인들에게 뛰어난 기술을 알려주며 서로 돕고 지내려는 것처럼 행세하지만, 실은 사악한 비밀을 감추고 있었다. 이후 드라마는 이 사실을 밝혀낸 소수의 지구인들이 외계인들과 맞서 싸우는 내용이 이어진다. 그때 한 동료가 이렇게 말했다.

"그런데 마지막 회가 진짜 허무했잖아. 그게 사실 다 꿈이었다는 게 결말이었어. 꿈에서 깨니까 그 악당 다이애나가 사실은 맨날 부부싸움하던 남자 주인공 마이크 도노반의 부인이었고."

나는 매우 놀랐다. 내가 기억하는 〈브이〉의 결말은 전혀 그렇지 않았기 때문이다. 〈브이〉의 결말은 시즌을 어떻게 나누느냐에 따라 조금 다르게 설명할 수 있지만, 어쨌든 지구인이 외계인을 물리치거나 한동안 싸움을 멈추게 되는 식의 내용이었다. 적어도 '이게 다 꿈이었다'는 결말은 결코 아니었다. 나는 직장 동료에게 반론을 제기했다. 그런데 직장 동료는 "절대 아니다. 내기해도 좋다. 내가 분명히 직접 그 마지막 회를 보았다"라고 말했다. 그는 자기가 어떤 날 어떤 상황에서 어떤 느낌으로 그 장면을 보았는지도 기억하고 있다고 장담했다. 그런데 마지막 회를 본 기억이 분명한 건 나 역시 마찬가지였다.

우리의 논쟁은 결국 사무실 전체로 퍼졌고, 실제로 〈브이〉의 결말이 '이게 다 꿈이었다'라고 기억하는 직원들도 몇 명 있었다. 그들은 "분명히 그렇게 보고 너무 놀라서 정확히 기억하고 있다"라고 말했다. 어떻게 이럴 수 있을까? 이 사람들은 도대체 무엇을 본 것일까?

나는 이 현상이 너무나 신기하여 이에 대해 글을 써서 몇몇 인터넷 웹사이트에 올렸다. 내가 영화평 등을 올리는 블로그에는 이때 올린 글이 아직도 남아 있다. 더더욱 신기하게도 여기에 반응하는 사람들이 적지 않았다.

"저도 '이게 다 꿈이었다'가 결말인 줄 알고 있었는데요."

"저도 그 마지막 회 에피소드를 생생히 기억하고 있습니다."

"뭐라고요? '이게 다 꿈이었다'가 결말이 아니었다고요?"

그 반응을 보고 더욱 기분이 이상했다. 〈브이〉의 결말은 내가 기억하고 있는 것이 맞았다. 남아 있는 기록과 영상에서도 그 사실은 확인된다. 나는 이 이야기의 사연을 좀 더 파고들어 보았다. 〈브이〉의 방영 에피소드 목록을 뒤지고 다른 사람들의 제보를 참조해서 앞뒤 상황을 더 따져본 결과, 조금 짚이는 바가 있긴 했다. 내가 내린 결론은 다음과 같다.

〈브이〉의 에피소드 중에는 악당인 다이애나가 주인공 중 한 명인 마이크 도노반을 속여 그의 정신을 조작하려고 한 이야기가 있다. 이 에피소드에서 외계인들은 다이애나와 도노반이 친하게 같이 잘 살고 있다는 환상을 도노반에게 주입하고, 극중의 현실인 다이애나와 도노반의 치열한 싸움은 다 지나간 일일 뿐인 것처럼 믿게끔 한다. 이 에피소드는 다이애나의 실패로 끝난다. 이 이야기는 〈브이〉의 결말은 아니지만 중반부에 실제로 방영되었던 내용이다. 만약 이 이야기에서 앞부분과 뒷부분을 못 본 채 TV 채널을 돌리다가 우연히 중간 부분만 보게 된다면, '이게 다 꿈이었다'가 결말인 것으로 착각할 수도 있었을 것이다. 그렇다고 해도 어떻게 그렇게 많은 사람이 곳곳에서 비슷한 착각을 하게 되었을까?

얼마 지나지 않아 인터넷에 올린 내 글에 댓글을 달아주신 분으로부터 새로운 제보를 받았다. 당시의 한 일간지에서 어떤 기자가 〈브이〉에 대해 소개하면서 "결말은 '이게 다 꿈이었다'는 것이다"라는 기사를 낸 적이 있었다고 했다. 검색해보니 정말로 그런 기사가 있었다. 기자가 무엇을 보고, 혹은 무엇을 듣고 착각한 것인지, 그런 오보를 내버린 것이다. 그 기사를 본 사람들이 "〈브이〉의 결말이 허무하게도 '이게 다 꿈이었다'는 거라면서?"라고 이야기를 나누었을 테고, 실제로 그 비슷한 내용의 에피소드 중간 부분만 잠깐 본 사람들이 "어제 방송 보니까 그렇게 끝나는 것 같더라"라고 맞장구쳤을지 모른다. 그렇게 잘못된 환상이 굳건히 자리를 잡았을 수 있다. 이것이 가장 있음직한 해석인 듯하다.

그러나 그것만으로는 쉽게 납득되지 않았다. 아무리 그래도 그렇지, 어떻게 그렇게나 많은 사람이 그토록 굳게 믿고 있을 수 있을까? 인터넷에 내가 이 이야기를 퍼뜨린 지 얼마 지나지 않아 심지어 더 괴상한 이야기도 들었다. 사람들을 혼란스럽게 만든 이 일은 실은 어느 국내 대학의 연구진이 사회과학 실험 또는 심리학 실험을 하기 위해 일부러 착각을 유도한 것이라는 소문이었다.

얼마 후 나는 주로 미국에서 만델라 효과Mandela effect라고 부르는 현상이 있다는 사실을 알게 되었다. 만델라 효과는 상당히 많은 사람이 실제와 다른 내용을 사실이라고 잘못 기억하고 있는 사건을 말한다. 남아프리카 공화국의 대통령인 넬슨 만델라가 1980년대 또는 1990년대에 사망했고 그것이 굉장히 큰 뉴스가 되어 그에 대한 추모 행사나 장례식 장면을 텔레비전에서 보았다고 기억하는 사람들이 꽤 많다고 한다. 그들 중에는 자기가 어린 시절 집에서 분명히 TV로 만델라의 추모식을 보았고, 그때 어떤 일을 하고 무슨 말을 했는지 똑똑히 기억한다는 사람도 있다.

그러나 사실 넬슨 만델라는 2010년대가 되어서야 사망했다. 사람들의 기억에 오류가 일어난 것이다. 그런데 한 사람이 어떤 착각 때문에 잘못 기억하고 있다는 사실은 받아들이기 쉽지만, 아주 많은 사람이 단체로 무엇인가를 오해하는 일은 가능성이 낮아 받아들이기 어렵다. 그래서 〈브이〉의 결말을 착각한 사례나 넬슨 만델라의 사망을 착각한 사례는 더욱 괴이해 보인다.

어떤 사람들은 이것이 신비로운 조작이나 현대 과학의 상상을 초월하는 이상한 현상이 개입되어 있기 때문이 아닌가 상상해보기도 한다. 아까 이야기한 것처럼, 정부에서 어떤 이유로 여러 사람에게 정신 조작을 가했다든가, 외계인이 사람 여럿을 납치해서 기억을 바꾸어버렸다든가 하는 것 말이다. 이런 부류의 이야기 중에는 심지어 평행우주와 만델라 효과를 연결시키는 경우도 있다. 말하자면 〈브이〉의 결말은 꿈이라는 장면을 본 사람들이 체험한 우주가 있고, 〈브이〉의 결말은 꿈이 아니라는 장면을 본 사람들이 체험한 우주가 있는데, 어떤 이유로 두 우주가 합쳐졌다고 상상하는 것이다. 그 말이 맞다면 〈브이〉의 결말을 다르게 기억하고 있는 사람들은 다른 우주에서 온 사람들이다.

저절로 바뀌는 기억

그러나 넬슨 만델라의 이야기와 〈브이〉의 결말은 기억 조작 음모나 외계인의 침입이나 평행우주의 증거가 될 수는 없다. 흐릿하게 남은 옛 기억은 여러 가지 이유로 바뀌는 경우가 있으며, 때에 따라서는 여러 사람의 기억이 동시에 비슷한 방향으로 바뀌는 일도 벌어질 수 있기 때문이다.

가장 쉽게 살펴볼 수 있는 예로, 2001년에 나온 한국 영화 〈봄날은 간다〉의 명대사가 있다. 이 영화에서 여자 주인공 이영애의 "라면 먹고 갈래요?"는 대표적인 명대사로 유명하다. 실제로 이 영화를 본 많은 사람이 이 대사를 기억한다. 이영애가 극중에서 그 대사를 말하는 목소리와 말투를 생생하게 기억하는 사람들도 많다.

그런데 충격적이게도 영화를 보면 "라면 먹고 갈래요?"라는 대사는 나오지 않는다. 실제 대사는 "라면 먹을래요?"이다. "라면 먹고 갈래요?"는 그 대사를 인용한 사람들이나 코미디언들이 잘못 사용하면서 퍼진 것일 뿐이다. 극중 상황을 한마디로 짧게 표현하기에는 식당에서 음식 메뉴 고르는 것 같은 "라면 먹을래요?"보다, '지금 바로 떠나지 말고 라면이라도 하나 먹고 가면 어떻겠느냐?'는 의미가 담긴 "라면 먹고 갈래요?"가 더 잘 어울리고, 이렇게 변형된 말을 쓰는 게 뜻도 잘 통한다. 그렇다 보니 여러 차례에 걸쳐 "라면 먹고 갈래요?"가 널리 회자되고, 그 말을 자꾸 듣다 보니 내가 영화를 보며 들은 대사도 "라면 먹고 갈래요?"였다고 슬며시 기억이 바뀌는 것이다.

이런 예는 여럿 있다. 2001년에 나온 영화 〈친구〉의 한 대사도 좋은 예다. 이 영화에서 장동건이 말하는 "내가 니 시다바리가?"라는 대사는 잘 알려져 있다. 이 말투를 영화에서 들은 대로 따라 한 사람도 무수했다. 그러나 역시 이 대사는 영화에 나오지 않는다. 실제 대사는 "내는? 내는 니 시다바리가?"이다. 나중에 다시 따라 하기에는 영화 속 상황을 압축해서 더 쉽게 나타낼 수 있는 "내가 니 시다바리가?"라는 말이 더 자연스럽다고 생각해 친숙하게 여기게 되었을 것이다. 그러다 실제로 영화에서 그런 대사를 들었다고 기억도 바뀌었을 것이다.

외국 영화 중에서도 〈스타워즈: 제국의 역습〉에 나오는 명대사가 "Luke, I am your father"라고 기억하는 사람이 많지만, 실제 대사는 "No, I am your father"다. 〈카사블랑카〉에서는 "Play it again, Sam"이라는 대사가 널리 알려져 있지만, 사실 이 대사는 그 영화에 안 나온다. 이런 이야기들은 만델라 효과의 대표적인 예다.

비슷한 사례 중에 〈터미네이터 2〉의 마지막 장면에 관한 것은 정도가 좀 심하다. 마지막에 터미네이터는 뜨거운 용광로 속으로 자진해서 들어간다. 그러면서 엄지손가락을 들어 올린다. 이 장면은 명장면으로 잘 알려져 있다. 그런데 꽤나 많은 사람이 이 장면에서 터미네이터가 "I'll be back"이라고 말했다고 기억하고 있다. 그러나 이 장면에서 터미네이터는 그 말을 전혀 하지 않는다. 앞뒤 내용을 생각해보아도 그런 대사가 나올 이유는 없다. 이 장면은 터미네이터가 자기 머릿속에 있는 인공지능 컴퓨터 칩을 파괴하기 위해 자진해서 용광로에 뛰어드는 장면이다. 그러므로 결코 터미네이터가 돌아와서는 안 된다. "I'll be back"이라고 말할 수가 없는 상황인 것이다.

〈터미네이터 2〉의 명장면은 마지막 장면이고 터미네이터 시리즈의 명대사는 "I'll be back"이라는 생각이 겹치는 바람에 생긴 오해이다. 영화를 소개하는 TV 프로그램이나 영상에서 〈터미네이터 2〉를 언급하며 "I'll be back"이라는 대사와 마지막 장면을 지나치듯 짧게 보여주는 경우가 많았기 때문에 점차 그런 생각이 굳어지고 더 강해져 기억이 바뀌었을 가능성이 높다.

사람의 기억은 생각보다 정확하지 않다. 정말로 어떤 말을 들었다거나 어떤 경험을 했다는 것이 생생한 기억으로 남아 있다고 하는 경우에서조차 그 기억은 틀리고 바뀌었을 수 있다. 그렇다면 흐릿하고 애매한 기억은 훨씬 더 쉽게 바뀔 수 있을 것이다. 특히 흐릿해지기 쉬운 어린 시절의 기억에는 이런 일이 일어날 가능성이 더 높을 것이다.

이와 같은 기억에 관한 뇌의 한계가 유령과 마귀에 대한 기억을 일으키는 원인 중 하나일 수 있다. 예를 들어 긴 머리의 어떤 사람이 아침부터 저녁까지 종일 내 쪽을 노려보고 있었고, 그러니 그 사람은 유령이 분명하다고 확신했다고 해보자. 사실은 어떤 사람이 서 있는 것을 아침에 잠깐 보았고, 저녁에 그 사람과 비슷한 긴 머리의 사람이 자기 쪽을 노려본 적이 있었을 뿐인데 기억이 혼란을 겪으면서 그 사람이 하루 종일 한자리에 서서 내 쪽을 노려보고 있었다는 기억으로 바뀐다는 이야기다.

좀 더 전형적인 사건으로는 이런 것이 있다. 매일 밤 꿈에 나타나 나를 괴롭히는 긴 머리의 여성 귀신이 있다. 그러다가 누군가로부터 2년 전 어느 날, 집 앞에서 사고를 당해 목숨을 잃은 사람이 있었다는 이야기를 듣는다. 그 사람의 남아 있는 사진을 보니 내 꿈에 나오던 바로 그 귀신의 모습과 똑같다. 집 앞에서 사고를 당한 사람의 귀신이 내 꿈에 나온 것이다! 그러나 이 역시 꿈속에 나온 귀신의 생김새에 대한 기억이 희미해져 있다가 사진을 보며 기억 속 귀신의 모습과 같다고 착각했을 가능성이 높다. 머리카락이 길다는 한 가지 특징 정도만 닮았을 뿐 별달리 같은 점은 없었는데 사진을 보고 겁에 질린 상태에서 어렴풋이 남아 있던 기억이 바뀌는 것이다. 그래서 기억 속 모습이 오히려 사진과 비슷하게 변형되어 '기억 속 모습과 똑같다'고 착각할 수 있다.

미국의 심리학자 엘리자베스 로프터스Elizabeth Loftus는 연구를 통해 사람의 머릿속에 꽤나 쉽게 거짓 기억false memory, 오기억이 자리 잡을 수 있다는 사실을 여러 가지 사례로 소개한 바 있다. 한 연구팀은 두 그룹의 사람들에게 각각 차 사고를 연출한 장면을 보여주면서 '차가 부딪혔다'고 설명해줄 때와 '차가 박살났다'고 설명해줄 때의 기억 차이를 비교해보는 실험을 했다. 그 결과 '차가 박살났다'는 설명을 들은 사람들은 평균적으로 그 장면에서 '차의 유리 파편이 튄 모습이 있었다'고 기억하는 사례가 많았다고 한다. 그러나 사실 보여준 사고 장면에는 그러한 모습은 있지도 않았다. '박살났다'라는 강한 표현의 단어를 들은 것만으로도 사고가 크게 났다는 느낌이 마음에 남고, 그로 인해 그 장면에 대한 기억을 돌이킬 때 유리 파편이 날리는 모습까지 같이 떠올린 사람들이 있었던 것이다. 실험 결과에 따르면 이런 오류는 많은 사람에게 쉽게 일어날 수 있는 일로 보인다.

로프터스는 아예 어릴 때 부모님과 헤어져 울고불고 두려워하다가 겨우 다시 부모님을 만난 기억을, 실제로는 그런 기억이 없는 사람에게 심어주는 실험을 수행한 적도 있었다고 한다. 이렇게 경험하지도 않은 일을 경험한 것처럼 믿게 만드는 데 성공한 비율은 4분의 1가량이나 되었다. 로프터스는 심지어 이탈리아에서는 어릴 때 악마에게 홀린 적이 있다는 거짓 기억을 심는 데 성공한 실험도 있었다고 소개한 바 있다. 누군가 좀 특이한 일을 겪고 혼란스러워 할 때 주변에서 "그게 유령 때문이다", "너 악마에게 홀린 것 같다"라고 말하며 부추긴다면, 아마도 기억이 바뀌어 정말로 유령을 체험한 기억을 갖게 될 가능성이 있다.

기억이란 결코 바뀔 수 없는 명확한 기록이 아니라 뇌에 남아 있는 전기 작용과 화학 반응의 결과다. 사람의 뇌 옆쪽에는 바다에 사는 해마와 비슷한 모양으로 생긴 부위가 있다. 그래서 이곳을 '해마'라고 부른다. 해마는 몇 센티미터 크기의 부위인데, 이 부위에 어떤 상황이 전달되어 남아 있어야 기억은 오래 유지된다. 또한 그 기억을 다시 떠올리려면 해마에 남아 있는 기억이 다시 전기 작용과 화학 반응을 일으키면서 뇌의 다른 부분과 영향을 주고받아야 한다. 만약 그런 전기 작용과 화학 반응이 잘못 일어나면 사실과는 전혀 다른 일이 머릿속 기억으로 떠오를 수 있다.

만약 해마에 기억이 남겨지는 화학 반응이 어떤 이유로 차단된다면 아예 기억이 사라질 수도 있다. 술을 많이 마시면 필름이 끊긴다거나 블랙아웃이 일어나는 식으로 무슨 일이 있었는지 기억하지 못하는 사례도 여기에 속한다. 알코올 성분이 뇌의 정상적인 화학 반응들을 방해하면 그 순간에는 뇌의 다른 부분을 사용해서 말도 하고 몸도 움직이며 다양한 행동을 하지만 기억으로 남지는 않게 되는 것이다. 이런 일이 일어나면 앞뒤 상황이나 머릿속 판단과 기분도 기억에 남지 않는다. 그런 일이 생기면 '도대체 내가 무슨 생각으로 그런 일을 했을까?' 싶을 정도로 자신을 이해하기 어려워진다.

갑자기 어떤 격렬한 생각이 빠르게 치밀어 마치 딴사람이 된 듯 이상하게 날뛰다가 나중에 그 기억이 사라졌다고 해보자. 날뛰던 기억이 없기 때문에 자기 행동을 설명하지 못한다. 이럴 때 '혼령에 씌었나 보다'라고 말할 수도 있겠지만, 이런 현상은 사실 무슨 이유에서건 뇌 속에서 해마로 기억이 들어오는 반응을 방해하는 일이 벌어진 것일 뿐이다.

뇌가 없으면 할 수 없는 일

기억과 뇌의 한계에 관한 일은 유령이나 악귀에 관한 문제뿐만 아니라, 범죄 조사나 법정에서도 중요한 문제다. 사람의 얼굴이나 행동, 범죄 순간에 대한 기억은 나중에 바뀔 수 있으므로 조심해서 다루어야 하기 때문이다.

강도로 의심되는 사람이 범행 현장의 주변을 지나가는 모습을 목격한 사람이 있다고 해보자. 경찰은 의심되는 사람이 사건과 상관없이 지나가다가 목격된 것이었는지, 아니면 범죄를 저지르고 허겁지겁 도주하고 있는 상황이었는지 잘 알지 못해 조사하려고 한다. 이때 목격자에게 "그 사람의 표정이 어땠느냐?"라고 물어보면, "잘 기억은 안 나지만 평범했던 것 같다"라고 했다고 치자.

그런데 만약 경찰이 그렇게 질문하는 대신 "그 사람은 100건의 흉악한 강도를 저지른 악랄한 범인으로 의심되고 있는 사람이다. 얼굴을 잘 생각해봐라. 혹시 그 사람의 표정이 범죄를 저지른 직후의 흥분한 표정이 아니었느냐?"라는 식으로 물어보면, 아무래도 "그러고 보니 뭔가 나쁜 짓을 저지른 직후의 표정이었던 것 같다"라고 대답할 확률이 올라갈 것이다. 목격자에게 그런 생각을 계속하게 만들면, 자기도 모르게 그 사람의 무시무시한 표정이 머릿속에 자리 잡게 된다. 자칫하면 목격자나 주변 사람의 생각을 헷갈리게 할 수 있고, 엉뚱한 사람을 의심하게 될 수 있다. 그사이에 진짜 범인은 놓치게 된다.

조금 다른 문제로, 조선시대 전설 중에 혼백이 찾아와 선비에게 어떤 시를 알려주었다는 이야기를 한번 따져보자. 전설에서는 그렇게 혼백이 알려준 시가 매우 아름다워 한 선비가 그 시를 외웠는데, 과거 시험을 칠 때 그 시의 구절을 써먹었더니 무척 멋진 글이 되어서 과거에 급제했다는 이야기도 여러 편 전해 내려온다. 그러나 뇌의 역할과 기능을 차근차근 따져본다면, 이미 세상을 떠난 사람이 유령이 되어 돌아다니다가 누구에게 말을 건다거나 미래를 예측해주는 등의 일은 납득하기 어렵다.

사람이 말을 하기 위해서는 뇌의 역할이 필요하다. 뇌에서 비교적 앞쪽에 있는 브로카 영역Broca's area과 중간쯤에 있는 베르니케 영역Wernicke's area이 건강해야 하고, 두 부분을 연결하는 활모양섬유속arcuate fasciculus 등의 다른 부위도 튼튼해야 한다. 만약 말하는 능력을 담당하는 뇌의 이런 부위들에 손상이 일어나면 사람은 말을 잘 이해하지 못하거나 말을 잘할 수 없게 된다. 경우에 따라서는 다른 활동은 잘하더라도 뇌세포의 일부가 손상되는 바람에 말하는 능력만 잃어버리는 경우도 생긴다. 예를 들어 베르니케 영역에 있는 뇌세포들이 손상되면 사람에 따라서는 남의 말을 알아듣는 능력이 감퇴한다. 그러면 들을 수는 있지만, 해석하고 이해하는 것은 불가능해진다. 이런 사람들 중에는 자신이 남의 말을 알아듣지 못하게 되었다는 사실 자체를 모르는 경우도 있다고 한다.

그 외에도 뇌가 손상되면 판단력이 떨어지기도 하고, 뇌세포가 망가지는 바람에 기억을 잃거나 성격이 바뀌기도 한다.

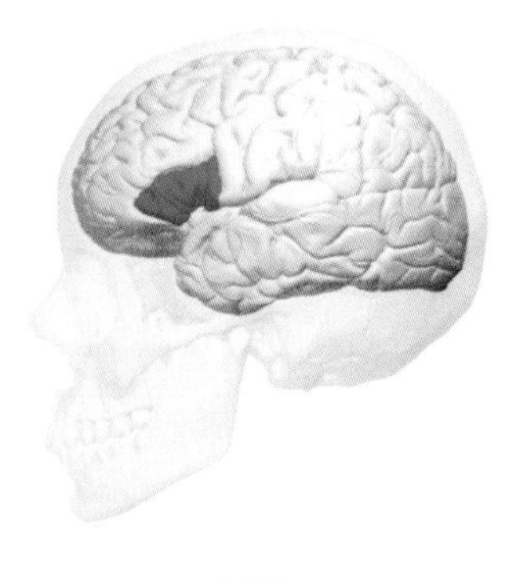

브로카 영역

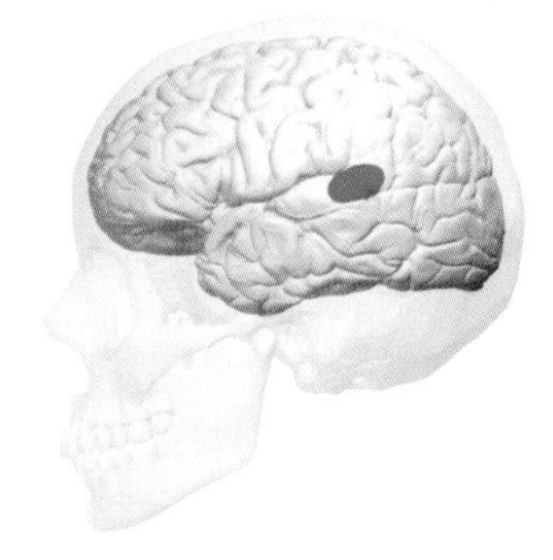

베르니케 영역

사람의 생각과 판단과 감정과 마음의 많은 부분은 대개 뇌의 활동에 따라 이루어지고, 뇌가 손상될수록 제대로 활동하지 못한다는 것은 당연한 상식이다. 그런데 뇌가 없는 유령이 도대체 어디에서 어떤 방법으로 시를 짓고 말을 할 수 있단 말인가?

말을 하는 것은 대단히 어려운 일이다. 말을 하는 데 필요한 뇌세포가 망가지면 말을 하는 능력도 사라진다. 하다못해 고성능 컴퓨터와 복잡한 프로그램을 동원하여 겨우 사람과 비슷하게 말하는 흉내를 내는 인공지능도 프로그램에 오류가 생기거나 기계 장치에 조금만 이상이 생기더라도 제대로 말할 수 없게 된다. 사람의 몸이 쇠약해지면 점점 뇌세포가 망가지고, 판단력과 언어 능력이 떨어진다. 만약 사람이 생명을 잃어 아예 뇌가 세상에서 사라진다면, 도대체 무엇이 어떻게 활동하기에 뇌의 능력을 대신할 수 있다는 이야기인가?

말을 하고, 심지어 시를 짓는 대단히 복잡한 활동을 해내게 하는 것은 매우 어려운 일이다. 사람의 뇌는 800억 개가 넘는 뇌세포가 대단히 복잡하게 연결되어 있다. 이처럼 극히 섬세한 구조를 갖고 있기 때문에 그런 일을 해낼 수 있다. 장난감 로봇을 조립해보거나 간단한 자동 기계를 만들어보기만 해도, 단순한 동작을 자동으로 하게 만드는 데조차 상당한 노력이 필요하다는 사실을 알게 될 것이다. 손을 들고 인사하는 정도의 동작을 하는 단순한 장난감 로봇을 만들고자 해도 꽤나 정교한 전자 장치나 컴퓨터를 열심히 설치해두어야 한다.

그런데 그런 역할을 할 수 있는 뇌가 없는데 유령은 도대체 무엇으로 사람과 대화를 나누는 놀라운 활동을 할 수 있다는 말인가? 유령이 되면 뇌의 기능에 해당하는 것이 어떻게든 저절로 회복된다고 가정해야 할까? 만약 그렇다면 다음과 같은 이야기를 생각해보자. 어떤 사람이 어렸을 때는 음악에 대한 감수성이 풍부하고 대단히 지능이 뛰어나고 신경질적인 성격의 뇌를 갖고 있었다. 그런데 머리를 부딪치는 바람에 뇌세포들이 일부 손상되었고, 그 때문에 성격이 친절해졌지만 대신 음악을 싫어하게 되었으며, 지능도 평범한 수준의 사람이 되었다. 만약 이 사람이 세상을 떠난 뒤에 유령으로 변하게 된다면, 그 유령은 어릴 때 성격과 지능으로 활동하게 되는 것일까? 아니면 머리를 다친 이후의 성격과 지능으로 활동하게 되는 것일까?

원리는 정확히 알 수 없지만, 세상을 떠나기 직전의 모습으로 활동하는 것이 유령 세계의 규칙이라고 해야 할까? 나이가 많이 들어 세상을 떠나는 사람들의 대부분은 심장이 멎어 세상을 떠나기 직전 몸이 쇠약해져 별다른 생각도 하지 못하고 별다른 행동도 할 수 없게 되기 마련이다. 그렇다면 다수의 유령은 그냥 아무 행동도 할 수 없는 병석에 가만히 누워 있는 모습일 뿐이어야 한다.

따지고 보면 과거의 유령 이야기들은 사람의 정신 활동이 뇌에서 많이 이루어지고 있다는 사실이 명확히 밝혀지기 이전 시대에 탄생된 것들이 많다. 옛 시대에는 뇌와 정신이 관련이 있다는 사실을 몰랐다. 고대 이집트 사람들은 사람의 몸을 보존하기 위해 미라를 만들었지만, 가장 중요한 뇌는 그냥 콧물을 만들어내는 정도의 기능을 하는 부위라고 생각하여 쓰레기로 버리고 나머지 부분만을 저장하려고 애썼다고 한다. 그런 시대에는 사람의 정신 활동이 뇌나 신체와 상관없이 그냥 신비로운 기운 같은 형태로 이루어진다고 생각하는 사람들이 많았을 것이다. 그러다 보니 뇌도 없고 다른 신경세포도 없는데 노래도 하고 말도 하고 시도 짓는 유령이 돌아다닌다는 생각이 설득력 있었을 것이다.

내가 가장 무서워하는 악귀와 그 퇴치법

한국의 공포 문화, 무서운 이야기 문화를 단숨에 뒤바꾸어놓은 명작이라고 할 만한 책을 한 권만 골라보라면, 나는 1993년 출간된 《공포특급》을 꼽겠다. 이 책에는 다양한 유령 이야기들을 포함하여 93편의 무서운 이야기들이 수록되어 있다.

이 책이 유행하기 전에 무서운 이야기들은 대체로 어느 지역에 누군가 한이 맺힐 만한 사건이 있었는데, 그 일로 인해 그곳에서는 어떤 이상한 일이 벌어진다는 식의 전설 형태인 것들이 많았다. 이런 옛날식 무서운 이야기들은 나쁜 짓을 하면 벌을 받는다는 내용의 교훈을 담고 있는 것들도 많았고, 그 이야기가 실화라는 사실을 강조하는 형태도 흔했다. 무서운 이야기 속 일이 정말로 일어날 수 있고 그럴듯하다는 점을 강조해서 사실처럼 보이려고 했던 것들이 주류였다고 볼 수도 있겠다.

그런데 《공포특급》의 이야기들은 달랐다. 이 책에 실린 이야기들 중 다수는 이유와 원인을 설명하지 않는 짤막한 것들이었다. 교훈도 없고, 결론도 없다. 그냥 충격적인 무서운 장면만 남아 있다. 대신 그 무서운 장면을 던지기 위해 이야기를 긴장감 있게 구성하고 깜짝 놀라게 하는 반전을 넣곤 했다. 이야기의 원천 역시 어느 지역에서 전해 내려오는 이야기들보다는 젊은이들 사이에 도는 섬뜩한 이야기나 온라인 게시판에 도는 이야기들을 수집한 것들이었다. 그래서 신선한 이야기들이 많았다. 나 역시 이 책을 대단히 재미있게 읽었다. 이 책에 나오는 무서운 이야기가 밤에 갑자기 생각나곤 했는데, 한번 생각나면 머릿속에서 지울 수가 없어 며칠씩 밤잠을 이루지 못해 고생하기도 했다.

그중 대표적인 이야기가 바로 엘리베이터 이야기다. 지금은 너무나 널리 퍼져서 아마 무서운 이야기를 즐기는 사람들은 한 번쯤 들어보았을 것이다. 귀신이 많이 나온다는 소문이 도는 으슥한 아파트가 있다. 주인공은 홀로 늦은 밤 엘리베이터를 타게 되어 두려워한다. 그런데 엘리베이터에 마침 주인공의 엄마가 있다. 주인공은 기뻐하며 엘리베이터에 탄다. "엄마와 같이 있으니 하나도 안 무서워." 그런데 돌아오는 대답은 이러하다. "넌 내가 네 엄마로 보이니?" 가장 안심하고 믿을 수 있는 대상인 줄 알았던 엄마가 전혀 믿을 수 없는 대상이라는 사실은 그때까지 나온 무서운 이야기의 한계를 깨는 듯한 반전이었다. 엄마조차도 악귀가 변장한 모습일 수도 있다는 이야기라서 과연 강력한 악귀라는 느낌을 주기도 한다. 나도 이 이야기를 처음 읽었을 때 무척 놀라운 이야기라는 느낌을 받았다.

세월이 흐르면서 나는 이 이야기 속의 악귀가 다른 점에서 훨씬 더 무섭다는 생각이 들었다. 악귀가 현실 세계에 나타날 수는 없다고 하더라도 내가 저 이야기 속의 주인공과 같은 체험을 하게 될 수는 있기 때문이다. 뇌에 병이 발생하면 사람은 전혀 납득할 수 없는 엉뚱한 망상을 믿게 될 수도 있다. 사리에 맞게 생각해보면 전혀 믿을 이유가 없는 이야기이지만, 뇌에서 뭔가 살짝 어긋나는 바람에 터무니없는 망상이 너무나 당연한 상식인 듯이 느껴지는 현상이 뇌에서 벌어진다는 뜻이다.

말하자면 뇌의 오작동으로 망상이 생길 경우, 내 머릿속에 누군가 몰래 심어놓은 전자 칩이 있고 사악한 악당이 멀리서 조종 전파를 보내 내 뇌를 조작해 원격으로 고문한다는 아무 근거 없는 생각이 마치 당연한 것처럼 느껴진다. 나는 한 신문기사에서 뇌에 생긴 병 때문에 절대 걸어 다니지 않는 사람에 대한 이야기를 읽은 적이 있다. 그는 자신이 걸어 다니면, 그 때문에 세상이 멸망할 수도 있다는 어처구니없는 생각을 굳게 믿고 있었다. 그는 꼭 어디인가에 가야 할 일이 있으면 기어서 움직였다고 한다. 자기 주변 사람이 사실은 정체를 숨기고 있는 악당이라는 생각에 사로잡히는 것 정도는 흔한 망상이라고 한다.

그러므로 내 주변의 친한 사람이 사실은 나를 해치려는 사악한 사람이 변신한 것이라거나 악귀라고 믿게 되는 체험을 하게 된다면, 그것은 정말로 내가 악귀를 만난 것이 아니라 내 뇌가 건강하지 않아져 그런 망상에 갇히는 증상을 일으키는 병에 걸렸다고 생각해야 한다. 악귀는 아니지만 내가 상당히 힘겨운 병을 앓고 있다는 뜻이고, 그것은 걱정할 만한 일이다.

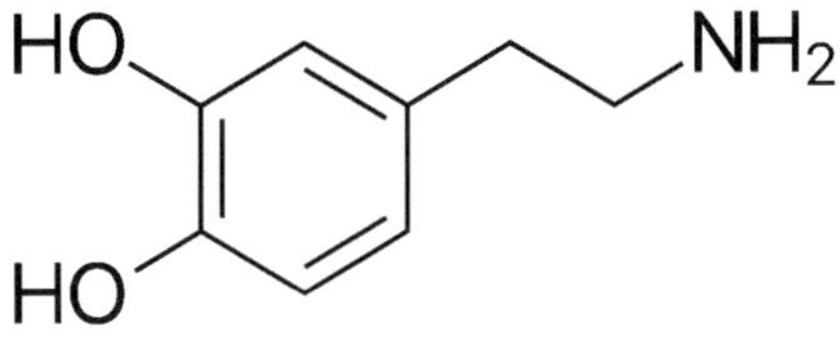

도파민 구조식

그렇기에 나는 이 이야기가 무섭다고 생각한다. MBC 〈심야 괴담회〉에서 가장 무서운 귀신이 무엇이냐는 질문을 받았을 때도 나는 이 이야기를 들려주었다.

다행히 이 경우에도 학자들은 실험으로 확인된 치료법들을 개발해두었다. 대표적으로 환청이 들리게 만들거나 망상을 품게 하는 조현병schizophrenia이 있다. 옛 시대에는 조현병에 걸려 이상한 행동을 하는 사람은 악마의 조종을 받고 있다거나 귀신에 씌었다는 식으로 생각하는 때도 있었다. 하지만 지금은 조현병이 생기는 이유가 뇌에서 일부 기능이 오작동하기 때문이라고 보고 있다. 특히 도파민dopamine이라는 물질이 뇌의 신경세포들 사이를 퍼져나가며 화학 반응을 일으키는 작용이 잘못 이루어질 경우 오류가 발생할 수 있다. 그래서 조현병이 발생하면 뇌의 여러 부분이 자연스럽게 연결되어 움직이는 활동이 평범하게 이루어지지 않게 되어, 그 결과로 엉뚱한 일을 사실로 믿게 되는 뇌의 오류가 발생한다고 보는 학설이 우세하다.

과거에는 조현병에 걸린 사람은 사회에서 격리해야 한다는 식의 편견이 퍼져 있는 나라들이 많았다. 환자들을 가능한 한 일반인들과 만나지 못하는 곳에 가두어두는 식으로 처리하는 것이 최선이라고 하던 시대도 있었다. 그러나 현대에는 이러한 생각이 그야말로 편견일 뿐이라고 여겨지고 있다. 조현병에 걸린 사람이라고 하더라도 뇌에서 벌어지는 문제를 줄여주는 약을 잘 복용하면 사람들과 잘 어울리며 사회생활을 큰 문제 없이 할 수 있는 경우가 많다. 널리 언급되는 추계에 따르면 정도의 차이가 있긴 하지만 100명 중 1명은 조현병을 앓고 있으며, 실제로 한국의 건강보험심사평가원에서 조현병 환자로 집계된 사람의 숫자도 10만 명 이상이라고 한다. 그만큼 조현병은 상당히 흔한 병이며, 증상이 있을 경우 빨리 병원에 방문해 증상을 확인하고 적당한 치료를 받으면 얼마든지 대처할 수 있는 병인 것이다.

조현병 치료에 전환을 가져온 약으로는 상품명 소라진으로 부르기도 하는 클로르프로마진chlorpromazine을 빼놓을 수 없다. 특이하게도 클로르프로마진은 뇌와 정신에 대해서 깊이 연구하던 학자에 의해 개발된 약이 아니라 외과 의사인 앙리 라보리Henri Laborit에 의해 개발된 약이다. 외과 의사답게 라보리는 수술 중 사람을 겨울잠 자듯이 깊이 재울 수 있다면 훨씬 안전하게 수술할 수 있을 거라는 생각으로 여러 약을 탐구했다. 그러다 클로르프로마진을 발견하게 되었다. 물론 안타

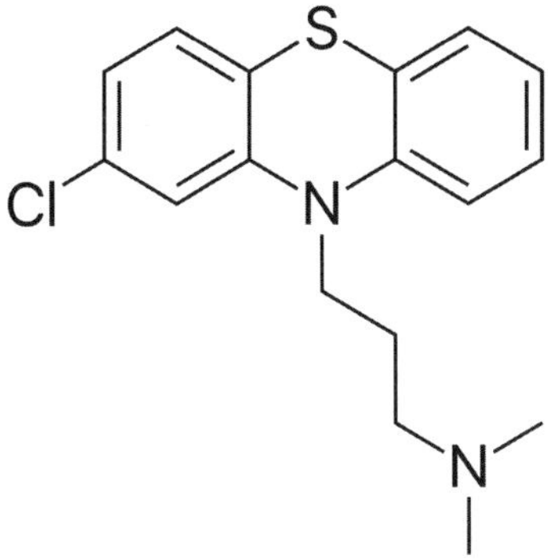

Cl, N, S, N (chemical structure)

클로르프로마진 구조식

깝게도 클로르프로마진은 사람을 겨울잠에 들게 하는 데는 아무 쓸모가 없었다. 하지만 그는 실험의 전후 과정을 세밀하게 관찰하고 정확하게 기록하려고 애쓰는 사람이었다. 그는 실험 과정에서 수술 전 클로르프로마진을 사용한 사람들이 비록 겨울잠에 들지는 않았지만, 수술을 앞두고도 이상할 정도로 마음이 안정된다는 사실을 발견했다.

이 사실이 확인되자 사람들은 클로르프로마진이 뇌의 문제를 해결하는 데 도움이 되는지 연구를 다시 진행했다. 결국 클로르프로마진이 조현병을 앓는 사람들의 증상을 완화시켜주고, 적지 않은 경우 사회 속에서 타인과 어울려 살아갈 수 있을 정도로 회복시켜준다는 실험 결과를 얻을 수 있었다. 증세가 극심해서 정신병원에 수용되어 좁은 방에 갇힌 채 감시를 받으며 살 수밖에 없었던 사람들이 일상생활이 가능해질 정도로 극적으로 증세가 호전되어 집으로 돌아갈 수 있게 되었다는 감격적인 사례들이 전 세계에서 확인되었다.

이것은 클로르프로마진이 사악한 것을 물리치는 신비의 기운을 품고 있기 때문이 아니다. 클로르프로마진이 뇌 속에 들어가 도파민이라는 물질과 관계된 엉뚱한 반응이 일어나는 것을 차단시키는 데 도움을 주는 화학 물질이기 때문이다. 지금도 클로르프로마진과 그것을 개량한 약들은 많은 사람의 삶을 구해내고 있다.

2장

지옥에서 온 괴물들을 물리치는 멜라토닌

지옥에서 나타난 것들

1990년대까지만 해도 가정에서 영화를 보려면 VHS 비디오 테이프를 사용하는 것이 가장 간편했다. 동네마다 비디오 가게가 있어서 납작한 플라스틱 상자 모양의 VHS 비디오테이프를 잔뜩 진열해놓았는데, 대략 과자 두 봉지 정도의 가격을 지불하면 테이프를 일주일 정도 빌려주었다. 이런 비디오 가게들은 손님의 시선을 끌기 위해 쇼윈도에 재미있는 영화의 포스터를 이것저것 잔뜩 붙여놓곤 했다. 그러다 보니 별별 포스터들이 요란한 팝아트 작품처럼 쇼윈도 전체를 겹겹이 뒤덮고 있는 가게들도 흔했다.

당연히 그중에는 공포영화 포스터들도 있었다. 공포영화는 사람을 무섭게 하는 것이 목적이므로 당연히 포스터도 오싹한 것들이 많았다. 나는 길을 가던 중 별생각 없이 비디오 가게 쪽으로 고개를 돌렸다가 그러한 포스터들을 보고 깜짝 놀랐던 일이 몇 차례 있다. 〈나이트메어〉 시리즈나 〈후라이트 나이트〉 시리즈의 포스터들을 비디오 가게에서 처음 보았을 때 깜짝 놀라 겁에 질렸던 일이 지금도 생생하다. 몇몇 포스터는 너무 무서워서 비디오 가게 앞을 지날 때마다 엄청 긴장하며 포스터를 절대 보지 않으려고 고개를 돌린 채 조심조심 지나갔던 기억도 있다. 어른이 되어 다시 찬찬히 그 포스터들을 보니 확실히 당시 분위기에 어울리도록 잘 만든 포스터라는 생각이 들었다.

그렇게 포스터가 잘 만들어진 영화 중에 〈지옥인간〉(1986)이 있다. 스튜어트 고든이 감독을 맡고 제프리 콤스가 주연을 맡은 공포영화가 몇 편 있는데, 그중 〈지옥인간〉도 잘 알려진 편이다. 누구에게나 명작으로 대접받는 영화는 아니지만 당시에는 환상적인 괴물이 나오는 장면들을 그럴듯하게 보이도록 촬영한 특수 효과가 무척 좋았고, 내용도 기괴한 맛이 있어서 상당한 인기를 끌었다. 지금도 꽤 많은 사람이 기억하고 있고, 전체 내용을 다 기억하지는 못하더라도 몇몇 장면이 마음속에 남아 있는 사람들도 많을 것이다.

이 영화는 어떻게 보면 공포영화 제작진이 자기들 방식대로 만든 〈고스트버스터즈〉라고 할 수 있을지도 모르겠다. 〈고스트버스터즈〉는 정말로 세상에 유령이 있고, 그 유령이 종종 정확히 관찰될 수 있는 형태로 나타난다고 가정하고 이야기를 풀어나가는 영화다. 그렇기 때문에 유령을 객관적으로 측정하고 연구할 수 있다는 발상으로 이야기가 진행된다. 여기에 〈스타워즈〉 시리즈나 〈E.T.〉로 대표되는 1980년대 SF 열풍이 덧씌워지면서 〈고스트버스터즈〉에는 첨단 장비와 복잡한 과학 실험 기기로 유령을 다룬다는 생각이 달라붙었다. 그래서 이 영화에는 무슨 혈통을 이어받아 신령과 통하는 운명을 타고난 사람이 등장하지도 않고, 마법적인 이유로 선택된 사람이 유령을 퇴치하는 내용이 나오지도 않는다. 그 대신에 장비를 다룰 줄 알고 기계를 쓸 줄 아는 과학자들이 나올 뿐이다.

〈지옥인간〉 역시 다른 세계의 유령과 괴물을 다루기 위해 새롭게 개발된 첨단 장비를 사용하는 이야기다. 〈고스트버스터즈〉의 배경이 뉴욕의 시내 곳곳이었다면, 〈지옥인간〉의 배경은 공포영화 제작진의 주특기대로 음침한 집 지하실이다. 〈고스트버스터즈〉에는 어린이들도 좋아할 만한 신나는 노래와 TV에서 이름을 알린 코미디언들의 재미난 농담이 있다면, 〈지옥인간〉에는 기괴한 괴물을 표현한 모형과 웃을 수도 울 수도 없는 이상하게 꼬인 분위기의 장면들이 등장한다.

〈지옥인간〉에 나오는 과학자들의 연구 주제는 '송과선松果腺'

이다. 얼핏 들으면 굉장히 어려운 말 같지만, 송과선에서 '선'은 어떤 액체가 나오는 샘 같은 역할을 하는 신체 기관을 말한다. 그리고 '송과'는 소나무에서 열리는 과일, 즉 솔방울을 말한다. 다시 말해서 송과선은 솔방울 모양을 닮은 액체가 나오는 샘 역할을 하는 신체 기관인 것이다. 요즘에는 송과선 대신 '솔방울샘'이라는 말을 쓰기도 한다. 송과선은 뇌 속에 들어 있는 작은 기관으로, 두 눈 사이에 위치해 있다. 겉에서 보이지는 않지만, 그 내부 구조를 살펴보면 꼭 눈과 눈 사이에 조금 구조가 다른 세 번째 눈, 즉 제3의 눈이 있고, 그것이 피부에 덮여 숨겨져 있다는 느낌을 준다.

그래서 예로부터 송과선이 뭔가 신비한 역할을 하는 기관이라고 생각하는 사람들이 있었다. 예를 들어 열심히 도를 닦으면 송과선이 점점 발달하면서 나중에는 송과선이 정말로 제3의 눈 역할을 하면서 볼 수 없는 것을 보게 된다는 부류의 이야기가 있었다. 그 때문에 송과선이 제3의 눈이 되면 눈을 감은 채 글자를 읽을 수 있다거나, 아니면 아주 먼 곳을 볼 수 있는 천리안 능력을 갖게 된다거나, 혹은 저승에서 온 유령을 보게 된다거나 하는 이야기가 생겨나기도 했다. 조금 경우는 다르지만, 조선시대 〈해인사 팔만대장경 사적기〉에는 저승에 가면 눈이 셋 있는 신비로운 사람이 있는데 그 사람은 저승과 이승을 초월할 수 있는 힘을 갖고 있다는 기록이 있다. 당시에도 이런 식의 이야기가 퍼져 있던 것으로 보인다. 17세기 무럽, 유럽에서는 몇몇 학자들이 송과선에서 사람의 영혼과 육체가 만난다고 생각하기도 했다. 그렇게 생각하면 송과선은 영혼 세계와 현실 세계가 만나는 통로처럼 여겨질 수도 있다.

그래서인지 〈지옥인간〉에서 주인공 일행은 전자 장치를 이용해서 인위적으로 사람의 송과선 기능을 강하게 자극하는 장치를 개발한다. 그 장치를 작동시키면 누구나 제3의 눈을 뜰 수 있게 되어 귀신과 영혼의 세계를 보고 느끼게 된다. 그로 인해 다른 세상에서 온 아주 이상한 모양의 괴물 같은 것들이 현실 세계에 나타나 정신을 어지럽히고 말을 건다. 혼란이 벌어지고 주인공 일행은 점차 정신이 이상해져간다.

이 영화에는 무서운 괴물이 나타나기는 하지만, 그 모습이 뿔 달리고 박쥐 날개가 있는 평범한 전설 속 악마 같은 모습이 아니다. 머리가 길고 흰 옷을 입은 한국식 귀신이 등장하지도 않는다. 영화 속 괴물들은 정말로 상상을 초월하는 이상한 모습이어야만 관객들에게 재미를 줄 수 있다고 제작진은 생각했던 것 같다. 이 영화에서는 허공을 마치 물속처럼 헤엄치듯이 날아다니는 뱀장어 같기도 하고 애벌레 같기도 한 이상한 외계 생명체가 꿈틀거리며 화면에 등장한다. 뭐라고 이름 붙여야 할지도 알 수 없는 그야말로 특이한 모습의 물체가 등장하여, 봐서는 안 될 것을 보고 다가가서는 안 될 세상에 다가가고야 말았다는 공포감을 준다.

송과선의 진짜 역할은 멜라토닌 생성

정말로 송과선을 열심히 단련하면 날아다니는 괴물을 만날 수 있을까? 제3의 눈이라는 별명이 어울릴 정도로 송과선이 눈과 관련이 있는 것은 어느 정도 맞는 이야기인 것 같다. 몇몇 도마뱀들은 두정안頭頂眼이라고 해서 눈과 눈 사이에 눈 비슷한 역할을 할 수 있는 작은 기관이 있다. 실제 눈처럼 선명하게 세상을 보는 기관은 아니라고 해도 외부의 열기를 느낀다거나 하는 역할을 하여 주위를 살피는 데 도움을 주고 있으니, 도마뱀의 두정안은 제3의 눈이라고 부를 만한 기관이다. 그런데 학자들은 바로 이런 도마뱀의 두정안과 사람의 송과선이 관련이 있는 부위라고 보고 있다.

다른 예를 들어보자. 사람 손가락과 손가락 사이에는 살가죽이 늘어난 듯한 피부가 약간 붙어 있다. 그런데 이 부분이 더 크게 늘어나서 물개에게 달려 있으면 물갈퀴가 되고, 박쥐에게는 날개가 된다. 마찬가지로 사람에게는 송과선이 머릿속에 묻혀 있지만 몇몇 도마뱀에게는 그것이 활발한 역할을 할 수 있도록 겉으로 드러난 형태로 구조가 바뀌어 있다고 생각해보자. 그러면 도마뱀의 제3의 눈, 두정안은 송과선이 다른 형태로 발달한 것이라고 할 수 있다.

독일의 크리스터 스미스Krister Smith 연구팀은 2018년에 지금으로부터 4800만 년 전에 살던 왕도마뱀류의 옛 동물은 눈 역할을 하는 기관이 네 개 있다는 연구 결과를 발표한 적이 있다. 이런 연구 결과를 토대로 상상해보자면, 먼 옛날의 동물들은 외부를 관찰하기 위한 기관이 머리에 여기저기 달려 있었는데, 그중 생생하게 빛을 보기에 가장 적합한 방식의 기관이 지금의 눈으로 진화했다고도 볼 수 있다. 그에 비해 좀 쓸모가 없었던 것들은 서서히 퇴화해서 쪼그라들었을 것이다. 그나마 몇몇 도마뱀들은 퇴화하던 부위 중 하나가 그런대로 쓸 만하게 남아서 제3의 눈 역할을 하게 되었고, 사람은 완전히 퇴화해서 아예 피부 속, 뇌 안으로 들어가 송과선이 되었다고 추측해볼 수 있다.

이렇게 생각해보면 송과선이 숨겨진 또 다른 눈이라는 말은 어느 정도는 그럴듯한 이야기가 된다. 그렇다고 해서 송과선을 단련하면 보이지 않는 것을 생생하게 볼 수 있다고까지 말하는 것은 완전히 다른 이야기다. 마치 사람은 꼬리가 퇴화되어 있지만 열심히 단련하면 소가 꼬리로 파리를 쫓듯이 엉덩이로 파리를 쫓을 수 있게 된다는 것같이 들린다. 게다가 사실 사람의 송과선은 유령을 보는 기능 말고 훨씬 더 중요한 다른 기능을 담당하고 있다. 송과선에는 낮에 빛을 받다가 밤에 빛을 받지 않으면 멜라토닌melatonin이라는 화학 물질을 만들어내는 기능이 있다. 바로 이 멜라토닌이 자연스럽게 잠에 빠져들도록 돕는 성분이다. 즉, 송과선은 사람을 잠의 세계, 꿈의 세상으로 인도하는 역할을 한다.

지금 우리의 눈은 외부의 빛을 받으면 무엇이 있는지 보고,

시신경으로 신호를 보내면서 뇌에 무엇을 보았는지 알린다. 아마 먼 옛날 우리의 조상인 어떤 동물은 송과선을 정말 제3의 눈처럼 활용했을 것이니, 그렇다면 송과선도 외부에서 빛을 받으면 어떤 신호를 뇌에 전달하는 역할을 했을 것이다. 정확한 것은 아니지만 대략 이야기를 꾸며보자면, 바로 그런 기능을 하던 송과선이 점차 퇴화해서 우리 뇌 속의 기관이 되는 바람에, 세상을 명확히 보는 역할을 하지는 못하게 되었지만 그래도 사람이 낮에 빛 속에 노출되어 있는지, 밤에 어둠 속에 노출되어 있는지에 따라 어느 정도 변화를 일으키는 것이라고 볼 수 있다. 송과선은 밤낮에 따른 작용의 변화 때문에 우연히 멜라토닌이라는 화학 물질을 내뿜게 된 것은 아닐까?

정확한 것은 낮에 빛을 많이 받은 후 밤이 되면 송과선이 꼬박꼬박 멜라토닌을 내뿜는다는 점이고, 그렇게 멜라토닌이 잘 나와야 잠을 잘 잘 수 있다는 점이다. 여러 가지 이유로 멜라토닌이 너무 부족해지면 깊이 숙면을 취할 수 없고, 그러면 정상적인 상태로 꿈을 꿀 수도 없다. 그렇기 때문에 낮에 너무 어두컴컴한 곳에서만 머물고 있으면 멜라토닌이 잘 생기지 않아 밤에 잠을 잘 잘 수 없게 되는 경향이 있다고 한다. 또한 반대로 장거리 여행으로 시차 적응이 되지 않아 잠을 못 잘 경우에 멜라토닌을 조금 먹으면 잠을 자는 데 도움이 된다는 이야기도 있다.

만약 어떤 이유로 송과선이 제대로 활동하지 못하거나 몸속에 멜라토닌이 제대로 만들어지지 않으면 잠이 부족해져서 비몽사몽간에 꿈과 현실을 구분하지 못하는 착각을 일으킬 가능성도 높아질 것이다. 게다가 멜라토닌은 지나치게 많을 경우에도 부작용을 일으키기도 한다. 식품의약품안전처 자료에서 약품으로 사용되는 멜라토닌에 대해 찾아보면 수면의 질이 저하된 사람에게 단기 처방하는 약이라고 설명되어 있으며, 흔하지는 않지만 부작용으로 보일 수 있는 증상으로 비정상적인 꿈, 악몽, 신경과민이 언급되어 있다. 드물게는 기억장애, 지각 이상, 몽롱한 상태가 부작용으로 나타날 가능성도 있다고 한다.

그렇다면 필요한 영양분을 충분히 섭취하지 못했거나 송과선 활동에 특별히 나쁜 영향을 끼치는 스트레스를 받았거나 혹은 어떤 약을 잘못 먹은 상황에서 멜라토닌이 뇌에 제대로 뿜어지지 않았다고 상상해보자. 그런 사람은 이유 없이 괴상하거나 무서운 꿈을 꿀 것이다. 무시무시한 괴물이 자신을 공격하거나 아니면 세상을 떠난 사람의 영혼이 찾아와 말을 거는 장면을 꿈에서 보고 그것을 대단히 생생하게 느끼게 될지도 모른다. 나아가 어쩌면 멜라토닌 문제 때문에 생긴 증상 속에서 그 꿈이 그저 꿈일 뿐이라고 냉정하게 판단하지 못하고, 자신이 실제로 유령이나 괴물을 본 것 같다고 오판하게 될 수도 있을 것이다.

이렇게 생각해본다면, 송과선이 영혼의 세상이나 저승의 세상을 보는 제3의 눈은 아니라고 하더라도 최소한 꿈의 세상을 보는 제3의 눈이라는 것은 어느 정도 사실에 가까운 말이라고 할 수 있겠다. 단, 명확히 해둘 것은 꿈의 세상이 유령이나 다른 세계의 괴물이 돌아다니는 곳은 아니라는 점이다. 꿈의 세상은 내가 내 머릿속에서 떠올리고 기억하는, 나 자신이 만들어낸 상상의 세계일 뿐이다.

꿈속에서 본 저승사자의 정체

지금은 사람들이 꿈이 자신의 머릿속에 있는 생각이나 기억이 변형되어 나타나는 것이라는 사실을 잘 알고 있다. 그러나 옛날에는 진짜 같은 느낌을 주면서도 이상한 체험을 하는 꿈이 무엇인가 다른 세계를 엿볼 수 있는 기회가 된다고 생각하는 사람들이 굉장히 많았다. 사실 지금도 이런 생각은 어느 정도 이어지고 있어서, 꿈에 대해 대수롭지 않게 생각하는 사람이라도 좀 특이한 꿈을 꾸면 혹시 꿈에 무슨 의미가 있는 것은 아닐까 고민하는 일은 종종 있다. 예를 들어 어느 날 꿈에서 갑자기 돌아가신 할아버지가 나타나 괜히 여섯 개의 숫자를 가르쳐주었다면, 꽤 많은 사람이 그 숫자로 로또 복권을 사러 갈 것이다.

조선 전기만 해도 조정에서 나랏일을 결정하는 데 꿈의 내용을 반영할 정도였다. 세종 시기에 나온 노래로 잘 알려진 《용비어천가》 13장에는 조선을 건국한 태조 이성계가 꿈을 꾼 이야기가 나온다. 이성계가 임금이 되기 전 꿈을 꾸었는데, 꿈속에서 신비로운 사람이 나타나 이성계에게 금으로 된 자를 주었다고 한다. 그 사람은 이성계에게 그 자를 이용해 나라를 바로잡으라고 이야기했다고 한다. 즉, 망해가는 고려를 대체할 더 좋은 새로운 나라를 세우고 임금이 되라고 했다는 의미다. 세종과 신하들은 이성계가 금으로 된 자를 받는 꿈을 꾸었다는 사실이 이성계가 임금이 될 자격이 있는 꽤 괜찮은 근거라고 생각했다. 그랬기 때문에 《용비어천가》에도 그런 내용을 집어넣은 것이다.

만약 현재 대한민국에서 어떤 사람이 "내가 어젯밤 꿈에 멋있는 사람에게 금으로 된 자를 받는 꿈을 꾸었다"라고 주장하면서, 그러므로 이제부터 현 정부를 없애고 자기가 대통령이 되어 새 정부를 꾸리겠다고 주장한다고 해보자. 다들 이런 이야기는 황당한 농담이라고 생각할 것이다.

이성계가 금으로 된 자를 받으며 나라를 바로잡으라는 말을 꿈에서 들었다는 이야기는, 그냥 이성계의 머릿속에서 나온 것일 뿐이다. 이 이야기로 알 수 있는 것이 있다면, 이성계는 고려의 신하였던 그 시기에 꿈속에서도 고려를 엎어버리고 새 나라를 세울 생각을 하고 있었을 거라는 점 정도다. 그만큼 생각이 복잡했다거나, 자신감이 있었다거나, 욕심이 많았다고 이성계의 정신 상태를 조금 짐작해볼 수는 있을 것이다. 그러나 그런 꿈을 꾸었다고 해서 금으로 된 자를 들고 다니는 신령이 항상 한반도를 살펴보고 있다고 증명할 수도 없고, 미래의 운명이 금으로 된 자를 누가 갖느냐에 의해 정해진다는 사실이 증명되지도 않는다.

꿈이 다른 세계의 실체나 영혼과는 상관없고 그냥 머릿속 상상이 만들어내는 내용일 뿐이라는 사실은 여러 가지 다른 이야기로도 증명할 수 있다. 저승사자의 모습도 좋은 예시가 될 수 있다.

비몽사몽간에 잠이 들락 말락 할 때 또는 밤중에 설핏 잠이 깼을 때 저승사자를 보았다는 사람의 이야기는 대단히 많다. 이것은 사실 꿈속에서 저승사자를 본 기억을 잠결에 현실과 착각했을 가능성이 높으므로, 대다수의 이야기들이 저승사자를 꿈에서 본 이야기의 변형이라고 볼 수 있다. 이런 이야기들 중에는 그렇게 꿈속에서 저승사자를 본 뒤에 주변 사람이 세상을 떠났다는 우연의 일치가 달라붙어서 더욱 놀랐다는 사례도 있다. 또는 꿈에서 저승사자를 보고 저승에 가기 싫다고 했더니 죽음을 피했다는 내용도 있다.

그런데 최근까지 그렇게 많은 사람이 목격한 저승사자의 모습은 검은 한복에 검은 갓을 쓰고 있고 얼굴은 창백한 남성인 경우가 많았다. 많은 사람이 그것이 전통적으로 한국인이 목숨을 잃으려고 할 때 찾아오는 저승사자의 모습이라고 생각한다. 그러므로 전설이나 옛이야기에 나오는 그 저승사자가 실제로 내 꿈속에 나타나 누구인가의 생명을 빼앗고 죽음의 세계로 데려간다고 여긴 것이다. 그러나 사실 검은 옷을 입고 얼굴이 창백한 저승사자의 모습은 먼 옛날부터 내려온 한국 저승사자 모습의 대표라고 할 수는 없다. 그것은 사실 1970년대와 1980년대에 걸쳐 유행했던 KBS 〈전설의 고향〉에서 저승사자 모습을 보여주기 위해 최상식 PD와 제작진이 개발한 모습이다. 그런데 그것이 그럴듯해 보였고 시청자 반응도 좋아서 최상식 PD를 비롯한 제작진은 그 모습을 조금씩 바꾸어가면서 계속 활용했고, 그런 방송이 몇 차례 TV에 나오는 사이에 무심코 한국의 전통적인 저승사자는 저런 모습이겠거니 하는 생각이 사람들 사이에 퍼진 것이다. 영향력이 강한 대중매체를 통해 이런 모습이 사람들의 고정관념 속에 퍼지는 데는 별달리 오랜 시간이 걸리지도 않는다. 몇 년, 길어야 십 년 정도에 걸쳐 반복해서 그 모습을 보여주면 사람들은 그것이 오래된 전통이라고 무심코 받아들이게 된다.

나는 이 이야기를 tvN 〈유 퀴즈 온 더 블럭〉에서 이야기했고, 이 프로그램에서는 얼마 후 최상식 PD 본인을 섭외해 이러한 사연을 다시 한번 확인해주기도 했다. 저승사자 이야기를 좀 더 진지하게 믿던 조선시대 이전 사람들 중에는 오히려 저승사자가 그렇게 검은 옷에 창백한 얼굴이라는 식으로 생각하는 사람들은 많지 않았던 것 같다. 저승사자는 저승의 일을 담당하는 신하, 관리, 벼슬아치를 말한다. 그렇기 때문에 조선시대 이전 사람들은 저승사자 역시 실제 벼슬아치의 화려한 관복을 입고 있다고 생각했을 가능성이 크다.

저승에 대한 그림을 많이 그리곤 하던 불교 사찰에는 저승사자 역할을 하던 저승의 관리 그림으로 감재사자監齋使者, 직부사자直符使者를 그려놓은 곳이 있다. 지금 남아 있는 자료를 보면 이런 그림 속의 저승사자들은 울긋불긋한 관복을 입고 있다. 갓을 쓰고 있는 경우는 거의 보이지 않고, 오히려 무서운 관리라는 느낌을 내기 위해 무기를 들고 있거나 말을 끌고 등장한 그림이 흔하다. 현대에 실제로 저승사자를 보았다는 사람 중에는 이런 모습의 저승사자를 보았다는 사람의 이야기는 극히 드물다.

《조선왕조실록》 1471년 음력 4월 27일 기록을 보면, 이결이라는 사람이 꿈속에서 저승사자 비슷한 역할을 하는 '생사귀生死鬼'를 본 이야기가 나온다. 이 사람이 그 이야기를 얼마나 진지하게 생각했는지 그 내용은 임금에게까지 보고되었다. 이때 이결이 꿈속에서 본 저승사자는 머리에 다섯 갈래의 뿔이 돋은 형상의 귀신이었다. 현대의 저승사자 모습과는 완전히 다르다. 만약 누군가 저승사자를 본 것 같은데 그 모습이 실제로 조선시대 사람들이 진지하게 믿었던 형상이 아니라 TV를 통해 본 적 있는 형상이라면, 역시 그 모든 것은 그냥 내 마음속에서 만들어진 꿈일 가능성이 높다.

저승사자의 성별이나 직위에 대해서도 의심을 품어볼 수 있다. 현대의 소설 속 이야기를 제외하면 저승사자는 대개 남

감재사자

직부사자

성이다. 그럴 이유가 있는가? 조선시대에는 여성은 벼슬에 오를 수 없으며 남성에게만 그 자격이 주어졌다.

조선시대 사람들이 여성을 관리로 채용하지 않는다고 해서 현실 세계가 아닌 저승에서까지 그런 엉성한 성차별 문화를 따라 하고 있어야 할 이유는 없다. 의외로 저승에 대해 진지하게 탐구했던 조선시대 사람들은 이런 문제를 꽤 고민하기도 했던 것 같다. 조선 전기 소설 《설공찬전》을 보면, 저승은 모든 이승의 기준을 초월하는 세계이기 때문에 여성도 관리가 될 수 있는 곳이라는 묘사가 나온다. 현대의 저승사자 이야기에서 남성 저승사자가 압도적으로 많이 나타나는 것은 실제 저승이 아니라 내 머릿속 고정 관념, 기억 속에서 만들어낸 것이다.

따지고 보면 사람이 목숨을 잃었을 때, 굳이 저승에서 저승사자라는 공무원을 보내 사람을 데려오도록 행정 처리를 한다는 것도 굉장히 한국적인 발상이다. 그만큼 관청과 공무원들이 다른 사람들 위에 군림했고 대부분의 사람들이 벼슬하는 사람들을 우러러보며 두려워했던 문화가 뿌리 깊었기 때문에 이런 이야기가 생긴 것으로 보인다. 유럽권의 전설 속에서 저승사자 비슷한 역할을 주로 수행하는 이는 낫을 들고 다니는 해골 모습으로, 영어로는 '그림 리퍼Grim Reaper'라고 부른다. 그들은 저승사자처럼 임무를 수행하는 공무원 신분이 아니다. 한국과 비슷한 이야기가 많은 이웃나라 중국이나 일본에서도 공무원 같은 일을 수행하는 저승사자 이야기를 한국만큼 흔하게 믿지는 않는 것 같다.

그렇다면 누가 어느 나라에서 태어났느냐에 따라 나타나는 것이 달라야 한다는 뜻일까? 만약 한국에서는 저승사자가 찾아오고 미국에서는 그림 리퍼가 찾아와야 한다면, 1945년에서 1948년 사이 미군정이 한국을 통치하던 시기에는 한국에도 그림 리퍼가 찾아왔을까? 미국으로 이민 간 한국 사람에게는 어느 시점에서 저승사자 대신 그림 리퍼가 찾아온다고 해야 하는지도 상당한 고민거리다. 미국 영주권을 따는 시점이라고 해야 할까, 아니면 미국 시민권을 따는 시점이라고 해야

그림 리퍼의 상상도

할까? 이중 국적자나 무국적자는 어떻게 되는 것일까? 저승에서는 그런 문제를 따지기 위해 미국 이민국의 서류 처리를 항상 감시하고, 미국 대통령의 이민 정책에 귀를 기울이고 있을까?

내가 MBC 〈심야괴담회〉에서 이런 이야기를 했을 때 개그맨 황제성 님은 다음과 같은 반론을 제기했다.

"겉모습이 옛날 사람들이 생각하던 모습과 다르다고 해서 꼭 진짜 저승사자가 아니라 단지 상상의 산물이라고 할 수는 없다. 저승사자처럼 신령 같은 것들은 항상 그 시대 사람들이 믿고 그 시대 사람들에게 친숙한 모습으로 변화하여 등장하기 마련이다."

이것은 한번 생각해볼 필요가 있는 주장이다. 만약 그렇다고 한다면, 저승사자는 옷차림, 외모, 성별, 심지어 말투나 행동까지 모두 내 성향과 기억, 마음에 맞춰서 나타나는 것이라는 뜻이 된다. 다시 말해서 그 모든 것들이 내 마음에서 나온 것이고 그런 것들을 제외한 나머지만 진짜 저승에서 건너온 저승사자의 알맹이라는 이야기가 된다. 그렇게까지 많은 부분이 내 마음속에 달려 있는 것이라면, 정말 그것을 저승에서 온 저승사자라고 할 수 있을까? 그것이 진짜 저승사자라는 사실 자체도 충분히 의심해볼 수 있지 않을까?

이와 비슷한 사례는 사실 상당히 많은 유령과 괴물 이야기에서 쉽게 찾아볼 수 있다. 예를 들어 현대 한국에서 귀신 이야기라고 하면 긴 머리에 흰 옷을 입은 여성 귀신 이야기를 가장 전형적인 것이라고 생각한다. 요즘 누가 '귀신 모습을 보았다'라고 하면 대부분 그런 모습을 가장 먼저 떠올린다. 그렇지만 긴 머리에 흰 옷을 입은 여성 귀신이 한국 귀신의 대표 자리를 차지한 것은 그리 오래되지는 않는다. 이상한 이야기들을 모아놓은 책 중에 조선 후기에 나온 《천예록》에는 여러 가지 귀신 이야기들이 쓰여 있다. 나는 이 책에 나오는 귀신들의 성별을 따져본 적이 있는데, 여성으로 확인된 귀신 이야기는 전체 23편 중 3편밖에 되지 않는다. 《조선왕조실록》의 1468년 음력 8월 18일 기록을 보면 세조가 신하인 안효례와 최호원을 놀라게 하려고 귀신 변장을 한 사람을 보내는 대목이 있는데, 이 대목에서 귀신 변장은 "옷을 벗고 머리에 허연 것을 올려두고 있고 한 손에는 몽둥이를 들고 있는 모습"이라고 되어 있다. 조선 초기만 해도 귀신의 대표적인 모습이 지금 우리가 생각하는 긴 머리에 흰 옷 입은 여성 귀신과는 완전히 달랐던 것이다.

갑자기 귀신들의 생태계가 바뀐 것이 아니라면, 사람들이 자주 보는 귀신의 모습이나 성별이 시대에 따라 이렇게 바뀌어갈 이유는 없다. 시대에 따라 차이가 생기는 것은 사람들이 현실 세계에서 자주 접하는 그림, 이야기 속의 귀신 모습이 유행에 따라 달라지기 때문일 것이다.

나는 긴 머리에 흰 옷 입은 여성 귀신이 한국 귀신 형상의 대표로 굳건히 자리 잡은 것 역시 20세기에 들어 발달한 대중문화의 영향이라고 생각한다. 영화나 TV, 만화나 삽화에서 바로 그런 귀신 형상이 유행하면서 사람들 사이에 퍼진 것 아닐까 싶다. 어쩌면 법과 제도상으로는 성 평등이 어느 정도 갖추어진 시대인데도 현실은 여전히 성 차별이 심했던 1960년대와 1970년대를 지나면서 여성 귀신은 더 호소력을 가질 수 있었을 것이다. '과연 이러한 사회라면 여성이 한이 맺힐 만하다'라는 인식에 많은 사람이 공감할 수 있을 때 긴 머리 흰 옷 여성 귀신 이야기도 더 널리 퍼질 수 있는 힘을 얻지 않았을까?

가위눌림과 기면증

이상한 꿈을 꾸는 원인은 뇌의 이마엽 부분이 활동을 덜 하기 때문이다. 사람이 이상한 꿈을 꾸는 것은 보통 렘REM수면 상태에 있을 때이다. 렘이란 Rapid Eye Movement의 약자로, 눈을 빨리 움직인다는 뜻이다. 잠을 자고 있지만 감은 눈꺼풀 안에서 왜인지 눈을 빨리 움직이고 있는 때가 있다는 이야기다. 이런 렘수면 시기에는 얼굴의 이마 쪽 부위인 이마엽이 대체로 활동을 쉬고 있다. 그런데 이마엽 부분은 세상을 비판적으로 생각하고 이성적으로 따지는 역할을 한다. 그렇기 때문에 이마엽 부분이 쉴 때 머릿속에서 이상한 생각이 일어나거나 과거의 기억이 떠오르면, 그것은 단지 머릿속에서 꾸며낸 상상일 뿐이라는 비판적 사고를 하지 못한다. 대신 그런 황당한 생각을 진짜의 일로 느끼게 된다.

만약 그런 기분이 지나치게 강하게 느껴지거나, 그런 기분을 느낀 후 꿈에서 깨어날 때 정신을 똑바로 차리지 못해 혼란이 생긴다면, 꿈속에서 본 황당한 장면을 현실이라고 믿게 될 가능성이 생긴다. 야간 근무를 하는 중에, 혹은 밤을 새워 늦게까지 공부를 하다가, 또는 군대에서 밤에 초소 근무를 하다가, 또는 밤길에 차를 타고 가다가 귀신을 보게 되었다는 이야기가 그렇게 많은 이유도 어쩌면 꿈과 현실을 착각했기 때문일지도 모른다.

특히 깨어 있다가 잠으로 빠져드는 중간 과정에서 꿈과 현실이 섞이는 듯한 체험을 하게 될 때가 있는데, 이것을 의학에서는 입면환각hypnagogic hallucination이라고 부른다. 손영민 교수가 발표한 자료를 보면 이런 증세는 일반인도 경험할 수 있으며, 단순히 사람이나 동물을 닮은 형체를 보는 환각부터 이상한 소리를 듣는 환청, 촉감이나 팔다리가 이상하게 움직이는 것 같은 체감 이상증을 경험하기도 한다고 한다. 그렇다면 밤을 새워 작업을 하는 중에 설핏 잠이 들었는데, 입면환각 때문에 꿈에서나 보일 만한 유령이 나타나는 것을 환각으로 체험하게 될 수 있을 것이다.

좀 더 명확하게 잠자는 상태와 현실이 착각되는 현상이 분석되어온 유형도 있다. 대표적인 것이 가위눌림이다. 가위눌림을 의학에서는 잠자는 동안 몸이 이상하게 마비되는 현상이라고 하여 수면마비라고 부르기도 한다. 보통 전형적인 가위눌림 경험은 자다가 깬 후 무슨 이유인지 몸을 움직일 수 없고, 대신 바로 곁에 무서운 유령이나 괴물이 있는 듯 느껴지는 것이다. 사람에 따라서는 유령이 나타나거나 유령의 목소리가 들리는 경험을 하는 경우도 있다. 가위눌림이 일어나는 이유도 잠의 유형 중 하나인 렘수면과 연결되어 있다고 보는 것이 중론이다. 렘수면 중에는 뇌가 몸을 뜻대로 움직이는 능력이 차단된다고 한다. 바로 그런 상태에서 갑자기 잠에서 깨어나는 상황으로 접어들게 되면, 잠에서 깨어났다는 느낌이 있으므로 모든 것을 깨어난 현실로 생생히 느끼게 된다. 하지만 몸을 뜻대로 움직일 수 있는 뇌의 다른 능력은 아직 깨어나기 전인 상태가 된다. 그러면 온몸이 눌린 듯 꼼짝하지 못하게 되는 느낌이 들 것이다.

가위눌림에서 체험하는 이상한 현상이 보통의 꿈과 다르다는 의견이 있기는 하다. 하지만 어찌 되었든 뇌가 완전히 잠이 든 상태에서 깨어나지 못한 것이므로 비록 깨어났다는 느낌은 있어도 현실을 정확히 보지 못하고 착각 속에서 유령의 소리나 괴물의 형체를 느낄 가능성은 충분하다. 또한 가위눌림이 렘수면 중에 일어나는 것을 보면, 렘수면 중에 경험하는 꿈과 유사한 방식으로 현실이 아닌 자신의 기억과 상상이 환상으로 나타날 가능성이 있다. 갑자기 잠에서 깨고 온몸을 움직일 수 없는 상황에서 즐겁고 신나는 꿈을 꾸기란 어려울 것이니, 자연히 악몽 같은 상황에서 이러한 유령 체험을 하게 될 것이다.

게다가 잠을 자고 깨어나는 것이 정상적으로 잘되지 않는 상황이라면, 몸이 힘들거나 정신적으로 괴로운 경험을 하는 시기일 가능성이 높고, 그렇다면 분명히 자신을 위협하는 어떤 나쁜 악령 같은 것이 있다는 생각을 하기에도 좋은 상황일 수 있다. 예를 들어 길을 같이 가던 동료가 갑작스럽게 덮쳐온 교통사고로 크게 다쳤다고 해보자. 누군가 그런 충격적인 경험을 했다면, 당연히 회복하는 동안 몸도 좋지 않을 것이고 마음에도 교통사고에 대한 공포가 짙게 남아 있을 것이다. 그런 상황이라면 잠을 잘 자지 못할 수 있고, 그러다 보면 현실과 착각할 만한 악몽이나 가위눌림과 같은 이상한 체험을 할 수 있다. 그리고 그때 마침 머릿속에서 교통사고와 관련된 유령이 나타나 자신을 괴롭히는 꿈을 꾸는 것 같은 일이 벌어진다면, 실제로 유령이 나를 찾아왔다고 믿게 될지도 모른다.

끝으로 비슷한 부류의 현상 중 좀 더 명확한 사례로 정리된 증상으로는 기면증도 빼놓을 수 없다. 기면증은 발작에 가깝게 갑작스럽게 잠에 빠져드는 증상을 말한다. 증상이 심하면 멀쩡하다가도 갑자기 쓰러지듯이 잠이 들기도 하지만, 증상이 약한 경우에는 딱히 잠을 잘 필요가 없는 낮 시간에 별다른 이유 없이 과도하게 졸리는 현상 정도로 나타날 수도 있다. 기면증 때문에 갑자기 잠에 드는 경우 탈력발작이라고 하여 갑자기 힘이 빠지면서 쓰러지게 되는 증상이 나타날 때가 있다. 탈력발작 현상은 너무 놀라 쓰러지며 기절하는 것과 비슷하다. 사람에 따라서는 평생 탈력발작을 한두 번밖에 경험하지 않는 사례도 있다고 한다.

그런데 하필 탈력발작은 웃거나 화내거나 놀랄 때와 같은 강한 감정 변화가 있을 때 나타나는 경우가 많다. 그렇다면 기면증이 있는 사람이 갑자기 유령으로 착각할 만한 물체가 불쑥 나타나서 깜짝 놀라거나, 혹은 갑자기 무서운 상황에 휩싸였다고 생각해서 겁에 질렸을 때, 탈력발작이 나타날 수 있을 것이다. 그러면 그 사람은 유령이 등장하는 것 같은 느낌이 들어 무서워서 기절했다고 생각할 것이다. 특히나 기면증의 경우, 잠이 들 때 입면환각으로 현실이 아닌데 현실이라고 착각할 만한 경험을 느낄 수 있고 입면환각의 내용은 대개 무서운 소재가 많다고들 한다. 그렇다면 기면증이 있는 사람 앞에 덤불 속에서 고양이가 튀어나오고, 그가 탈력발작으로 깜짝 놀라 쓰러지면서 잠이 들었다고 해보자. 그 순간 입면환각으로 실제로는 그 장소에 있지도 않았던 덤불 속에서 목이 긴 괴물이 튀어나와 자신을 잡아먹으려 했다는 꿈같은 환상을 체험할 수 있다. 그리고 얼마 후 잠에서 깨어나면 그 사람은 분명히 덤불 속에서 정말로 목이 긴 괴물이 나타났고, 자신은 너무 무서워서 정신을 잃었다고 믿게 될 가능성이 높다.

이런 체험을 하게 된다면 아무리 황당한 장면이라고 하더라도 '나는 정말 생생하고 분명하게 유령을 보았고 기억한다'라고 믿을 수 있다. 또 기면증 환자 중에는 잠에서 깨어날 때 환각을 체험하는 사람도 있다고 한다.

기면증의 근본 원인과 완전한 회복 방법은 알려져 있지 않다. 그렇다고 해서, 유령이 나타나 자신이 싫어하는 사람에게 기면증을 일으키는 간접적인 방법을 사용하는 것 같다는 식으로 생각할 필요는 없다. 최근 시상하부에서 하이포크레틴hypocretin이라는 화학 물질이 덜 만들어지면 기면증이 나타난다는 연구가 확인되고 있기 때문이다. 이런 사실조차도, 유령과 통한다고 주장하는 사람을 조사하다가 알아낸 것이 아니다. 기면병에 걸린 개를 면밀히 관찰하고, 그 개의 유전자를 분석하고 실험하며 열심히 일하는 연구원들에 의해 하이포크레틴과 기면병의 관계가 밝혀지고 있는 것이다.

3장

물귀신을 물리치는 클로로퀸

물귀신 이야기의 전통

물귀신 이야기의 핵심은 물이 있는 곳에 사람이 들어갔을 때 알 수 없는 이유로 그 사람을 물에 빠뜨리는 무서운 악령이 있다는 것이다. 수영을 잘하는 사람이 물에 들어갔는데 갑자기 밑에서 누군가 손을 내밀어 발목을 잡는 느낌이 들더니 그대로 끌어당기는 것 같아 물속 깊이 빠져버렸다는 이야기는 자주 등장한다. 그곳에서 예전에 물에 빠져 목숨을 잃은 사람이 있었는데 그 원한 때문에 물귀신이 되어 그런 식으로 다른 사람을 해친다는 해설이 붙은 이야기도 흔하다.

이런 식으로 정형화된 물귀신 이야기는 의외로 조선시대

이전 기록에 자주 등장하는 편은 아니다. 그렇다고 해서 물귀신 이야기 자체가 없지는 않다. 조선시대 선비들의 시를 보면 강물이나 바다를 건너가다가 두려울 때 "물귀신이 해코지를 하지 않으면 좋겠다"라는 감상을 쓴 것도 흔히 보이고, 물결이 거세게 몰아치는 곳을 부정적으로 묘사할 때 "물귀신 소리가 들리는 것 같다"라는 식의 표현도 자주 나온다. 그러니까 물에 무엇인가 이상한 것 또는 신령스러운 것이 있다는 생각은 예로부터 있었던 셈이다.

그러고 보면 물귀신이 아니라 아예 물을 다스리는 신령이 물에 산다는 식의 이야기는 상당히 뿌리가 깊은 편이다. 큰물에는 물을 다스리는 용이 산다는 전설도 흔하다. 예를 들어 《삼국유사》에는 백제의 강물 속에 백제를 지키는 용이 살았다는 식의 이야기가 나와 있다. 적군이 백제를 침공하기 위해 당시 수도였던 부여를 공격하고자 그 주변을 감싸고 있는 강을 건너려고 하면 그 강에 살고 있는 용이 수호신처럼 적군의 배를 뒤엎어버릴 수도 있다고 옛사람들은 믿었다는 이야기다. 그 밖의 강물을 다스리는 신에 대한 이야기도 적지 않다. 대표적으로 고구려를 세운 주몽은 자신의 외할아버지가 강물을 다스리는 신, 하백이라고 주장했다. 신라의 김경신이 임금이 되려고 북쪽 강물의 신인 북천신에게 열심히 제사를 지냈는데, 그랬더니 결정적인 순간에 북쪽 강물이 불어나 자신의 경쟁자가 물을 건너오는 것을 막아서 임금이 되는 데 성공했다는 이야기도 있다.

이런 사례들을 보면 확실히 물속에 있는 신령이나 괴물에 대해 두려워하고 떠받드는 풍속은 예전부터 널리 퍼져 있었던 것 같다. 아무래도 육지를 운행하는 것에 비해 배를 타고 강이나 바다를 다니는 일은 위험한 일이고, 한번 일이 잘못되면 목숨을 잃을 수도 있는 일이다 보니 그에 대한 공포가 여러 가지 상상이나 주술적인 숭배로 이어지기 쉽지 않았을까 싶다.

실제로 배를 타고 이동하는 일은 조류가 바뀌거나, 물살이 갑자기 빨라지거나, 바람이 몰아치는 일 때문에 언제나 위험이 도사리고 있는데, 일기예보라는 기술을 갖고 있지 않았던 옛사람들에게는 이런 일들이 전혀 이해할 수 없는 우연에 의해 벌어지는 일일 뿐이었다. 어떤 날은 넓은 강물을 편안하게 잘 건널 수 있었는데, 다른 날은 갑자기 돌풍이 몰아닥쳐 배가 뒤집히는 바람에 큰 피해를 입었다고 생각해보자. 옛사람들은 이런 문제를 높은 기온 때문에 대기가 불안정해졌다거나 저기압이 빠르게 접근해온 여파라는 식으로 해석할 기술이 없었다. 물살과 바람이 왜 이랬다저랬다 하는지 이유를 알 수 없으니, 그저 강물을 다스리는 신령이 화가 난 것은 아닐까 짐작할 뿐이었다.

이런 식이면 어떻게든 상황을 꿰어 맞추어 무엇이든 이유나 이론을 만들어내기가 쉽다. 예를 들어 원래 배를 출발하기 전에 강물을 향해 다들 인사를 한번 올리는 의식을 올렸어야 하는데 그 의식을 생략했기 때문에 신령이 화를 냈다거나, 혹은 보름달이 뜨는 날 마침 사고가 났다면 보름달의 신을 강물의 신령이 싫어하기 때문에 화를 낸 것 아니겠느냐는 식으로 뭐든 관련이 있어 보이는 것을 근거 삼아 넘겨짚는 것이다.

조선 초기 제주도에는 '광양왕'이라는 신을 믿는 사람들이 있었는데, 그 믿음에 따르면 광양왕은 하늘을 날아다니는 매로 변신해 갑자기 배에 바람을 몰아닥치게 해서 사고를 일으키는 힘을 가진 신이었다고 한다. 아마도 갑작스러운 돌풍 때문에 침몰한 배가 있었는데, 마침 그 무렵 근처에 우연히 매가 한 마리 날아다닌 것을 본 사람들이 두 사건을 연결시켜 이야기를 만든 것 아닐까 싶다. 《고려사》를 보면 신라 시대에는 서해를 지날 때 고구려 출신 사람이 배를 타고 있으면 배가 잘 안 움직인다고 생각한 미신이 있었다는 사실도 알 수 있다.

사악한 느낌이 드는 사례로는 《조선왕조실록》에 실려 있는 신숙주의 경험담도 꼽아볼 만하다. 신숙주는 젊은 시절 사신단을 이끌고 일본에 다녀온 적이 있었다. 그런데 돌아오는 길에 갑자기 폭풍을 만나 배가 위험해졌다. 아마 사람들은 이러다 배가 뒤집혀 모두 죽을 수도 있다는 공포에 빠졌을 것이다. 배에 탄 사람들은 일행 중 임신부가 한 명 있다는 사실을 알아냈다. 그 임신부는 해적에게 납치되어 일본에 끌려가 있던 사람이었는데, 사신단이 구조해서 조선으로 데려가던 길이었다. 아마도 사람들은 도대체 누구 때문에 폭풍이 일어나는지 조사해본답시고 배에 탄 사람들의 이력을 다 같이 알아보았을 것이고, 그 과정에서 승객 중 임신부가 있다는 사실을 알게 되었을 것이다. 그때 누군가가 바다의 신령이 임신부를 싫어하기 때문에 폭풍이 불어닥쳤다는 이야기를 하기 시작했다. 이른바 부정을 탔다는 이야기다. 이는 곧 그럴듯한 이론으로 여겨졌다. 답이 없는 문제가 발생하면 사람은 만만한 약자에게 책임을 뒤집어씌우고 '이게 다 너 때문이다'라고 말하고 싶은 유혹에 빠진다. 더군다나 여러 사람이 소수를 공격하는 분위기에 휩쓸리면 그런 주장은 더 쉽게 받아들여진다. "분명히 배에 타기 전에 신상에 무슨 문제가 있으면 말하라고 했을 텐데 왜 말을 안 했냐?", "이것은 저 임신부가 속이고 배를 탔기 때문이다"라는 식으로 임신부가 잘못된 행동을 했고 그 때문에 다수를 위기에 빠뜨렸다는 이야기도 나왔을 것이다.

결국 배에 탄 사람들은 임신부를 바닷물에 내던져버리자고 이야기하기 시작했다. 아마 배에 탄 사람들 중 일부는 그 방법이 폭풍을 멈추어 자신들의 목숨을 구할 수 있는 유일한 방법이라고 간절히 믿었을 것이다. 임신부가 사람들을 속이고 배에 탔다는 식의 이야기도 만들어져 임신부가 책임을 져야 한다는 주장도 힘을 얻은 상태였을 거라고 짐작해본다. 게다가 혼자만의 주장이 아니라 배에 탄 사람들이 거의 모두 그렇게 생각하고 있으니 자신이 특별히 나쁜 생각을 한 것도 아니라는 느낌까지 있었을 것이다. 그렇게 사람들에게 몰려 임신부는 죽기 직전이었다.

이때 일행의 책임자인 신숙주가 나서서 "어떻게 그런 이유로 사람을 죽이느냐?"라면서 사람들을 멈추게 했다. 잠시 후 아무 이유 없이 폭풍은 멈추었다. 그것은 사람들이 끼워 맞춘 상상 속 이유와는 아무 상관이 없는 현상이었다. 사람들은 무사히 항해를 마칠 수 있었다.

알 수 없는 위기, 답이 없는 문제가 생겼을 때 만만한 약자를 몰아붙여 모든 것이 그 사람 때문이라고 덮어씌우는 일은 자주 일어난다. 당시 신숙주는 "어떻게 자기 목숨을 구하자고 남의 목숨을 버리게 하겠느냐"라는 이유를 들어 사람들을 말렸다고 한다. 만약 신숙주가 제지하지 않아 사람들이 임신부를 바다에 내던지고 그 후 폭풍이 그쳤다고 상상해보자. 그러면 선원들은 '역시 임신부가 원인이었다'고 더 굳게 믿었을 것이다. 그랬다면 그 후 긴 세월 동안 얼마나 더 많은 사람이 희생되었을까? 그렇게 생각하면 오싹해진다.

물귀신이 사라져가는 서울

현대의 물귀신 이야기와 조금 더 비슷한 이야기로는 18세기 함경도 지역에서 나온 의학 서적 《광제비급》에 나오는 사연을 꼽아볼 수 있다. 그것은 귀금속 은의 신비로운 효험과 성질에 대해 설명하는 예시로 나와 있는 이야기다. 전체 줄거리는 대동강물이 불었을 때 수영을 아주 잘하는 사람이 강을 건너는 모습을 수많은 사람 앞에서 보여주었다는 내용이다. 누군가를 구조하거나 어떤 물건을 구하기 위해서였는지, 아니면 그냥 수영 실력을 자랑하기 위해서였지는 분명하지 않다. 그런데 굳이 강물이 불어났을 때 그런 행동을 한 것을 보면, 아마 무엇인가를 구하기 위해 물에 뛰어들었던 것이 아닐까 상상해본다. 여하튼 한창 수영을 하던 중 물속에서 붉은 손이 튀어나와 그 사람의 머리채를 잡으려고 했다고 한다. 그런데 그 사람은 머리에 은비녀를 꽂고 있었고, 붉은 손은 왜인지 머리채를 잡지 못한다. 얼마 후 그 사람은 무슨 생각인지 은으로 된 비녀를 빼놓고 다시 수영을 한다. 그러자 물속에서 또 붉은 손이 튀어나와 이번에는 머리채를 붙잡아 물속으로 끌고 들어갔고, 그 사람은 살아 돌아오지 못했다. 이 내용이 이 책의 핵심이라고는 할 수 없고, 나 또한 한의학에 대해서는 아는 것이 없어 깊은 의미는 잘 이해하지 못한다. 하지만 곁다리로 실린 이 기록이 조선시대 물귀신 이야기의 좋은 표본이 될 만해서 아주 유심히 읽었던 기억이 있다.

현대의 물귀신 이야기에서는 주로 사람의 발을 잡고 끌어당기는 이야기가 많은 편이지만, 조선시대의 이 이야기에서는 머리채를 잡고 끌고 들어간다는 내용이라서 대조를 이룬다는 점이 우선 눈에 뜨인다. 손이 붉은색이라거나 몸 전체는 보이지 않는데 물 밖으로 이유 없이 튀어나온 손만 보였고 그

것이 많은 사람에게 동시에 목격되었다는 점, 은으로 된 물건을 지니고 있으면 공격하지 못한다는 점 등도 요즘 이야기에서는 찾아보기 힘든 특징이다. 그런 점에서 요즘 우리에게 친숙한 물귀신 이야기는 전통적으로 전해온 귀신 이야기라기보다는 아마도 현대에 접어들어 새롭게 퍼져나간 이야기가 아닌가 싶다. 현대사 연구에 밝은 심용환 교수는 1970년대 이후 자동차와 고속도로를 이용한 여가 생활이 사람들 사이에 널리 퍼지면서 하천에서 물놀이하는 사람들의 피해가 많이 발생하는 가운데 요즘 방식의 물귀신 이야기가 유행하게 된 것 아닌가 하는 추측을 이야기해주셨던 적이 있다. 그런 문화적인 계기가 있다면 확실히 새로운 형태의 무서운 이야기도 널리 퍼져나갈 수 있을 거라는 생각이 든다.

그리고 이렇게 현대에 탄생한 이야기들의 실체는 이미 많이 밝혀져 있다. 대체로 이런 이야기는 사고가 잘 생길 만한 지형과 환경 때문에 발생한다. 예를 들어 물놀이 사고가 자주 발생하는 곳은 개천의 바닥이 갑자기 깊어지는 지역이거나 물의 흐름이 갑자기 달라지는 곳인 경우가 많다. 발이 닿는 깊이의 물에서 놀던 사람이 무심코 바닥이 움푹 들어간 지형에 발을 내딛었다가 닿지 않아 당황하는 경우가 있는데, 이런 곳은 물놀이 사고가 많이 발생할 것이고, 그곳에 물귀신이 있어서 사람을 끌어들인다는 소문도 나기 쉽다. 잠수 장비를 몸에 장착하고 물속에 들어가 하천 바닥의 지형이 어떻고 물살이 어떤지 정확하게 측정할 수 있는 현대에는 그런 지역에서는 물놀이 사고가 생기기 쉽다는 것을 쉽게 이해할 수 있겠지만, 잠수 장비가 없어 그런 이유를 알 수 없었던 옛사람들은 비슷한 일을 겪었을 때 물귀신 이야기를 만들어내게 될 것이다.

예를 들어 물놀이 사고가 많이 나는 어떤 강의 경우 실제로 위험한 지점이 많다는 사실이 언론을 통해 여러 번 지적된 적이 있다. 나는 한 방송사의 TV 프로그램에서 그 강물 속을 조사하던 중 해골 모양 비슷한 것이 떠다니는 것이 발견되는 바람에 정말로 물귀신을 촬영하게 된 것 같아서 다들 깜짝 놀라는 장면을 본 적이 있다. 그러나 정확히 살펴보니 그 물체는 물속을 떠다니던 돼지머리였다. 어느 무속인이 굿을 할 때 쓴 것 아닌가 싶다. 물귀신 이야기로 유명한 곳이니 그런 이야기를 깊이 믿는 사람이 아마 의식을 치르고 제물 삼아 돼지머리를 물에 던져 넣었을 것이다. 만약 그런 사정을 모른 채 우연히 그곳에서 떠다니는 머리통 모양의 형체를 얼핏 본 사람이 있다면, 그 강에는 머리만 떠다니는 물귀신이 살고 있다는 목격담을 믿게 되었을 것이다. 이런 사례는 이야기에 대한 소문이 이야기를 더 크고 진하게 만드는 예시다.

한편 배 사고가 많은 곳 중에는 물살이 교묘하게 이끄는 곳에 눈에 잘 안 띄는 암초나 바위 같은 것이 있어서 배가 잘 부딪치는 장소도 꽤 있다. 잠깐 정신을 판 사이에 배가 엉뚱한 쪽으로 흘러들고 그러다 정신을 차리기도 전에 물 밑에 숨어 있는 바위에 배가 부딪치면서 박살나버리면 사람들 사이에 "귀신에 홀렸나, 왜 자꾸 그곳에서 배가 침몰할까?" 하는 이야기가 돌 수 있을 것이다. 이런 형태의 물귀신 이야기의 대표격으로는 독일의 로렐라이Loreley 이야기가 있다. 강을 지나는 뱃사람들이 인어의 모습으로 노래를 부르는 환상적인 여성에 홀려 정신이 나가는 바람에 배가 침몰하게 된다는 이야기다.

서울의 여의도 샛강 인근에도 비슷한 이야기가 도는 '귀신바위'라는 곳이 있는데, 하필 그 바위 근처에서 사람들이 물에 빠지는 사고가 자주 일어났다고 한다. 바위의 경치가 너무 아름다워 바위에 다가가려다 물에 빠졌다는 식의 이야기도 있는데, 역시 물살이 교묘한 곳에 바위 하나가 톡 튀어나와 있고 잘 보이지도 않는 지역이라서 예로부터 사고가 많이 나는 지형이었기 때문에 그런 별명이 생긴 듯싶다. 아마 이야기를 잘하는 사람들 사이에서는 바로 그 귀신바위에 귀신이 나타나 손짓을 하고, 거기에 홀려서 사람들이 강물에 빠진다든가 배가 바위를 들이받게 된다든가 하는 전설도 돌았을 듯하다.

인근 지역의 도시 개발 때문에 현재 귀신바위는 올림픽대로와 노들길 사이의 육지로 변해버렸다. 도로를 만들면서 한강 주위에 공사를 하여 물가를 아예 튼튼한 땅으로 바꾸었기 때문이다. 그래서 귀신바위는 지금도 남아 있기는 하지만 더 이상 물귀신은 나타날 수가 없다. 아무리 오랜 역사를 자랑하는 무시무시한 물귀신이라고 하더라도 교통 체증을 해결하고

자 길을 내려는 천만 서울 시민들의 공사 장비 앞에서는 사라질 수밖에 없다.

더 물리치기 어려운 물귀신

지형 때문인 것으로 밝혀진 물귀신 이야기보다 훨씬 풀이하기 어려운 다른 유형의 물귀신 이야기도 있다. 이를테면 물에 직접 빠지는 사고를 당하는 형태 외에 물귀신에게 씌어 앓아누워 고생하는 형태의 이야기들을 하나로 묶어볼 수 있다.

이야기의 시작은 물에 빠지는 이야기 유형과 거의 같다. 어떤 사람이 어딘지 꺼림칙한 물가에 간다. 물놀이를 하는 경우도 있고, 낚시를 하는 경우도 있고, 근처에서 잠깐 캠핑을 하는 경우도 있다. 그러다 물에 빠지거나 물속 혹은 물가에서 이상한 것을 보거나 뭔가 찜찜한 일을 당한다. 집에 돌아온 뒤 주인공은 갑자기 이상한 행동을 한다. 성격이 바뀌는 경우도 있고, 이상한 행동을 하는 경우도 있다. 얼마 후 주인공은 고열에 시달리는 등 앓아눕게 되면서 이상한 현상을 겪는다. 꿈속에서 신비한 유령을 보거나 환상 속에서 자신을 저주하는 괴물을 목격하기도 한다. 주인공은 견디다 못해 악령이나 마귀를 물리치는 의식을 치른다. 제사를 지내기도 하고, 물가에서 가져온 물건을 버리기도 한다. 그러자 신기하게도 주인공의 병세는 점차 나아진다. 주인공은 자신에게 붙어 있던 사악한 것이 떨어졌다고 여기고, 그것은 역시 그 물가에서 따라온 것이라고 확신한다.

이런 이야기 중 일부는 그냥 우연히 병에 걸려 시달리다가 나은 경험일 뿐이다. 사람이 아파서 체력이 약해지면 아무래도 이상한 꿈을 꾸게 되기 쉽고, 또한 몸이 좋지 않으면 꿈과 현실을 분명히 구분하는 것도 그만큼 더 어려워진다. 물가에 여행을 갔다 온 후에 병이 걸렸는데, 회복 시점이 마침 악령을 쫓는 의식을 한 뒤와 엇비슷하게 맞아떨어지면, 악령 때문에 이상한 증세를 겪었고 악령을 쫓는 의식을 했기 때문에 몸이 나았다고 착각하게 되기도 쉽다.

조금 더 앞뒤 사연이 들어맞도록 상상해보면, 낯선 여행지에 갔다가 그곳에 있던 세균이나 바이러스에 감염된 이야기라는 식으로 생각해보는 것도 가능하다. 물귀신에 씌어 병이 난 것이 아니라 그 물속에 살고 있던 병균에 감염되었기 때문일 수도 있다. 만약 네글레리아 파울러리Naegleria fowleri와 같은 비교적 희귀한 아메바가 물속에 살고 있고, 수영을 하거나 오염된 물을 잘못 마시는 바람에 이것이 몸속에 들어갔다고 상상해보자. 이 아메바는 사람의 뇌를 공격할 수 있는데, 그러면 그 사람은 정신이 파괴당하여 목숨을 잃을 위험에 빠질 수도 있다. 미국에서 '뇌 파먹는 아메바가 나타났다'며 가끔 언론이 놀라운 사건으로 보도하는 미생물이 바로 이 아메바다. 이 아메바는 눈에 보이지 않는 아주 미세한 생물인 데다가 그것이 몸속으로 들어올 때 알아챌 수 있는 것도 아니다. 그러니

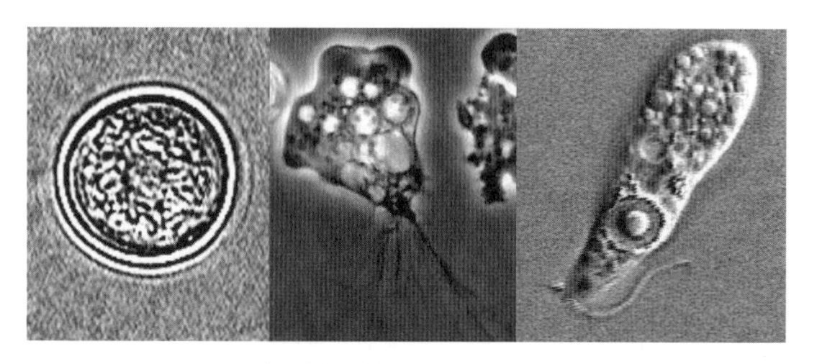

네글레리아 파울러리의 세 가지 형태

까 겉으로 보기에는 그냥 물에 한번 빠졌다가 나왔을 뿐인데 갑자기 시름시름 앓으며 정신이 혼미해지기 시작하니 악령이 정신 속으로 침투했다는 이야기가 나올 만하다.

훨씬 더 가능성이 높은 예로는 독특한 감기 바이러스나 전염병 세균 등이 유행하고 있는 어떤 지역이 있는데, 그 지역에 여행 온 타지 사람이 그에 대한 면역이 없어 더 심하게 그 병을 앓게 된다는 식의 뻔한 이야기도 생각해볼 수 있다. 예를 들어 한 외딴 마을에 특이한 감기 바이러스가 돌고 있는데 그 지역 사람들은 다들 거기에 면역이 있어 별로 큰 증상을 겪지 않는다고 해보자. 하지만 외부에서 여행 온 사람에게는 생소한 바이러스이기 때문에 굉장히 심하게 감기를 앓게 된다. 그런데 마침 그 마을에는 이른바 저주받은 연못이 있어서 사람들은 그곳에 가까이 가지 않는 풍습이 있는데, 여행 온 사람은 그런 풍습을 몰라 그 연못에 가까이 간 적이 있다고 해보자.

그러면 사실상 그 사람의 병은 연못과는 상관없지만 갑자기 그 사람만 심한 감기에 걸렸으므로 사람들은 '역시나 그 저주 받은 연못에 가면 물귀신이 씌어 앓게 되는구나'라는 믿음을 더 강하게 품을 것이다.

이런 이야기가 전부는 아니다. 물귀신에 씐 이야기 중에는 이것보다 훨씬 더 복잡하고 설명하기 어려운 이야기도 있다. 예를 들어 아파서 병원에 갔지만 의사가 아무리 열심히 살펴보아도 원인을 알 수 없었다는 설명이 따라붙는 이야기들도 있다. 한국의 병원에서 일상적으로 처방해주는 해열제나 항생제 등의 약을 먹으면 증상이 어느 정도 낫기 마련인데, 그런 약으로도 치료할 수 없었다는 경험을 하는 사람도 있다. 도저히 설명할 수 없는 이상한 유령 형체를 똑똑히 보았다는 사례도 없지 않다. 정말 기이하게도 어떤 주술을 사용하면 잠깐 병이 낫는데 그 주술을 멈추면 다시 병이 도지며 열이 오르고 유령이 보인다는 식의 이야기도 있다. 고통을 참을 수 없을 때 마을의 수호신이라는 당산나무 앞에 가 있었더니 그 나무의 신령에 물귀신이 눌렸는지 증세가 사라졌고, 집으로 돌아왔더니 또다시 열이 나기 시작했다는 형태의 이야기도 여기에 속한다.

이렇듯 기괴한 증상을 겪는 경우에는 세균이나 바이러스 때문에 병이 생겼다고는 여기기 어려우므로 유령이나 물귀신의 저주 때문임이 분명하다고 생각하기 쉽다. 설령 그런 아주 특이한 병을 일으킬 수 있는 것이 세계 어디인가에 있을 수 있다고 하더라도 한국의 어느 평범한 연못 근처에서 그런 특이하고 이상한 세균이 살고 있을 확률은 낮지 않을까? 그런데 그 연못 근처에 간 사람들 중 상당수가 그런 이상한 증상에 걸렸다면 그것은 너무 이상한 현상이다. 그 연못에 물귀신이 산다고 보는 것이 옳지 않겠나, 짐작하는 사람도 있을 것이다. 그런데 사실은 그렇지 않다. 한국뿐만 아니라 세계의 아주 많은 나라에는 그런 기괴한 증상을 일으킬 수 있으면서도 무척 흔한 병이 한 가지가 있다. 바로 말라리아다.

원경왕후를 공격한 마귀의 정체

한국에 말라리아가 있다는 사실을 잘 모르는 사람이 의외로 많은데, 한국은 과거에 말라리아에 심하게 시달리던 나라였고, 옛날만큼은 아니지만 현재도 말라리아 문제가 꽤 심각한 편이다. 질병관리청 자료에 따르면, 2020년 한 해 동안 한국에서 발생한 말라리아 환자는 385명이다. 이 정도면 말라리아 문제가 심각한 열대 지방 국가들에 비해서는 사정이 좋은 편이라고 할 수 있지만, 선진국 중에서는 거의 최악이라고 할 정도로 심각한 것이다. 유럽이나 아메리카의 많은 선진국에서는 말라리아가 전혀 발생하지 않는다. OECD 국가 중에는 멕시코가 열대 지역에 있는 나라이기 때문에 말라리아 환자가 꽤 많이 발생하는 편인데, 한국의 경우 종종 멕시코보다 말라리아 환자가 더 많이 나오는 해가 있을 정도로 말라리아가 심각하다.

과거에는 말라리아를 '학질'이라고 불렀다. 과거의 한의학 체계는 현대 의학과는 다르기 때문에 옛 기록 속의 학질이 현대의 말라리아와 완벽하게 일치하는 것은 아니다. 하지만 말라리아가 곧 학질이라고 해도 큰 오류가 있을 정도는 아니다. 옛사람들 사이에 학질은 굉장히 널리 퍼진 병이었기 때문에 우리말에는 '학을 떼다'와 같은 표현도 남아 있다. 이 표현은 '정말 괴로울 정도로 싫어한다'는 뜻인데, 여기서 '학'이 바로 학질, 말라리아를 뜻한다. 그러니까 '내가 김 부장이라면 학을 뗀다'라는 말은 '김 부장을 상대하는 일은 말라리아에 걸렸다가 낫는 정도로 굉장히 고통스러운 일이다'라는 의미다. 실제로 학질에 걸렸던 사람에 대한 기록도 많다. 예를 들어 조선 세종의 어머니인 원경왕후도 학질에 걸려 사망했다고 한다.

질병관리청 자료에 따르면, 한국인들이 감염되는 말라리아의 대표적 증상은 권태감이라고 한다. 어찌된 것인지 기운이 빠지고 일을 의욕적으로 할 수 없게 된다는 뜻이다. 주변 사람이 보기에는 갑자기 그 사람의 성격이 바뀌었다고 볼 수 있을 만한 증상이다. '활기차던 사람이 왜 저렇게 확 바뀌었지? 뭔가에 씌었나?' 하는 이야기가 나올 수 있다. 그렇게 갑자기 권태감을 느끼다 보면 부주의로 갑자기 다치거나 실수하거나 교통사고 따위를 일으키는 일이 생길 수도 있고, 누군가와 다투는 일이 생길 가능성도 높아진다. 이것을 물귀신 이야기와 엮어 생각한다면, 물귀신 때문에 저주를 받아 사고를 당했다거나 교통사고가 일어났다고 착각할 수 있다. 말라리아의 가장 고통스럽고 분명한 증상은 고열이다. 고열로 고통을 받으면 당연히 악몽을 꿀 수도 있고, 악몽 속에서 유령을 보거나 무서운 형체를 보고 그것을 현실로 착각하는 일을 겪을 수도 있다.

한국의 말라리아에서 자주 발생하는 현상은 아니지만, 열대성 말라리아에 감염될 경우에는 뇌가 상하기도 한다. 그러면 현실에서는 결코 일어날 수 없는 이상한 체험을 실제로 했다고 믿게 되고, 환각이나 환청에 시달릴 것이다. 흔히 섬망이라고 하는 증상인데, 열대성 말라리아가 중증으로 진행될 경우에는 꼭 언급되는 피해다. 뇌가 파괴되면서 현실과 환상을 구분할 수 없게 되기 때문에, 마귀가 나타나 내 팔다리를 붙잡고 이리저리 끌고 다니다가 갑자기 귀에다 대고 이상한 말을 해주는 등의 일이 실제로 일어난다고 믿게 된다.

한국 말라리아는 뇌에 직접 문제를 일으킬 정도의 중증은 거의 일으키지 않는 것으로 알려져 있다. 그러나 심각하지는 않더라도 유사한 사례가 아주 없는 것도 아니다. 2009년에 김문석 교수는 한국의 한 50대 환자가 말라리아 감염 이후 이상한 증상을 겪었다는 사실을 논문으로 발표한 바 있다. 이 환자는 방향 감각과 시간 감각에 혼란을 겪었으며, 기억 상실과 함께 유아와 같은 행동을 하게 되는 변화를 보였다고 한다. 이런 증상이 만약 말라리아 때문에 발생한다면, 그 모습을 보고 어린이의 악령이 들려 어린이 같은 행동을 한다고 생각할 수 있을 것이고, 자신이 한 말이나 행동을 기억하지 못하는 모습 때문에 주변 사람들이 '그때 한 말은 악령에 씌었을 때 한 말이구나'라고 여길 수도 있을 것이다. 시간 감각에 혼란을 겪으면 오늘 아침에 있었던 일을 오늘 밤 꿈에 유령이 나타나 이야기해주는 평범한 사건을 겪고도, 유령이 사실은 과거에 나타나 오늘 아침에 있었던 일을 신통하게 예언해주었다는 식으로 착각할 수도 있을 것이다.

한국의 말라리아는 주로 삼일열三日熱 말라리아라는 점도 유령 이야기와 잘 맞아떨어질 수 있는 특징이다. 삼일열 말라리아는 약 48시간을 주기로 열이 나타났다 사라지는 특이한 증상을 갖고 있기 때문에 붙은 이름이다. 그러니까 대략 3일에 한 번씩 말라리아 증상이 왔다가 사라진다. 그렇기 때문에 삼일열 말라리아에 걸린 사람이 견디다 못해 악령이나 마귀를 쫓는 이상한 주술을 사용하면 얼마 후에는 잠깐 병이 낫는 것 같은 느낌이 들 수가 있다. 삼일열 말라리아는 원래 하루이틀이 지나면 증상이 약해지기 때문에 공교롭게 그 시간에 맞아떨어질 수 있기 때문이다. 그러면 주술 때문에 증상이 없어졌다고 착각하기 딱 좋다.

병원에 가도 무슨 병인지 알 수 없었다는 대목도 그 병이 말

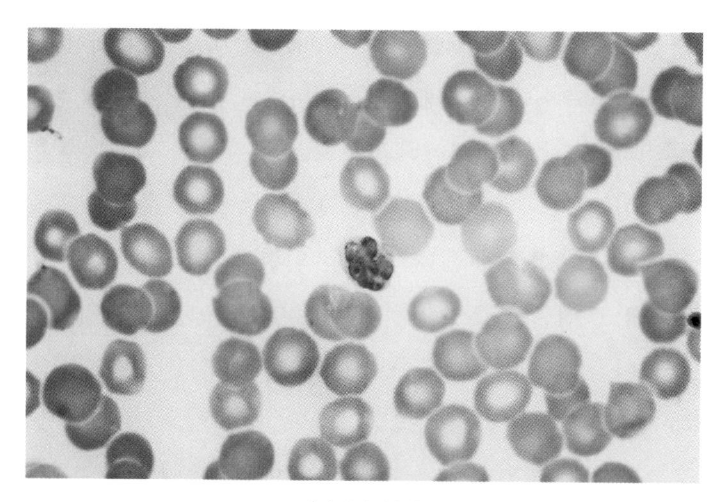

말라리아 열원충

라리아라면 이해할 수 있다. 말라리아는 단순한 병이 아니기 때문이다. 특히 한국은 1980년대에 공식적으로 잠시 말라리아가 발생하지 않는 나라였던 적이 있었다. 그러다가 1993년에 말라리아가 다시 발생해 퍼지기 시작했다. 그 때문에 말라리아는 다른 전염병에 비해 한국에 남아 있는 병이라는 사실이 덜 알려져 있고, 감기나 독감처럼 열이 나는 다른 병에 비해 의심하는 사람도 적을 수밖에 없다. 만약 말라리아가 세균 때문에 발생하는 병이라면 어쨌든 항생제를 이용해 치료할 수 있을 텐데, 말라리아는 세균이 아닌 말라리아 열원충 plasmodium이라는 아주 특이한 미생물이 일으키는 병이다. 따라서 그냥 항생제를 먹어서는 치료할 수도 없다. 그러니 말라리아라면 병원에 가도 무슨 병인지 알 수 없고, 약을 먹어도 낫지도 않더라는 이야기가 생길 만하다.

이런 기이한 특징을 가진 병이다 보니, 조선시대 이전에는 아예 악귀가 말라리아를 일으킨다는 믿음이 꽤 많이 퍼져 있었다. 예를 들어 조선 중기의 정온이 학질을 일으키는 귀신을 '학귀瘧鬼'라고 부르면서 학귀를 쫓는 글을 쓴 것이 남아 있기도 하고, 비슷한 시기의 이민구는 군사 행렬을 따라 다니는 도중에 말라리아에 걸린 것을 두고 '학귀가 나를 따라왔다'는 식으로 시를 지어 표현하기도 했다. 조선 중기의 야담집 《어우야담》에는 용맹한 무인으로 알려진 전림이라는 사람이 학질에 걸린 고통을 견디지 못해 학귀를 처치하겠다고 칼을 꺼내 허공에 칼질을 했다는 일화가 적혀 있기도 하다. 여인석 교수의 논문에 따르면 일제강점기에는 학질을 물리치기 위해서는 소가 사람 위를 지나가게 하면 좋다는 이상한 믿음이 퍼져 있었다. 아마 소의 기운을 학귀가 싫어한다는 식으로 생각했던 것 같은데, 그 때문에 학질에서 벗어나기 위해 의식을 치르다가 오히려 소에 밟혀 목숨을 잃는 사람도 있었다고 한다.

말라리아를 물리치는 법

말라리아는 학귀 따위의 혼령들의 세계에서 일어나는 현상과는 아무 관계가 없다. 다시 말하지만 말라리아는 열원충이라는 조그마한 미생물이 사람의 몸속에 들어오면 발병하는 병이다. 열원충은 1000분의 1밀리미터에서 100분의 1밀리미터쯤 되는 아주 작은 크기의 벌레 같은 생물이다. 좀 더 정확히 말하면 보통의 벌레와는 달리 아메바와 같은 단세포 생물인데, 잘 알려져 있듯 모기의 배 속에서 살다가 모기가 사람을 물 때 모기의 입을 타고 사람 몸속으로 옮겨 간다. 즉, 말라리아는 물귀신에 씌거나 학귀의 장난 때문에 걸리는 병이 아니라 열원충을 갖고 있는 모기에게 물리면 걸리는 병이다. 한국에서 1년에 수백 명씩 말라리아 환자가 생긴다는 말은 한국에 열원충을 가진 모기들이 돌아다니고 있다는 뜻이다. 모기 중에서도 얼룩날개모기속으로 분류되는 모기들 중 말라리아 열원충을 품고 있는 것들이 많다고 한다.

모기는 물웅덩이에 사는 모기 애벌레가 깨어나면서 활동한다. 그러므로 자연히 물가에는 모기가 많다. 그러므로 물가에 갔다가 물귀신에 씌었다는 이야기의 실상은 물가에 갔다가 그곳에 살던 모기에 물렸고, 그때 열원충이 몸에 들어온 것일 가능성이 있다. 게다가 모기 애벌레는 꼭 연못이나 저수지 같은 명확히 눈에 보이는 물에서만 깨어날 수 있는 것도 아니다. 작은 물웅덩이나 물이 고인 늪지 정도만 있어도 모기는 충분히 살 수 있다. 실험실에서 모기 애벌레를 키워보면 그릇 하나 정도의 물이라도 그들이 사는 데는 별 무리가 없다. 물가가 아니라도 빗물이 고인 웅덩이가 여기저기 있는 산속에서도 모기는 깨어나 돌아다닐 수 있다.

예를 들어 산속에 버려진 무덤이 있었는데 그곳에 갔다가 무덤에 있던 유령에게 씌어 몸이 아팠고 헛소리를 했다는 경험을 했다고 치자. 사실 그 사람은 산에서 모기에게 물려 말라리아에 걸렸을 가능성을 무시할 수 없다. 산속을 헤맨 뒤 악령에 씐 경험을 했는데, 알고 보니 그 근처에서 누가 목숨을 잃었다고 하더라는 이야기 역시 사실 근처 수풀 사이에 모기 애벌레가 살 만한 물웅덩이가 있었기 때문일 수도 있다는 가능성을 생각해봐야 한다.

공포소설 작가로 유명한 전건우 작가는 이런저런 흉가를 많이 살펴본 사람으로도 유명하다. 그는 나에게 악명 높은 흉가일수록 음침하며 습한 기운이 도는 곳이 많다는 이야기를 해준 적이 있다. 그게 사실이라면, 적어도 그런 음습한 흉가 중 일부는 사실 말라리아나 모기 매개 질병과 관련이 있을 수 있다. 그렇게 습기 찬 지역에 방치된 흉가가 있다면, 그 건물 귀퉁이나 지하에 작은 물웅덩이가 생길 수 있고, 그렇다면 그곳에서 모기가 살 수 있다. 흉가에 들어갔다가 마귀의 공격을 받아 정신을 잃을 정도로 고생을 하다가 도저히 참다못해 굿을 하고 나왔다는 이야기의 진실은 사실 흉가에서 부화한 모기에게 물렸다가 삼일열 말라리아에 걸려 고생한 후 시간이 지나 회복한 것인지도 모른다. 또한 한국에는 말라리아 외에도 일본뇌염 등의 모기 때문에 퍼지는 다른 병이 유행할 때도 간혹 있다. 일본뇌염은 뇌에 발생하는 병이기 때문에 정신에

미칠 위험이 많다. 그렇다면 예전에는 모기 때문에 일본뇌염에 걸렸는데 그 증상을 착각하여 사람이 악령에 씐 것이라고 착각한 사례도 분명 있었을 것이다.

만약 산, 물가, 외진 곳에 갔다가 갑작스럽게 앓게 되면서 이상한 체험을 하게 되었을 때, 그 원인이 정말로 말라리아라면 그것을 물리치기 위해서는 어떤 마법이나 술법이 아니라 말라리아 치료약이 가장 훌륭한 대응 방법이다. 현재 당국에서는 클로로퀸chloroquine 계통의 약을 가장 기본적인 삼일열 말라리아 치료제로 추천하고 있다.

전통적으로 말라리아 치료약으로 인기가 있었던 것은 키나quina나무였다. 수백 년 전 남아메리카 지역에서 시작된 치료법으로, 키나나무로 약을 만들어 먹으면 병이 치유되었다. 조선시대에는 복숭아나무나 엄나무가 악귀를 쫓아낼 수 있다는 믿음이 퍼져 있었는데, 어쩌면 옛 남아메리카인들이 처음 약을 만들었을 무렵에는 키나나무의 신령스러운 기운이 열이 나는 알 수 없는 병을 몰아낸다는 식으로 믿었기 때문에 키나나무 치료법이 유행했는지도 모를 일이다. 이후 19세기 초 연구를 통해 키나나무에 들어 있는 어떤 화학 물질이 약효를 갖고 있다는 사실이 발견되었고, 이 물질에 퀴닌quinine이라는 이름이 붙었다. 한국에서는 이 화학 물질을 키니네라고 부르기도 한다.

이후 사람들은 키나나무를 길러 퀴닌을 뽑아내는 방법 말고, 다른 물질을 재료로 공장에서 손쉽게 퀴닌이나 퀴닌 비슷한 물질을 만드는 방법을 개발하고자 했다. 그러다가 19세기 중반에 몇몇 화학자들이 석탄을 가공하다 생기는 찌꺼기인 콜타르coal tar에서 추출한 물질 중 한 가지가 퀴닌을 가공하면 생기는 물질과 동일하다는 사실을 알아냈다. 그 물질에는 퀴놀린quinoline이라는 이름이 붙었고, 이후 화학자들은 퀴놀린을 재료로 다시 퀴닌과 비슷한 약효를 내는 물질을 개발하는 데 도전했다. 결국 1934년 독일의 한 화학 회사에서 한스 안데르자크Hans Andersag 연구팀이 퀴놀린을 재료로 클로로퀸을 만들었고, 이후 이를 다시 개조한 하이드록시클로로퀸hydroxychloroquine 등의 약이 개발되었다. 말하자면 석탄 찌꺼기를 통해 역사상 가장 골치 아픈 병을 치료하는 귀한 물질을 만들어낸 셈이다. 마법처럼 멋진 일이 있다면 이런 것이야말로 정말 멋진 일이다. 게다가 클로로퀸은 여러 가지 면에서 퀴닌보다 장점이 더 많다. 그러니 키나나무의 값싼 대용품 정도가 아니라 오히려 더 좋은 물질을 개발한 것이다.

안타깝게도 모든 말라리아를 클로로퀸 계통의 약으로 쉽게 치료할 수 있는 것은 아니다. 특히 열대 지역에서 유행하는 열대열 말라리아는 클로로퀸이 듣지 않는 경우도 많다고 한다. 아직도 말라리아 때문에 전 세계에서 1년에 수십만 명 단위의 사망자가 발생하고 있다.

이런 사실을 생각하면, 물귀신의 정체가 말라리아라고 해서 그냥 우습게 볼 일만은 아니다. 어쩌면 막연한 악령 이야기보다는 훨씬 현실적인 위협이라고 볼 수 있다. 말라리아를 일으키는 열원충은 사람의 혈관과 모기의 배 속을 옮겨 다니며 살아가면서 그 형태가 여러 가지 모습으로 변신하는 생물이며, 알아보면 알아볼수록 그 습성이 대단히 기이하다. 유령이나 저주와는 상관없다 해도 열원충의 삶을 자세히 파헤쳐보면 오히려 쉽게 떠올릴 수 있는 상상 속의 이야기보다 더욱 기괴하며 신비롭다. 그러면서 그 피해는 무시무시하다.

그래도 유령에 관한 일이 아니라 화학과 의학에 관련된 문제라면, 정확히 이유가 밝혀진 이상 그것을 막아낼 수 있는 진짜 해결책을 차근차근 궁리해볼 수 있다. 2021년 10월 6일, 세계보건기구는 말라리아를 예방하는 백신이 개발되어 사용할 수 있게 되었다고 승인했다. 말라리아 백신이 공식 승인된 것은 세계보건기구 역사상 최초다. 그러니 언제인가는 말라리아의 저주에서 지상의 모든 사람이 완전히 벗어날 수 있는 날이 올 것이다.

4장

심령사진을 물리치는 파레이돌리아

화성인의 지구침공

19세기 말 미국의 사업가이자 천문학자인 퍼시벌 로웰Percival Lawrence Lowell은 부유한 가문 출생이었다. 게다가 사업도 잘 풀려 돈 걱정은 별로 할 필요가 없을 정도로 성공해 세계 여행에 나섰는데, 탐험에 대한 꿈이 강했기에 먼 나라 중에서 당시 빠르게 성장하고 있어 자주 회자되던 일본에 가보기로 했다. 일본에서 그는 우연히 미국을 방문하려는 조선인 사신단을 만날 기회를 얻었고, 결국 그들을 샌프란시스코까지 안내하는 일에 참여하게 되었다. 그 조선인 사신단이 바로 한국사에서 말하는 1883년 보빙사 일행이다.

로웰은 보빙사 일행과 꽤 친해졌던 것 같다. 나중에 개화파의 혁명인 갑신정변을 일으키게 되는 홍영식이 특히 그에게 좋은 인상을 받았던 것 같다. 조선 사람들은 로웰을 조선으로 초청했고, 덕분에 그는 조선으로 건너가 몇 개월을 머물며 지내게 된다. 당시 로웰은 조선에서 보고 느낀 것을 정리해서 《조선: 고요한 아침의 나라》라는 책으로 펴냈고, 여러 장의 사진을 찍기도 했다. 특히 그는 수학과 천문학에 조예가 깊었으며 기술에도 관심이 많은 인물이었다. 그 때문인지 그는 꽤 좋은 사진을 많이 남겼는데, 시장에서 장사하는 사람들의 모습을 촬영하는가 하면, 궁궐 건물과 고종의 모습을 사진으로 남기는 데 성공하기도 했다.

1880년대면 아직 과거 제도가 시행되고 노비 제도가 남아 있던 조선시대였다. 그러므로 이 시기 그가 남긴 조선에 대한 기록은 한국 전통 문화를 살펴보는 데 좋은 자료가 된다. 예를 들어 로웰은 조선 사람들이 악귀나 유령에 대해 갖고 있던 믿음에 대해서도 책에 썼다. 그는 조선 사람들이 새해의 맨 마지막 날이 되면 집 안에 모여서 그동안 버리지 않고 모아두었던 빠진 머리카락들을 일제히 불태우는 풍습이 있다는 사실을 정성 들여 기록했다. 그런 의식을 치러야만 집안을 괴롭힐지도 모르는 유령이 공격하지 않는다는 믿음이 있었다는 것이다. 덧붙여 주로 부유한 양반집을 중심으로 악귀를 물리치는 무서운 장군 모습의 수호신 그림을 집에 붙여놓는 풍속도 같

퍼시벌 로웰

이 소개한다.

로웰은 서낭당에 대해서도 썼다. 그는 조선에서 멋진 나무에 장식을 해두고 그 아래에 돌을 쌓아둔 형태의 서낭당을 무척 자주 볼 수 있다고 이야기한다. 재미있게도 그는 서낭당이 착한 신령을 숭배하는 장소이면서, 동시에 사악한 유령이나 악귀를 잡아 가두는 감옥의 역할을 하고 있다고 썼다. 아마도 서낭당이 마을의 악귀로부터 지켜준다는 일반적인 이야기를 경찰이 범죄자를 감옥에 검거하는 형태로 이해했던 것일 수도 있고, 어쩌면 로웰이 구경했던 몇몇 마을에서 그 시기에 잠시 '서낭당이 악귀 감옥이다'라는 이야기가 유행해서 그런 내용이 기록되었을 수도 있다. 어느 쪽이든 실제로 서낭당이 악귀를 가두고 있었다고 믿을 필요는 없다. 조선시대에 비하면 현대 서울 시내에 있는 서낭당의 숫자는 터무니없을 정도로 줄어들었다. 그렇다면 서낭당이 악귀를 방어하는 힘도 그만큼 줄어들었을 텐데, 그렇다고 해서 21세기 서울에 조선시대만큼 악귀나 유령이 많이 돌아다니는 것 같지는 않다. 서울 시민들이 체험하는 유령 이야기의 사례는 마귀와 악령을 진지한 문제로 생각하던 조선시대 사람들의 체험에 비하면 훨씬 적다고 보아야 한다.

조선시대 사람들의 믿음, 풍속, 소문, 전설에 대해 한국인들이 직접 기록한 자료가 더 상세하게 남아 있다면 로웰의 기록을 해석하는 데 훨씬 더 큰 도움이 되었을 것이다. 그러나 옛 시대에는 이러한 민속에 대한 세밀한 기록을 상대적으로 덜 중요하게 여겼다. 이런 점은 무척 아쉽다. 그런 이야기들이 더 많이 남아 있다면, 한국 문화를 이해하고 다양한 전통 문화 소재를 발굴하는 데 귀중한 자료가 되었을 것이다.

퍼시벌 로웰의 이름이 자주 언급되는 까닭이 조선의 악귀나 신령에 대한 이야기를 외국에 잘 알렸기 때문만은 아니다. 기이한 소문, 신비한 이야기를 좋아하는 사람들에게 로웰은 전혀 다른 이야깃거리로 더 많은 자료를 남겼다. 그는 조선과 일본 탐험을 끝내고 미국으로 돌아온 뒤 본격적으로 그의 다른 관심사였던 수학과 천문학에 몰두했다. 특히 그는 천문학에 심취하여 막대한 돈을 투자해 직접 천문대를 건립하고 고성능 망원경을 설치하여, 천문학자들을 고용해 많은 관찰 및 연구 사업을 추진했다. 그의 지원 덕택에 연구를 계속할 수 있었던 천문학자들은 이후 20세기 천문학과 물리학 발전에 큰 공로를 세우기도 했다. 그런데 정작 로웰 본인은 과학 발전에 기여하는 연구 외에 엉뚱한 주제에 빠져들었다. 그것은 바로 화성인들의 세계였다.

로웰이 화성을 탐험하려고 한 까닭

로웰이 활동하던 무렵, 화성의 모습을 성능 좋은 망원경으로 잘 살펴보니 화성에서 물이 흐르는 자국이 보이는 것 같다는 이야기가 유행하고 있었다. 그런데 어쩌다 보니 그 말이 화성에 누군가 인공적으로 파놓은 물길이 있다는 식으로 와전되어 퍼져나가게 되었고, 화성에 거대한 운하가 있다는 이야기가 탄생했다. 화성에는 외계인들이 살고 있는데, 그들은 거대한 배를 타고 다니는 것을 좋아하기 때문에 배를 타고 화성 곳곳을 돌아다니기 위해 물을 끌어들일 수 있도록 거대한 공사를 벌여 화성의 땅 한가운데를 깊이 파놓았다는 것이었다.

이것이 바로 로웰이 빠져들었던 이른바 '화성의 운하'다. 비교를 위해 이야기를 하나 지어내보자면 이런 이야기를 떠올려볼 수 있겠다. 지구에서는 사람들이 살 수 있는 땅을 넓히기 위해 바다를 메워서 육지로 만드는 간척 사업을 한다. 그렇다면 미래에 기술이 발달하면 사람들은 사람 살기 좋은 따뜻한 지역의 땅을 넓히기 위해 태평양이나 대서양의 기후 좋은 지역을 통째로 흙으로 메우는 공사를 해서 거대한 평야를 만들 수도 있지 않을까? 19세기 말에서 20세기 초, 로웰과 같은 사람들은 화성에 사는 외계인들이 이미 그 비슷한 계획을 흙을 파내는 방식으로서 성공시켰을 수 있다고 짐작했다.

로웰은 망원경으로 끈질기게 화성을 관찰한 결과 희미하게나마 물길의 흔적들을 발견했다고 생각했다. 정확하게 보기는 어려웠지만 좀 더 노력해서 관찰하면 보일 듯 말 듯한 물길의 흔적을 조금씩 더 확인할 수 있을 것 같았다. 마침내 로웰은 화성에 분명히 물길이 있다고 믿게 되었고, 긴 시간 동안 관찰한 결과를 이리저리 꿰어 맞춘 뒤 그 내용을 정리한 자료를 만들기도 했다. 심지어 그는 화성의 운하를 지도로 그려내기까지 했다. 로웰을 대표로 하는 많은 사람의 연구 때문에 화성에는 대단히 강력한 기술을 가진 외계인이 살고 있을지도 모른다는 생각이 널리 퍼졌다. 그 때문인지 비슷한 시기에 화성 외계인이 지구를 침공한다거나, 화성인과 지구인 사이에 무슨 관계가 있다거나 하는 이야기들이 하나둘 나타나기도 했다. SF의 고전으로 손꼽히는《우주 전쟁》역시 로웰이 활동하던 시대를 대표하는 걸작이다.

나중에는 하늘에서 내려온 외계인을 만났는데 그는 화성에서 지구를 탐험하기 위해 온 것이었다든가 하는 식의 이야기들도 나왔다. 또 기술이 발달한 화성인들이 지구를 몰래 오랫동안 지켜보고 있다가 어떤 착한 사람을 선택하여 자신들의 비밀을 알려주었다든가 하는 좀 복잡한 이야기도 나왔다. 세계 각지의 외계인 이야기들을 보다 보면, 지금도 자신은 화성인 또는 기술이 발전한 또 다른 외계인에게 지구의 미래에 대한 비밀을 들은 사람이라고 주장하는 사람들이 있다. 그들 중 일부는 자신이 그런 놀라운 지식을 알고 있으므로 자기 말을 믿고 자신을 지도자로 모시고 따라야 한다고 주장하는 사람들도 있다.

그런데 세월이 흐르고 기술이 발전하자 로웰의 주장조차 점점 믿기 어려워졌다. 오히려 화성에 운하가 있다는 데 대한 증거는 점차 줄어들었다. 20세기 중반이 되어 화성 가까이에 우주선을 보내어 직접 화성의 모습을 확실히 탐사할 수 있게 되자 로웰의 연구는 완전한 실패로 밝혀지고 말았다. 화성에는 뛰어난 기술로 만든 거대한 운하 같은 것은 전혀 없었기 때문이다. 화성에는 심지어 그런 운하로 흘러 다닐 물조차 없었다. 화성의 대부분은 사막과 같은 메마른 땅덩이일 뿐이었다. 물이라고 해봐야 땅속에 얼어붙어 있거나 남극과 북극에 얼음 형태로 남아 있는 물이 전부였다. 화성 전체로 구석구석 물을 공급하는 거대한 시설과 그 시설을 운영하는 막강한 동력을 갖춘 화성인들의 제국은 사실이 아니었고 있을 이유조차 없었다. 그나마 매리너 계곡이라고 해서 길이가 한반도의 몇 배나 되는 거대한 땅이 갈라진 틈처럼 보이는 괴상한 장소가 발견되기는 했다. 그러나 매리너 계곡이 물길 모양인 것도

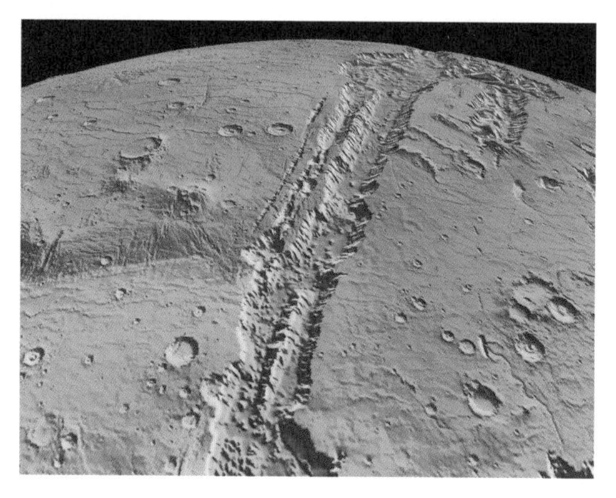

화성의 매리너 계곡

아니고, 운하는 더더욱 아니다.

도대체 퍼시벌 로웰은 무엇을 본 것일까? 로웰의 연구와 관련된 기록을 종합해보면, 그가 그냥 괜히 화성에 운하가 있다고 멋대로 이야기를 꾸며낸 것 같지는 않다. 조선에 대해 조사하고 남긴 기록을 보아도 로웰은 자신의 경험을 자세히 기록하고 그것을 알리는 데 사명감을 갖고 있는 인물이었다.

현대의 학자들은 로웰이 망원경에 비친 무의미한 얼룩이나 빛의 떨림 때문에 생긴 쓸데없는 형상 따위에 집착해서 그것을 화성의 운하라고 착각했을 것이라고 추측하고 있다. 짐작해보자면, 망원경 앞에 떠다니던 먼지 때문에 잠깐씩 화성을 보는 것에 오류가 생길 수 있는데 로웰은 화성에서 운하를 찾아내겠다는 열망 때문에 그 오류에 불과한 것을 수십 번 수백 번씩 보다가 거기에서 어떤 형상이 계속 보인다고 느꼈고, 그것이 바로 운하의 모습이라고 생각하기 시작했던 듯하다. 요즘 도는 이야기 중에는 로웰이 너무 열심히 망원경을 보다가 자기 눈의 핏줄 모양을 본 것은 아닌가 하는 내용도 있다. 만약 그 이야기가 사실이라면, 로웰이 본 것은 7000만 킬로미터 떨어져 있는 화성인의 문명이 아니라 바로 자기 앞에 있는 피로한 자신의 눈이었다.

시도니아에 관한 재미있는 이야기들

여기까지만 이야기한다면, 화성인의 문명에 대한 소문은 화성에 우주선이 다가가 관찰하면서 끝이 났을 것처럼 들린다. 그런데 실제로 일어난 일은 전혀 그렇지 않았다. 물론 우주선이 화성을 가까이 촬영하면서 퍼시벌 로웰의 이론은 깨어졌으나 그 대신 완전히 새로운 이야기가 탄생하게 되었다. 이 이야기는 로웰의 학설처럼 진지하게 탐구되지는 않았지만, 대신에 훨씬 재미있는 자료를 바탕으로 한다. 그래서 로웰의 학설 이상으로 대단히 많은 사람에게 아주 널리 퍼졌다.

화성에는 시도니아Cydonia라는 지역이 있다. 과거에는 이 지역이 넓고 평평한 땅이라고 생각했기에 시도니아 평원이나 사이도니아 평원이라고도 부르던 곳이다. 우주선의 관측으로 화성에 대한 정밀 조사가 이루어진 지금은 시도니아에 꼭 평지만 있는 것이 아니라는 점이 밝혀져서 시도니아 평원이라

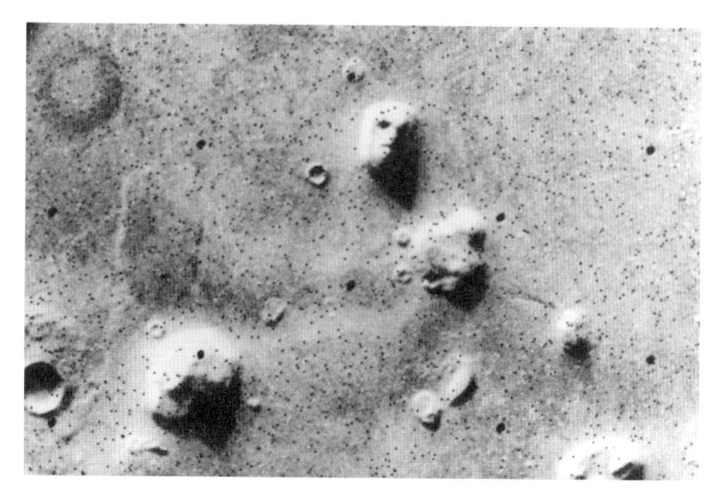

바이킹 탐사선으로 찍은 화성 시도니아

는 말은 잘 사용되지 않는다. 그런데 1976년 미국에서 화성으로 보낸 바이킹 탐사선이 화성 상공의 우주에서 화성 곳곳을 찍은 사진을 지구로 보냈을 때, 시도니아 지역에서 눈길을 끄는 모양이 발견되었다. 높이가 3킬로미터에 좀 못 미치는 산 같은 커다란 바위가 하나 있었다. 그런데 상공에서 내려다본 그 바위의 모습이 마치 사람의 얼굴과 비슷해 보인 것이다. 그러자 실제로 아주 거대한 사람 얼굴 조각상이 그곳에 있는 것으로 생각하는 사람들이 나타났다. 모양이 정교하다고 볼 수는 없지만, 그 말을 듣고 사진을 살펴보면 충분히 그렇게 보이기는 한다.

삽시간에 사람들은 화성에 거대한 조각상을 만들 수 있을 정도로 뛰어난 기술을 갖고 있는 화성인이 살고 있을지도 모른다는 식의 상상의 이야기들을 잔뜩 쏟아내기 시작했다. 화성인이 지구의 사람 얼굴 모습을 조각상으로 새겨놓았다는 이상한 이야기도 있었다. 화성은 지구와는 굉장히 멀리 떨어져 있고, 화성과 지구의 환경은 전혀 다르다. 그렇게 생각한다면 화성에 사는 생물은 지구에 사는 생물과 무척 다르게 생겼을 가능성이 높다. 얼굴이 지구인처럼 생겼기는커녕 아예 얼굴이라고 해당하는 것이 없는 모습일 수도 있다. 길쭉한 벌레처럼 생겼거나 풀처럼 생긴 모습의 외계인을 상상해보자. 그렇다면 얼굴이라고 부를 만한 부위도 없고, 딱히 얼굴 모습을 중요하게 여겨 거대한 바위에 새겨놓을 이유도 없을 것이다.

그러면 도대체 왜 화성인들은 얼굴 모양, 그것도 지구인의 얼굴처럼 생긴 모양을 거대한 바위에 새겨놓은 것일까? 어쩌면 화성인들은 그동안 몰래 가끔씩 지구를 탐사하면서 지구인들의 삶을 관찰했던 것 아닐까? 1976년에 지구인의 우주선이 화성 근처에 가는 데 성공했다면, 지구인들보다 훨씬 기술이 발달한 화성인이라면, 그보다 백 년, 천 년 전에 이미 지구 근처에 왔다고 생각해볼 수도 있다. 만약 그렇다면 과거에 사람들이 본 UFO나 비행접시라는 것들이 화성인이 보낸 우주선일 수도 있다. 그런 이야기들이 사실이라면 화성인들은 지구인들의 모습과 지구인들의 삶을 관찰하고, 그 모습을 커다란 바위에 새겨놓았다는 상상을 해볼 수 있다. 그냥 지구인들의 모습이 재미있다고 생각해서 일종의 장식품처럼 새겨놓은 것일 수도 있고, 어쩌면 나중에 지구인들의 기술이 발전해서 화성에 오게 되면 이쪽으로 오라는 식으로 표시하기 위해 만들어둔 것인지도 모른다.

그게 아니라면 그 얼굴 모양이 화성인의 얼굴을 나타낸 것이고 화성인들의 모습이 지구인들과 비슷하게 생겼다는 상상을 해볼 수도 있다. 혹시 먼 옛날 지구 사람들 중 일부가 기술을 발전시켜서 화성으로 날아갔을 수도 있지 않을까? 예를 들어 아틀란티스라든가 한국 전설에 나오는 삼신산 같은 지역처럼 옛이야기에는 어디엔가 숨겨져 있는 훌륭한 나라에 대한 이야기가 종종 나온다. 그런 나라에 살던 사람들이 지구의 다른 지역보다 훨씬 더 뛰어난 기술을 개발했고, 그 기술을 이용해서 화성으로 날아가 정착한 것이라고 생각해보면 화성에 지구인처럼 생긴 사람들이 살고 있을 수도 있다.

아예 더 화끈한 이야기로는 화성인들이 지구인들의 조상이라거나 먼 옛날 지구인과 화성인들의 공통 조상이 있었다는 상상도 해볼 수 있다. 예를 들어 수만 년이나 수십만 년 전쯤 화성에서는 큰 전쟁이 벌어졌고, 그 때문에 화성이 망해서 지금처럼 황무지로 변했는데, 그중에 몇몇은 지구로 피난을 와서 그들이 지구인이 되었다는 줄거리를 만들어보자. 그 줄거리대로라면 화성의 시도니아에서 발견된 사람 얼굴 모양은 먼 옛날 우리 조상들이 남긴 유물로, 멸망 이후 폐허의 흔적이라고 볼 수 있다.

이런 이야기는 재미있다. 재미있는 소설을 써야 하는 SF 작가들에게는 꽤 중요한 소재가 되기도 했다. 실제로 〈X파일〉 같은 1990년대 TV 시리즈에 간접적으로 영향을 끼치기도 했고, SF 영화에 등장한 적도 있다. 직접 다루는 것은 아니지만 화성에서 지구에 다녀간 외계인 이야기를 듀나 같은 한국 SF 작가가 다룬 적도 있었다. 나 역시 학창시절, '어떻게 사람 얼굴 모양의 조각상이 화성에 있을 수 있을까?' 하는 문제를 가지고 SF 단편소설을 하나 써보려고 했던 기억을 갖고 있다.

심지어 시도니아의 얼굴 모양을 지구의 고대 이집트 유적과 관련지어 이야기하는 사람들도 있었다. 과거 유럽 사람들은 아프리카 사람들은 수준이 낮기 때문에 결코 먼 옛날에 이집트 피라미드 같은 거대한 건물을 지을 기술을 개발할 수 없었을 거라고 단정하곤 했다. 그런 생각에 빠져 있다 보니, 그저 고대 이집트인들이 훌륭한 기술을 개발해서 피라미드를 건설했다고 보면 될 것을 무슨 마법이나 초능력을 이용해서 피라미드를 지었다든가, 하늘에서 외계인이 나타나 피라미드 짓는 것을 도와주었다는 식의 상상을 늘어놓는 사람들이 있었다. 그런 배경 속에서 화성 시도니아의 얼굴 모양이 고대 이집트 사람들의 머리 모양과 비슷하지 않느냐는 의견을 제시하는 사람도 등장했다. 심지어 스핑크스의 얼굴과 닮았다는 말도 있었다. 이런 주장을 하는 사람들은 화성에 오각형 뿔 모양으로 보이는 바위도 있다는 것을 지적했다. 그리고 피라미드도 뿔 모양으로 솟아 있는 돌탑이니 화성에 있는 오각형 뿔 모양 바위와 비슷하다고 이야기했다. 고대 이집트인들이 피라미드와 스핑크스를 만들었듯이, 화성인들도 얼굴 모양의 바위와 오각형 모양의 바위 조각을 만든 것 같다고 상상한 것이다.

이 주장에 따르면 화성인들이 수천 년 전 이집트에 와서 자신들의 기술과 문화를 고대 이집트 사람들에게 전해주었고, 그 때문에 고대 이집트인들은 피라미드와 스핑크스를 만든 것인지도 모른다. 그러나 이런 온갖 이야기는 사실이 아닌 것으로 밝혀졌다.

누구나 체험하는 파레이돌리아

2001년 마스 글로벌 서베이어Mars Global Surveyor라는 우주선이 더 뛰어난 기술로 정밀 촬영한 영상을 보면, 화성의 얼굴 모양 바위는 사실 바위산 같은 것이었고, 사람 얼굴과 살짝 닮은 느낌이 없잖아 있는 정도였다. 그것을 1970년대의 기술로 흐릿하게 찍은 사진으로 보다 보니 사람 얼굴과 아주 많이 닮아 보인다고 막연히 느꼈던 것뿐이다. 정밀 사진을 보면 사람 얼굴 못지않게 원숭이나 개 얼굴과 닮아 보이기도 한다. 덧붙여 오각형 뿔 모양의 바위라는 것도 그냥 삐죽한 바위산인데 얼핏 오각형을 닮은 느낌이 들기도 하는 형태일 뿐이었다. 그렇게 생각하면 사실 사람 얼굴을 닮은 듯 보이는 바위는 사방에 널려 있다.

산이 많은 한국에는 곳곳에 장군바위, 보살바위, 할머니바위 등 사람 모습을 닮았다는 바위들이 있다. 전라남도 영암 월출산 구정봉에는 수염이 난 사람 얼굴 모양을 닮은 커다란 얼굴 모양의 바위가 있어서 명소로 주민들에게 많은 사랑을 받고 있다. 사실 화성 시도니아의 얼굴 모양보다야 영암 월출산의 얼굴 모양 바위가 훨씬 더 사람 얼굴과 비슷하다. 옛날의 흐릿한 사진 기준으로 보아도 그렇다. 그렇다고 해서 월출산 바위를 외계인이 만들었다거나, 먼 옛날 뛰어난 기술을 가진 고대 문명의 피난민들이 월출산 근처에 이주해 살면서 바위에 그 얼굴을 새겼다는 식으로 생각하는 사람은 없다. 그냥 자연적으로 바위가 깎이다 보니 우연히 그런 모습이 되었고, 누군가가 얼굴 모양과 비슷하다고 하자 맞장구를 치면서 진짜 그런 것으로 여겨지고 시간이 지나면서 점점 더 그렇게 말하게 된 것일 뿐이다.

이런 식으로 우연한 모양에 불과한 것에서 의미를 찾아내는 현상을 파레이돌리아pareidolia라고 부른다. 파레이돌리아 현상은 사람이라면 누구나 체험한다. 하늘에 떠 있는 구름을 보고 '저 모양은 무엇을 닮았다'고 생각하거나, 산이나 지도의 모양을 보고 '땅의 형상이 무슨 모습이다'라고 느끼는 일은 누구나 겪는다. 무심코 비슷한 것, 닮은 것, 연상되는 모양을 떠

파레이돌리아 현상의 예. 나무에서 사람 얼굴이 연상된다.

올리는 것은 사람의 두뇌가 무척 좋아하고 끊임없이 하고 싶어 하는 일이라는 생각도 든다. 따지고 보면 멋들어진 비유법으로 시를 쓰는 문학가나 어떤 장면을 연상시키는 모양으로 건물을 짓는 건축가의 예술성 또한 어느 정도는 어떤 물체를 보고 그것과 닮은 물체를 떠올리는 재주에 바탕을 두고 있다고 할 수 있을 것이다. 그렇다면 재미있는 생각을 잘 떠올리고 기발한 예술 작품을 잘 생각해내는 사람이라면, 별 의미도 없고 무의미한 상황 속에서도 어떤 의미나 형상을 찾아낼 수 있다고 말해볼 수도 있다.

예를 들어 어떤 사람이 강의 물결이 출렁이다가 햇빛에 반짝이는 모습을 보았다고 해보자. 이렇게 반짝이는 강물의 모습을 윤슬이라고 부르는데, 윤슬은 아름다운 현상이기는 하지만 그냥 강물의 움직임이 햇빛을 반사하면서 별 뜻 없이 일어나는 우연의 결과일 뿐이다. 그런데 시를 짓는 사람은 '윤슬의 빛나는 모습은 보석 같다'라고 말하면서 그 의미 없는 반짝임이 보석의 모양과 닮아 보인다고 표현하려고 한다. 강물의 뜻 없는 반사 현상을 보고, 거기에서 광부들이 힘들여 캐고 가공해서 만들어놓은 고귀한 보석과 닮은 점이 있다는 것을 잡아낸 것이다.

유령의 소리를 만들어내는 귀, 유령의 형체를 만들어내는 눈

일상생활에서는 그보다 훨씬 더 단순한 형태의 파레이돌리아 현상을 경험할 수도 있다. 이를테면 주변에서 우연히 들리는 소음이 언뜻 사람 목소리와 비슷하다면 사실은 의미 없는 소음이지만 무슨 말이 들리는 것 같다고 받아들일 수 있다. 예를 들어 옆집에서 텔레비전 소리를 실수로 크게 높였다 줄이는 바람에 '끼리릭' 하는 노랫소리 일부가 들렸다고 치자. 그런데 마침 불안에 시달리는 사람이 그 소음을 듣는다면, 그 '끼리릭' 하는 소리가 '거기 있네?'라는 말소리로 들릴 수 있다. 이런 일을 겪고 나면, 악령이 주변에서 나를 찾으며 돌아다니다가 내가 이곳에 있는 것을 발견하고 '거기 있네?'라고 말한 것으로 생각하게 될 수도 있다. 뭘 좀 잘못 들은 것이라는 현상은 대체로 이렇게 발생한다.

녹음된 음악을 거꾸로 돌려서 들어보면 악마의 소리가 들린다거나 몰래 심어놓은 괴상한 말을 들을 수 있다는 이야기들도 여기에 속한다. 간혹 장난을 치거나 비밀스러운 말을 집어넣기 위해 의도적으로 거꾸로 돌려서 들어야만 해석할 수 있는 소리를 일부러 음악 속에 집어넣는 가수들도 있기는 있다. 예를 들어 가수 김현정의 노래 〈떠난 너〉에서 앞부분에 들리는 이상한 소리를 거꾸로 들어보면, "안녕하세요, 가수 김현정입니다"라는 인사말이 들린다.

그러나 이런 이야기는 그냥 알 수 없는 이상한 소리를 가리켜 '이게 이렇게 말하는 것처럼 들리지 않느냐'고 적당히 짐작하는 것에 지나지 않는다. 실제로는 정확히 그런 말소리가 들리는 것도 아닌데, 그 소리가 한순간 우연히 사람의 말처럼 들리면 거기에 의미가 있다고 생각하면서 비슷한 말을 떠올리는 것이다.

1990년대에는 서태지와 아이들의 노래 〈교실 이데아〉의 한 부분을 거꾸로 돌려보면 '피가 모자라'라는 악마의 소리가 들린다는 헛소문이 돌아 화제가 된 적이 있었다. 소동이 끝난 지 한참 세월이 지난 지금 그 부분을 거꾸로 돌려 들어보면 그저 이상한 소음이 들릴 뿐이다. 억지로 비슷한 부분을 찾아본다면 '피', '가', '모'와 같은 발음과 조금 닮은 듯한 소리가 들린다고 느낄 수도 있기는 한데, 사실상 그다지 많이 비슷하게 들리지도 않는다. 그런데도 파레이돌리아 현상 때문에 그 정도 소리가 들리는 것만으로도 '피가 모자라'라고 외치고 있다고 느끼는 사람들이 당시에는 꽤 있었다.

여러 가지 파레이돌리아 현상 중에서도 사람의 얼굴이나 사람의 형체에 관한 파레이돌리아는 대단히 강력한 축에 속한다고 나는 생각한다. 대부분의 사람은 잠깐 눈에 스치고 지나가는 아주 단순한 형체에서도 눈, 코, 입을 닮은 부분이 있는지를 보고, 있다면 얼마나 닮았는지를 무심코 확인하는 경향이 있다. 그렇기 때문에 언뜻 지나간 별 의미 없는 물체를 보고 사람을 닮은 것이 무엇인가 지나간 것 같다고 느끼는 일은 대단히 흔하다.

쉽게 생각할 수 있는 예로, 많은 사람이 자동차의 앞모습을 보면 어쩐지 사람 얼굴 같다고 생각한다. 양쪽에 보이는 두 개의 헤드라이트는 사람 눈 같다고 생각하고, 중앙의 그릴은 사람 입 같다고 생각한다. 타요 버스 같은 특수한 사례를 제외하면 자동차의 앞모습은 사람 얼굴을 흉내 내기 위해 만든 것이 아닌데도 멀쩡한 성인들도 그 모습에서 무심코 사람 얼굴 같다는 느낌을 받는다.

최근에는 채소나 과일의 특정한 각도에서의 모양이나 칼에 잘린 단면 모양이 사람의 표정과 비슷하다는 사진들을 자주 볼 수 있다. 따지고 보면 이모티콘도 비슷한 예시라고 생각해볼 수 있다. 기호 ^는 보통 캐럿caret이라고 부르는 것으로,

지수연산을 표시하기 위해 사용하는 경우가 많다. 예를 들어 2^3이라고 쓰면 2의 세제곱, 2×2×2를 나타낸다. 그런데 캐럿 기호 두 개 사이에 소문자 알파벳 o를 써서 ^o^라고 쓰면 그 모습이 마치 입을 벌리고 웃고 있는 사람 같다. 그 단순한 기호의 연결 속에서도 사람은 사람의 얼굴을 찾아내고 심지어 거기에서 웃는다는 감정까지 느낀다.

사람에게는 어쩔 수 없이 이런 성향이 있다. 그렇기 때문에 무엇인가 우연히 발생한 모양을 보고 사람 같은 형체로 착각하는 일은 수시로 일어날 수밖에 없다. 예를 들어 밤중에 우연히 날아가는 기다란 검은 천 조각을 보았는데, 그게 긴 머리를 흩날리는 사람의 머리처럼 보일 수 있다. 마침 술이라도 마신 사람이 그런 모습을 보고 놀라서 주변에 이야기를 퍼뜨린다면, 긴 머리 유령이 하늘을 날아다닌다는 소문이 탄생하게 된다.

어떤 제품을 덮어놓는 용도로 사용하는 비닐 조각이나 비닐하우스에서 작업용으로 사용하는 비닐 조각 따위는 잘 간수하지 않는 경우도 많다. 그러므로 실수로 바람에 날리게 되는 일은 흔하다. 하늘에 펄럭거리는 커다란 허연 비닐 조각을 흰 옷을 입고 공중에 떠 있는 유령의 모습으로 착각하는 사례는 비교적 자주 발생하는 편이다. 나는 실제로 전직 형사 한 분이 귀신이 출몰한다는 신고를 받고 그 실체를 밝히기 위해 잠복근무를 하면서 한참 인근을 조사해보았더니, 태풍 때문에 작업용 비닐 조각이 날아가 전봇대나 나뭇가지에 걸려 있는 것을 보고 사람들이 귀신으로 착각한 것임을 밝혀냈다는 이야기를 들어본 적도 있다.

심령사진도 상당수가 바로 이런 의미 없는 형상이 얼핏 사람 형체와 비슷하게 보이는 파레이돌리아의 결과라고 생각한다. 배경에 보이는 물체가 지나치게 가까이 있는 것처럼 보인다거나, 배경에 있는 물체와 앞에 있는 물체가 조합된 모양이 사람의 형체와 닮은 점이 조금이라도 있게 되면 혼령이 찍혔다고 생각하게 되는 것이다. 벽지나 바닥에 습기가 차서 얼룩이 생겼다거나 그림자가 잘못 지는 바람에 어떤 형상이 생겼는데, 그 모습이 사람의 얼굴이나 신체와 비슷하다고 착각하게 되는 사례도 많다. 어디에선가 반사된 빛이 카메라 렌즈로 잘못 들어와 이상한 빛이 순간적으로 사진에 남게 되거나, 카메라 렌즈에 묻은 얼룩 혹은 카메라 앞을 지나간 벌레나 먼지의 흐릿한 모양 따위가 언뜻 무엇인가와 조금 닮아 보일 수도 있다. 원래 찍었던 사진이 살짝 손상되었는데, 그 손상된 모양이 무엇인가가 닮아 보이는 사례도 생길 수 있다. 그렇게 사진에 나온 형체 중 어느 하나가 사람의 손처럼 보인다거나 사람 몸의 윤곽처럼 보인다고 해보자. 그렇다면 그것을 악령이 사진에 찍힌 것이라고 받아들이게 되는 것이다.

한국에서 아주 잘 알려진 심령사진 중에는 제주도 성산 일출봉에서 촬영된 사진이 있다. 검은 옷을 입고 머리가 긴 모습의 형체가 작게 나타나 있는 사진이다. 그 모습은 전형적인 유령 같은 느낌이 있는 데다가, 그 위치 서 있을 수 없는 절벽 뒤 허공이라서 유령이 하늘에 둥둥 떠 있는 모습으로 사진에 찍혔다는 상상을 과연 할 만하다. 이 사진이 처음 유행했을 때는 그 절벽에서 추락해 사망한 어느 일본인 유령이 사진에 찍힌 것이라는 사연이 같이 돌았다. 그런 뒷이야기까지 있으니 정말 대단한 심령사진이라고 할 만했다.

그러나 조사 결과 그렇게 사망한 사람은 없는 것으로 나타났고, 애초에 사망자로 추정된 사람은 그 이야기와 무관하게 멀쩡히 살아 있는 사람으로 확인되었다. 당연히 그 사진도 다른 많은 심령사진처럼 어떤 물체를 사람의 형상으로 착각한 것으로 보는 것이 옳다. 지금 사진을 확인해보면 유령의 눈과 입처럼 보이는 부분, 그리고 오른손처럼 보이는 부분은 앞쪽 식물의 잎사귀가 우연히 눈, 입, 손처럼 보이는 위치에 있어서 그렇게 보인 것이 명백하다. 아마도 검은 물체가 뒤에 있을 때 마침 식물 잎사귀가 앞에 있어 검은 부분은 머리카락과 옷, 잎사귀는 눈, 코, 입으로 보이면서 유령처럼 보이게 된 것 같다.

사람의 숙명

사람이 사람 얼굴에 대한 파레이돌리아를 이렇게까지 잘 느끼는 이유에 대해 자주 인용되는 설명은 바로 사람이 사회적 동물로 진화했기 때문이라는 것이다. 사람은 다른 동물과 달리 서로 의사소통을 하며 협동하며 살아간다. 그것이 사람의 장기이고 주특기다. 멀리서 어떤 사람의 얼굴을 보자마자 그 사람이 화가 났는지, 웃고 있는지 쉽게 파악하려면 일단 어떤 형체가 보였을 때 거기에서 눈, 코, 입의 위치를 찾고 그것이 나타내는 감정을 빠르게 느낄 수 있는 재주가 있어야 한다. 바로 그런 재주가 있는 동물의 무리들이 더 사회적인 동물이기 때문이다. 그런 종족이 더 잘 어울리고, 더 잘 협동하고, 그 덕택에 위기를 뚫고 살아남아 더 번성할 수 있었다. 그렇게 번성한 종족의 자손이 바로 지금의 우리, 사람이다.

더 극적인 상황을 상상해보자. 멀리서 호랑이 한 마리가 달려오고 있다. 사람은 호랑이를 피해 빨리 도망쳐야 한다. 살아남으려면 그 호랑이를 함께 물리칠 수 있는 다른 사람이 있는 곳을 향해 도망쳐야 한다. 그러려면 멀리서도 언뜻 보이는 사람 형상을 빨리 알아보고 그곳으로 잽싸게 방향을 잡아 뛸 수 있어야 한다. 그렇게 사람 형체를 잘 알아보아야만 호랑이를 물리치고 살아남을 수 있다. 그리고 그렇게 살아남은 종족들의 자손이 바로 지금의 우리다. 사람이 살아남는 데 가장 중요한 것은 또 다른 사람이다. 그래서 사람이라는 종족은 사람의 모습을 잘 알아볼 수 있도록 진화했다고 짐작해볼 수 있다. 진화의 결과 때문에 우리는 언뜻 지나가는 어렴풋한 모양에도 사람 비슷한 것이 있으면 그것이 사람일 수도 있다고 느끼게 되고, 거기에서 강한 감정을 느끼게 되었을 것이다. 그리고 그 습성으로 인해 잘못 찍힌 사진의 의미 없는 형체를 보고도 그것이 혼령일 수 있다고 생각했을 수 있다.

카메라가 유령을 볼 수 있을까

휴대폰에 달려 있는 디지털 방식의 카메라가 아니라, 과거에 필름이나 유리 건판 방식의 사진을 찍을 때는 오류가 발생할 수 있는 가능성이 더 높았다. 필름 사진기는 렌즈로 촬영한 모습을 기록하는 종이처럼 얇은 플라스틱 재질의 판인 필름이라는 것에 사진을 기록하곤 했다. 그리고 그 필름을 종이에 옮기는 과정을 현상이라고 불렀는데, 현상 과정을 거치면 사진을 실제로 볼 수 있었다.

필름은 빛에 아주 민감하기 때문에 만약 카메라에 작은 틈이라도 있어서 우연히 빛이 새어 들어오면 그 빛이 필름을 손상시켜 필름에 이상한 모양이 생기곤 했다. 나중에 현상해서 사진을 만들었는데 이런 모습이 보이면 그것이 허여멀겋게 생긴 혼령이 나타난 것으로 생각하는 사람들도 있었다. 카메라는 멀쩡하더라도 나중에 필름을 꺼내 현상하는 과정에서 실수가 생기면 빛이 잘못 들어가거나 약품 처리에 실수가 생겨 그런 오류가 생길 수도 있다.

또 필름 카메라는 사진을 찍을 때마다 필름을 매번 바꾸어 줘야 했다. 보통은 필름이 줄줄이 연결되어 있는 채로 카메라에 넣으므로 이렇게 필름을 바꾸는 것을 '필름을 감는다'라고 했다. 자동카메라에는 필름을 자동으로 감아주는 장치가 달려 있기도 했다. 만약 필름이 제때 새것으로 바뀌지 않으면, 필름 한 장에 사진이 두 번 찍히는 것 같은 현상이 생길 수도 있다. 그런 필름을 현상해보면 두 장면이 겹친 모습이 나타난다. 어떤 사람을 찍은 사진의 배경에 다른 사람을 찍은 얼굴이 겹쳐 보일 수 있다는 이야기다. 이런 사진을 보고 유령이 뒤에서 그 사람을 지켜보는 모습이 찍혔다고 생각하는 사람도 있었다. 그저 필름이 제대로 감기지 않아 만들어진 사진이 심령사진처럼 보이게 되는 것이다.

사진의 화학 원리를 조금 더 깊이 따져본다면, 심령사진이라는 발상은 밑바탕에서부터 뭔가 좀 잘못되었다는 것을 알 수 있다. 우리는 무심코 카메라가 사람이 어떤 물체를 보는 역할을 대신한다고 생각한다. 그렇기 때문에 어떤 신비로운 이유로 카메라가 사람 대신 혼령을 볼 수도 있다고 생각하게 된다. 그래서 사람 눈에는 보이지 않았던 혼령이 카메라를 통해 나타날 수 있다고 생각한다. 그러나 카메라는 그렇게 사람의 눈을 똑같이 흉내내는 기계는 아니다. 카메라는 그냥 필름에 발라져 있는 화학 물질에 빛이 잘 들어오게 해서 바깥에 있는 물체의 빛이 필름을 변화시키는 화학 반응을 일으키게 하는 장치일 뿐이다. 카메라에는 영혼이 없다는 말이다.

자세히 말해보자면, 카메라에 장착되어 있는 필름에는 브로민화 은silver bromide이라는 물질이 발라져 있다. 별 세 개가 삼각형 모양으로 배치되어 빛나고 있는 밤하늘을 카메라로 찍는다고 생각해보자. 카메라는 그 별빛에서 나오는 광자를 필름에 전해준다. 그러면 광자가 브로민화 은과 화학 반응을 일으켜 브로민화 은에서 아주 작은 은 조각이 튀어나오게 된다. 삼각형으로 배치된 별빛에서부터 광자가 들어왔을 테니, 브로민화 은 중에서도 역시 삼각형으로 세 군데에서 은 조각이 튀어나올 것이다. 그러면 현상할 때 바로 이 은 세 조각이 종이에 색깔을 낼 수 있도록 처리하면 사진에 세 개의 별빛 모양이 나온다. 이것이 단순화해서 설명한 사진의 원리다.

그러므로 카메라에서 무엇인가가 사진에 찍히려면 그 형체의 모양대로 필름의 브로민화 은에서 은을 튀어나오게 하는 화학 반응을 일으켜야 한다. 혹시 유령이 그런 화학 반응을 일으킬 수 있는 방법을 잘 알고 있을까? 심령사진에 촬영되는 눈에 보이지도 않는 유령은 구천을 떠돌아다니다가 굳이 브로민화 은이 장치된 기계를 발견하면 그런 화학 반응을 일으키는 방법을 어떻게든 터득해서 자신의 형상대로 브로민화 은에서 은이 잘 나오도록 열심히 화학 반응을 일으켜주고 있는 것일까? 그보다야 파레이돌리아 현상으로 설명하는 것이 훨씬 더 말이 되지 않을까?

5장

저승에서 걸려온 전화를 물리치는 위양성

저승에서 전화가 걸려오는 것은 얼마나 어려운가

나는 어느 해 가을 추석 무렵에 SNS에서 다음과 같은 농담 비슷한 논쟁에 참여한 적이 있었다. 명절이 되면 조상을 위해 차례상을 차리는데, 가끔 그 차례상에 조상님의 혼령이 찾아온다는 이야기가 덧붙기도 한다. 혼령이 실제로 송편이나 떡을 먹는 것은 아니다. 그러므로 좋은 송편, 좋은 떡을 마련하는 것보다는 그런 식으로 정성을 기울이고 있다는 점이 중요하다. 여기까지는 꽤 많은 사람이 받아들일 만한 이야기다.

그런데 만약 메타버스 서비스로 나와 있는 인터넷 가상 공간이라든가, 온라인 게임 속 세상에서 차례상을 차린다면 어떨까? 그것도 클릭 한두 번만으로 간단히 차례상 그림을 선택하는 식이 아니라, 많은 정성과 노력을 기울여 훌륭한 차례상 모양을 만들었다고 해보자. 더욱이 그 사람이 평소 그 온라인 게임을 매우 열심히 하면서 무척 많은 시간을 쏟으며 사는 사람이라고 치자. 그렇다면 그렇게 만든 게임 속 차례상이 아무 의미도 없다고는 할 수 없다. 그렇다면 그렇게 메타버스 서비스나 온라인 게임 속에 차린 차례상에도 과연 조상님이 찾아오실 수 있을까?

인터넷 공간 속에서 사람들끼리 만나 화상 회의를 한다거나 강의를 하고 수업을 듣는 행동은 이제 대체로 진지하게 받아들여지고 있다. 코로나19 대유행 이후로 가상 공간에서 하는 업무도 일이고, 가상 공간에서 하는 학습도 공부라는 사실은 공식적으로 인정받게 되었다. 가상 공간에서 펼쳐지는 콘서트로 막대한 돈을 벌어들이는 가수들도 있고, 세계의 운명을 좌우하는 국가 대표자들의 정상회담도 종종 화상회의로 이루어진다. 내 생일에 온라인 게임 속에서 동료들이 축하의 말을 건네며 게임에서 유용하게 쓸 수 있는 마법의 물약 같은 것을 선물로 준다면, 그 역시 생일 축하의 의미는 있다. 그렇다면 가상 공간 속 게임 세상에서 차린 차례상도 실제 차례상과 똑같지는 않더라도 비슷하다고 봐야 하지 않을까?

하지만 가상 공간 속에서 일어나는 일과 현실 세계의 일이 완전히 다른 것들도 많다. 예를 들어 컴퓨터 게임 속 세상에서 상대방이 나를 총으로 쏘는 일과 실제 현실에서 누군가 나를 총으로 쏘는 일은 전혀 다르다. 게임 속의 총 쏘기는 대체로 놀이의 일부인 경우가 많지만, 현실에서 누가 총을 쏘는 것은 가장 심각한 범죄에 속한다. 게임 속 세상에서 타고 다닐 말을 구해서 기르는 것과 현실 세상에서 개나 고양이를 기르는 것도 무척 다른 일이다. 설령 게임 속 세상에서 타고 다니는 말을 아주 소중히 여기는 사람이라고 하더라도, 실제 세상의 동물과 아무 차이가 없다고 생각하는 사람은 없을 것이다. 그렇다면 역시 게임 속 세상의 차례상은 실제 차례상과는 다르고, 조상에게 예의를 다한다거나 조상의 혼령이 찾아온다거나 하는 의미를 완전히 찾기는 어렵다고 결론 내리는 편이 옳은가?

이런 이야기는 어디까지나 농담이나 장난에 가까운 이야기다. 차례나 명절의 의미를 진지하게 따져보고, 어떤 의식의 가치를 재단하는 토론이라고 하기는 어렵다. 실제로도 그때 SNS에서 주고받았던 이야기들도 어느새 세월이 흘러 또다시 명절이 찾아왔나 싶어 어딘지 마음이 헛헛한 사람들끼리 나누는 잡담에 불과했다. 그런데 그런 와중에 굉장히 재미난 주장을 하는 분이 계셨다. 그분은 어떤 온라인 게임이나 메타버스 서비스에 차례상을 잘 만든다고 하더라도 조상님은 그 공간에 접속할 수 있는 계정을 만들 수는 없을 것이므로 그 차례상은 소용이 없을 거라고 했다. 계정을 만들려면 이메일과 실명 인증을 해야 하고, 본인 명의의 휴대전화로 번호를 받아 확인해야 하는 경우도 많다. 그러니 본인 명의의 휴대전화가 있으려야 있을 수 없는 혼령으로서는 결코 그 서비스에 접속할 수 있는 계정을 만들 수 없다.

여기까지도 그냥 웃고 지나갈 만한 이야기다. 그렇지만 이런 생각을 조금 더 진지하게 따져보면, 유령이나 마귀 같은 것이 전자 제품이나 기계 장치를 이상하게 조종한다는 이야기를 파고들 수 있는 중요한 발상을 발견할 수 있다.

갑자기 알 수 없는 전화가 걸려왔는데 그 전화 속에서 유령의 목소리가 들렸다는 식의 이야기는 대단히 다양한 형태로 퍼져 있다. 1990년대에 유행해서 널리 퍼진 이야기로는 이런 것도 있다. 이미 목숨을 잃었기 때문에 결코 전화를 할 수 없는 사람으로부터 전화가 온다. 전화를 받고 놀란 사람이 "너 도대체 거기 어디야?"라고 물어보면 전화 속 목소리는 "바로 너 뒤에"라고 대답한다. 유령이 되어 지금 주인공의 뒤에 다가와 있으며, 공격하기 직전이라는 뜻이다.

유령은 도대체 무슨 수로 전화를 걸 수 있을까? 전화를 걸기 위해서는 전화 서비스에 가입을 해야 한다. 통신사 대리점 같은 곳에 가서 영업 사원이 뭐라도 조금 더 비싼 것을 팔아보기 위해 이런저런 흥정의 말을 붙이는 것을 피해가면서 몇 장의 서류를 작성하고, USIM칩을 받아 기계에 넣어 개통을 해야 한다. 유령이 전화 한 통을 걸기 위해서는 그 모든 작업을 거쳐야 한다. 전화를 사용하기 위한 가입과 온라인 게임 속 세상에 들어가기 위한 가입은 크게 다르지 않다.

그렇다면 유령은 남의 전화기로 전화를 걸 수밖에 없다. 남의 전화에 걸려 있는 암호를 유령은 도대체 어떻게 풀 수 있을까? 전화기를 만드는 회사들 중에는 그 암호 체계가 굉장히 강력한 곳이 있어서 미국의 FBI에서도 그것을 풀기가 난감해 곤혹을 치렀다는 이야기는 유명하다. 유령이 되면 FBI보다 더 뛰어난 보안과 해킹 기술을 저절로 습득하게 되는 것일까? 암호를 풀 수 있다고 하더라도 유령이 스마트폰 화면의 터치 기능을 이용해서 전화번호를 누르는 장면은 무척 어색하다. 대체로 요즘 사람들은 전화번호를 일일이 기억하지 못한다. 그러니 남의 스마트폰으로 전화를 걸 때 유령이 원한 맺힌 사람에게 전화를 걸기 위해 그 전화번호를 떠올리기란 매우 어려울 것이다. 어디서든 전화번호를 검색해야 유령은 전화를 걸 수 있다. 유령은 통신사의 개인 정보 데이터베이스를 읽을 수 있는 능력도 갖게 된다는 식으로 생각해야 할 텐데, 이런 생각은 아무래도 유령의 으스스한 느낌에는 어울리지 않는다.

유령이 전화를 걸 때 기기를 이용하지 않고 신비로운 능력을 이용해서 직접 상대의 전화에 접속할 수 있다고 하면 어떨까? 그러나 그렇게 하면 문제는 더욱 골치 아파진다. 우선 우리나라의 4G 통신에 사용하는 전파는 SKT는 850MHz 주파수 대역 전파, KT는 900MHz, 1800MHz 주파수 대역 전파, LGU+는 850MHz, 2100MHz, 2600MHz 주파수 대역 전파를 사용한다. 누가 그 외의 주파수 전파를 뿜어내면 아무리 강한 전파를 뿜어내더라도 그 전파는 전화 통신을 비집고 들어갈 수 없다. 아무 전파나 막 뿜는다고 통화에 사용되지는 못하는 것이다. 그런데 그 정해진 통신 전파 주파수라는 것은 하늘에서 뚝 떨어진 것이 아니다. 사람들이 그렇게 하자고 모여서 임의로 정한 것이다. 정확히는 2010년대에 들어서 LTE 서비스를 하기 위해 한국 정부가 통신사들에게 돈을 받고 각 통신사에 각 주파수의 전파를 활용할 권리를 팔면서 정해졌다. 그 권리의 판매는 경매로 이루어졌다. 아마 세월이 바뀌어 다른 방식으로 전파를 사용하게 되거나 권리를 서로 사고팔면 통신사들은 또 다른 주파수의 전파를 사용하게 될 것이다.

그러니 유령이 전화에 원하는 전파를 보내기 위해서는 상대방이 가입한 통신사를 보고, 전파 주파수 대역 경매 결과도 참조하여 거기에 맞춘 전파를 뿜어낼 줄 알아야 한다. 이런 것은 남의 통신을 몰래 엿들으려는 스파이나 해킹 기술자들이 도전할 만한 일이다. 유령 입장에서는 차라리 통신사 대리점에 가서 전화를 하나 개통하는 것이 더 간편한 일일지도 모른다. 만약 어떤 전파를 보내야 하는지 알게 되었다고 하더라도 그에 맞춰 전화기에 내 말소리를 전파로 보내는 것은 또 다른 문제다. 상대방의 전화기가 사용하는 주파수의 전파로 아무 전파나 보낸다고 갑자기 그 전화기가 진동하며 누구로부터 전화가 왔는지 보여주는 것은 아니기 때문이다. 대충 아무 전파나 내뿜어봐야 그런 것은 전화기에서 전화 통화를 시도하는 것으로 감지조차 되지 못한다. 전화 통화가 제대로 이루어지게 하려면 통신사에서 운영하는 통신 장비가 받아들일 수 있도록 누가 누구에게 전화를 걸고 있는지 복잡한 조합의 전파 신호를 보내야만 한다.

요즘에는 모든 통신이 디지털 방식이다. 그러므로 이럴 때 사용하는 전파 신호는 사람이 측정 장비로 관찰한다고 쉽게 이해할 수 있는 것도 아니다. 0에 해당하는 전파 신호와 1에 해당하는 전파 신호가 어지럽게 섞여 있는 디지털 신호다. 이런 신호는 컴퓨터를 통해 해독을 해야만 무슨 의미인지 알 수 있다. 거기에다 LTE 통신의 경우에는 아무나 바로 해독할 수 없도록 EPS 암호화 알고리듬EPS Encryption Algorithm이라는 기법을 사용한다. 그래서 정상적인 통신망 가입자가 아니라면 이 암호를 직접 풀어야만 한다. 암호를 풀지 못하면 남의 전화에 목소리를 전해줄 수 있는 전파가 어떤 전파가 되어야 하는지를 알 수가 없다. 이런 것은 일류 해커들이나 할 수 있는 일이다. 유령이 전파를 쏘고 다닌다는 것도 괴상한데, 갑자기 수학과 전자공학의 대가가 되어 이런 복잡한 방식의 전파를 쏠 수 있는 방법을 얻게 된다는 것은 매우 상상하기 어렵다.

그렇다면 유령이 복잡하게 전파를 조절해서 전화를 거는 것이 아니라 그냥 신비로운 힘으로 전화기 스피커에서 소리만 나게 하는 것이라고 추정해보면 어떨까? 그렇게 생각하면 문제가 훨씬 단순해진다. 그럴 경우 유령은 전화기 스피커보다 듣는 사람의 고막을 움직이는 방식으로 말을 전하는 것이 훨씬 더 간편할 것이다. 그렇게 생각하면 결국 유령의 말소리라는 것은 듣는 사람의 귀 속에서 들려오는 것일 뿐이다. 이런 현상이라면 굳이 유령이란 말을 쓰지 않고도 이야기할 수 있다. 그냥 환청이라고 볼 수도 있기 때문이다.

더 현실적이고 쉽게 이루어지는 과정을 찾아가다 보면 유령의 정체는 환청이나 착각으로 밝혀질 가능성이 높다. 혹시 알 수 없는 목소리가 내 전화기를 통해 갑자기 들려온다면 그냥 프로그램 오류나 혼선으로 잠시 다른 곳으로 연결되어야 할 목소리가 내 전화기로 잘못 흘러들었을 뿐이라고 보는 것이 더 높은 가능성을 갖는 일이라는 것이다.

멋진 기계와 마법

전화에서 유령의 목소리가 들려온다는 이야기를 사람들이 그럴듯하게 여기는 까닭은 전화가 먼 곳에 있는 사람의 목소리를 전하는 기계라고 우선 생각하기 쉽기 때문이다. 원리를 따져보면 요즘 전화는 사람의 목소리를 전하는 기계라기보다는 전파 해독 장치라고 보아야 한다. 떠다니는 전파 중에 우리에게 필요한 전파를 분석해서 소리나 디지털 자료로 변환시켜 전해주는 것이 전화의 정확한 역할이다. 사람의 목소리를 전하는 것인지, 기계 소리를 전하는 것인지, 인터넷 동영상을 전하는 것인지 하는 내용은 크게 중요하지 않다. 통신사의 컴퓨터로 내 전화기에 그냥 아무 의미 없는 사이렌 소리에 해당하는 전파 신호를 보내라는 명령을 내리면, 내 전화기는 그 전파 신호를 분석해서 사이렌 소리를 만들어낼 것이다.

이런 기계를 사람의 목소리를 전하는 데 워낙 많이 사용하고 있다 보니 전화기라고 하면 어쩐지 먼 곳의 사람 목소리를 전하는 도구라고 여기게 되고, 그렇다 보니 살아 있는 사람이 닿을 수 없는 먼 세상인 저승에서도 어쩌면 유령이 목소리를 전할 수 있다는 식의 상상을 하게 되기 쉽다. 전화기의 실제 원리보다는 전화기가 사람 말을 전한다는 상징이 더 빠르고 깊게 감정을 자극하기 때문이다.

1990년대에 유행하던 무서운 이야기 중에는 이런 것도 있었다. 유령이 많이 나타난다는 아파트가 있었다. 주인공은 겁을 먹고 그 아파트의 엘리베이터를 탄다. 주인공은 혼자뿐이라 두려웠지만 다행히 유령이 보이지는 않는다. 그런데 엘리베이터 문이 유독 늦게 닫히는 것 같아 주인공은 기다리다 못해 닫힘 버튼을 누른다. 그런데 문은 닫히지 않고 갑자기 경고등이 켜진다. "정원 초과! 정원 초과!" 이 이야기는 주인공이 엘리베이터 안에 혼자 머무는 동안 주인공의 눈에 보이지는 않지만 주변에 유령이 가득 몰려왔다는 점을 암시하는 내용이다. 그 사실을 엘리베이터는 감지했기 때문에 '정원 초과'라고 판정했다는 뜻이다.

나는 이 이야기를 짧지만 신선하고 재미있는 내용이라고 느꼈다. 캄캄한 아파트를 혼자 걷는 불안한 느낌을 무서운 이야기로 잘 표현했다고 생각한다. 그렇지만 현실 세계에서 실제로 이런 일이 일어날 수 있을지 사리를 따져보면 사실은 무척 황당한 이야기다. 엘리베이터에는 사람이 너무 많이 탔을 때 '정원 초과'라는 경고를 표시하는 장치가 있다. 사람이 너무 많이 탔을 때 그 경고가 나타나는 것을 우리는 평소에 많이 경험해왔다. 그래서 우리는 무심코 엘리베이터의 정원 초과 경고가 사람의 많고 적음을 따지는 장치라고 생각한다. 그렇기 때문에 사람이 없는 엘리베이터가 정원 초과를 경고하게 되면, 사람은 아니지만 사람과 비슷한 것, 말하자면 유령이 있어서 엘리베이터가 그것을 감지하고 있다고 느끼게 된다.

그러나 엘리베이터는 당연하게도 영혼 감지 장치 같은 것이 전혀 아니다. 엘리베이터는 심지어 사람이라는 물체를 감지하지도 않는다. 엘리베이터의 정원 초과 감지 장치는 그냥 무게를 감지하는 장치일 뿐이다. 사람이든 짐승이든 식물이든 돌덩어리든 간에 엘리베이터가 감당할 수 없을 정도의 무게가 실린 것이 감지되면 정원 초과를 경고할 뿐이다. 보통 엘리베이터는 사람이 타는 기계이기 때문에 이해하기 쉬우라고 무게 초과라고 하지 않고 사람 수가 많다는 의미로 정원 초과라고 하는 것이다. 만약에 무거운 쇳덩어리를 엘리베이터에 실었을 때 정원 초과가 표시된다고 해도 그 쇳덩어리에 사람의 혼이 들어 있기 때문에 엘리베이터가 그것을 감지해서 그러한 경고를 표시하는 것일 리는 없다. 그것은 그저 엘리베이터가 안전하게 버틸 수 있는 무게를 넘어섰음을 알려주는 표시일 뿐이다.

그러니까 엘리베이터에 사람이 나 말고는 아무도 안 탔는데도 정원 초과 경고가 울렸다는 이야기는 결국 엘리베이터의 감지 장치가 그저 무거운 무게를 감지했다는 이야기일 뿐이다. 엘리베이터의 무게 감지 장치가 무거운 무게로 착각을 일으킬 만한 어떤 오류가 장치 주변에 발생했을 수 있다. 예를 들어 무게 감지 장치에 먼지나 더러운 기름 찌꺼기 같은 것이 많이 끼어 장치가 더 힘겹게 움직이면서 괜히 더 많은 무게가 걸린 것처럼 오작동했을 수 있다.

사람들의 이런 생각을 보고 있으면, 영국의 SF작가 아서 클라크가 남겼다는 "충분히 발달한 과학기술은 마법과 구별할 수 없다"라는 말이 생각날 수밖에 없다. 먼 곳의 사람이 어떻게 움직이고 있는지 생생하게 보여주는 감시 카메라 같은 기술은 그 원리를 모른다면 마법으로 멀리서 벌어지는 일을 살펴보는 천리안의 능력과 비슷한 놀라운 일이다. 내일의 날씨를 추측하는 일기예보 기술은 마법으로 내일 일어날 일을 예측하는 예언의 능력과 비슷한 놀라운 일이다. 복잡한 계산을 단숨에 해내는 전자계산기라든가 목적지만 입력하면 어떻게 길을 찾아가야 하는지 알려주는 내비게이션도 사실 옛사람의 눈에는 사람의 정신을 초월하는 지혜를 갖고 있는 요정 같은 기계일 것이다. 전화기를 말을 전하는 신비한 장치라고만 생각하고, 엘리베이터의 정원 초과 경고를 사람의 숫자를 헤아리는 신비한 장치라고만 생각하는 것은, 현대 사회의 여러 과학기술 장치에 익숙한 현대인들조차 가끔은 그런 기술을 마법과 구분할 수 없는 느낌에 빠진다는 의미일 것이다.

만약 정말로 유령들이 엘리베이터에 타는 것만으로 정원 초과 경고 벨이 울릴 수 있다고 생각해보자. 그렇다면 그것은 유령이 몸무게를 갖고 있다는 뜻이 된다. 유령에게 몸무게가 있다면 이는 곧 유령이 관성의 법칙, 가속도의 법칙, 작용 반작용의 법칙, 중력의 법칙, 에너지-질량 등가성의 법칙, 일반 상대성 이론 등 무게와 질량에 관한 갖가지 법칙들에 맞추어 움직여야만 한다는 뜻이다. 이래서야 유령이 제멋대로 출현했다가 사라지고 신비롭게 날아다니는 신비로운 움직임을 할 수 있겠는가.

더 나아가 유령에게 무게가 있다는 말은 밥을 많이 먹으면 살이 찔 수도 있고 다이어트를 하면 살을 뺄 수도 있다는 뜻이기도 하다. 그렇다면 유령이 밥을 먹으면 살이 찌도록 그 밥을 지방 성분 비슷한 것으로 바꾸어주는 갖가지 소화 효소가 몸속에 있어야만 한다. 음식물을 소화할 수 있는 기관이 유령 몸속에 갖추어져 있다면, 그 안에 대장균이나 유산균 등의 세균들도 같이 살게 될 것이다. 즉, 유령이 나타났다 사라질 때마다 온갖 세균이나 바이러스도 같이 그래야 한다는 뜻이 되는데, 이는 아무래도 유령답지 않다.

이런 상상을 해보자. 제논 같은 기체는 색깔도 없고 냄새도 없지만 무게가 꽤 무겁다. 피부과 치료를 할 때 사용하는 레이저 같은 장치를 만들 때도 종종 사용하는 물질이다. 만약 제논 기체가 어디인가에서 유출되어 엘리베이터로 몰려들었다고 생각해보자. 그러면 아무것도 없어 보이더라도 제논의 무게가 엘리베이터에 감지될 것이다. 몇 사람 태우지 못하는 작은 엘리베이터라면 제논의 무게 때문에 무게 한도를 초과할 수도 있다. 물론 사람이 타는 엘리베이터 근처에서 공교롭게도 제논이 대량 유출된다는 것은 매우 일어날 가능성이 낮은 일이다. 또한 제논이 하필 엘리베이터로 들어오고 그것도 무척 많은 양이 모여 엘리베이터의 무게 장치에 감지될 정도가 된다는 것도 아주 일어나기 어려운 일이다. 하지만 그렇다 하더라도 실제로 있는지 없는지도 알 수 없고 상상도 하기 어려운, 무게를 지닌 유령들이 약속이라도 한 듯 갑자기 떼로 몰려들었다는 것보다는 좀 더 가능성 있는 일이지 않을까?

조금 더 화끈한 상상을 해보자. 천문학에서 매우 중요하게 다루는 주제로 암흑 물질dark matter이라는 것이 있다. 암흑 물질은 망원경으로 직접 살펴보아도 보이지 않는 물질을 말한다. 심지어 전자파를 측정한다든가 하는 방법으로도 감지되지 않는다. 그렇기 때문에 지금까지 알려진 보통의 관찰 방법으로는 관찰이 안 된다고 해서 암흑 물질이라는 이름을 얻게 되었다. 가끔 반사를 일으키지 않는 이상할 정도로 까만색을 가진 극히 어두운 색의 페인트를 '암흑 물질'이라는 별명으로 부르는 경우가 있는데, 그런 페인트라고 하더라도 전자파를 흡수하는 반응은 일으킨다. 그러므로 그것이 진짜 암흑 물질인 것은 아니다. 진짜 암흑 물질은 까만색이 아니라 완벽히 투명하여 그런 것이 있는지 없는지도 잘 알 수가 없다.

그런데 암흑 물질은 눈에 보이지도 않고 만질 수도 없지만 무게만은 갖고 있다. 베라 루빈Vera Rubin을 비롯한 1970년대의 천문학자들은 은하계의 모습이 지금과 같은 모습이 되기 위해서는 우주에 눈에 보이지 않지만 무게는 갖고 있는 물질들이 아주 많아야 한다는 사실을 증명했다. 다시 말해 우리가 사는 지구가 있는 은하계의 움직임도 바로 암흑 물질의 무게 때문에 지금과 같은 모양이 되었다는 것이다. 하늘의 태양은 언제나 변하지 않는 것 같지만, 사실은 지구를 비롯한 모든 행성들을 거느리고 시속 80만 킬로미터라는 아주 빠른 속도로 은하계를 돌며 움직이고 있는데, 이 정도의 움직임 역시 암흑 물질 때문에 이루어진다. 그런 암흑 물질의 정체는 무엇인지, 어떻게 확인할 수 있는지는 아직 알 방법이 없다. 하지만 암흑 물질이 우리 주위에 매우 많이 있을 거라고 학자들은 추측하고 있다. 이 추측대로라면, 지금 이 순간 우리 몸을 뚫고 지나가는 암흑 물질들도 꽤 많을 것이다. 다만 너무나 투명하고 아무 반응을 일으키지 못하기 때문에 아무런 느낌도 안 느껴지고 아무런 피해도 입지 않을 뿐이다.

도대체 암흑 물질이 무엇으로 되어 있으며 어떻게 측정할 수 있느냐에 대해서는 수많은 학자들의 생각이 엇갈리고 있다. 한국을 비롯하여 전 세계 각국에서는 저마다의 방법으로 암흑 물질을 잡아내는 방법을 개발하려는 실험이 꾸준히 이루어지고 있다. 만약 누구인가 암흑 물질을 포착하는 방법을 개발해내거나 암흑 물질의 정체가 무엇인지 명확히 증명해낸다면 그 사람은 과학사에 영원히 이름을 남길 수 있는 위대한 공적을 세우는 것이 된다. 물론 노벨상을 비롯해 과학자에게 주어지는 온갖 영예도 누릴 수 있을 것이다.

무게 감지 장치가 고장 나지도 않고 특별히 무슨 물질이 들어오는 것이 느껴지지도 않았는데, 엘리베이터의 무게 감지 장치에 많은 무게를 걸리게 할 수 있는 현상이 실제로 발생하는 체험을 했다고 다시 한번 상상해보자. 그렇다면 그 원인으로 암흑 물질이 순간적으로 잔뜩 몰려들었다는 추측을 해볼 수 있다. 암흑 물질이 무게가 있다는 것은 사실이니, 우주 곳곳을 떠돌아다니던 암흑 물질이 내가 엘리베이터를 타는 순간 갑자기 그 안으로 확 몰려든다면 무게 장치에 그 무게가 감지될 수 있다. 그런데 그럴 경우 그 엘리베이터는 암흑 물질을 모을 수 있는 장치가 된다. 정말 그런 것이 있다면 전 세계의 학자들이 대거 모여들어 도대체 무슨 원리로 암흑 물질이 모이는 것인지 알아내고자 노력할 것이다. 그 엘리베이터를 처음 발견한 사람은 유령이 무섭다고 도망가는 이야기를 남기게 되는 것이 아니라, 암흑 물질 모으는 장치의 최초 발견자로 노벨상을 받을 것이다. 물론 갑자기 암흑 물질을 모여들게 하는 희귀한 엘리베이터를 만든다는 것은 말도 안 될 정도로 어려운 일이다. 그렇지만 나는 무게가 나가는 유령이 갑자기 엘리베이터로 일제히 모인다는 것보다는 차라리 암흑 물질을 모여들게 하는 엘리베이터가 있다는 것이 그나마 더 말이 된다고 생각한다.

안전을 위한 오류, 위양성

엘리베이터가 정원 초과 오류를 일으키는 데는 어쩔 수 없이 의도된 이유도 있다. 엘리베이터의 정원 초과 경고가 안전을 위한 장치라는 점 때문이다. 다시 말해서 실제로는 정원 초과가 아닌데 경고를 보내는 일이 안전문제 때문에 종종 벌어질 수 있다는 의미다.

화재경보기를 예로 들어보자. 실제로 화재가 일어난 것은 아닌데 장치의 오류 때문에 경보기가 울려 잠시 시끄러운 소리에 시달렸다거나 대피해야 했던 경험을 해본 사람이 많을 것이다. 만약 이런 일이 너무 귀찮아서 화재경보기를 좀 둔하게 작동하도록 만들어놓는다면, 화재로 착각을 일으킬 만한 가짜 상황에서는 경보가 울리지 않고 진짜로 화재가 나야만 경보가 울릴 것이다. 그런 것이 불가능하지는 않다. 그런데 만약 그렇게 둔한 화재경보기를 만들어두었다가 만에 하나 실제로 화재가 났는데도 사람들에게 대피하라는 경고를 주지 못한다면 그것은 큰일이다. 그 때문에 사람이 목숨을 잃을 수도 있다. 그렇기 때문에 화재경보기는 차라리 좀 민감하게 만들어놓는다. 설령 경보기가 착각할 만한 가짜 상황에서 오류 경보가 울려 시끄럽게 될지언정 그렇게 민감한 만큼 실제 화재를 놓치지는 않는다. 화재가 일어나면 곧바로 감지해서 사람들에게 대피할 수 있게 해주는 것이다.

코로나19와 같은 전염병을 감지하는 실험 방법도 여기에 잘 들어맞는 예다. 전염병이 걸린 사람의 콧물을 실험 약품에 넣으면 빨간색으로 변하고, 병에 걸리지 않은 사람의 콧물을 넣으면 색깔이 변하지 않는 화학 물질을 개발했다고 가정하자. 이때 약품을 너무 민감하게 만들어놓으면 병에 안 걸린 사람 콧물도 불그스레하게 변하게 하여 양성 판정이 나게 될 수가 있다. 이런 것을 실제로는 양성이 아닌데 오류로 양성 판정이 났다고 해서 '위양성false positive'이라고 부른다. 위양성이 발생하면 실제로는 전염병에 걸리지 않았는데도 그 사람은 격리되고 다시 검사를 받아야 한다. 그렇게 해서 확실히 바이러스가 없어졌는지 확인한 후에만 격리에서 벗어날 수 있다. 바이러스에 걸리지도 않았는데 그와 같은 오류 때문에 격리된 사람 입장에서는 피곤한 일이다.

그렇더라도 화학 약품이 둔감해서 진짜 전염병이 걸린 사람에 대해 병이 안 걸렸다고 음성 판정을 하는 것보다는 그 편이 낫다. 그런 일이 생긴다면 실제로는 전염병에 걸린 사람이 병에 안 걸린 줄 알고 세상을 마음대로 돌아다니며 더욱더 전염병을 퍼뜨릴 것이다. 이런 상황을 실제로는 음성이 아닌데 오류로 음성 판정이 났다고 해서 '위음성false negative'이라고 부른다. 안전을 위해서는 병에 안 걸린 사람을 착각해서 격리시키는 한이 있더라도, 병에 걸린 사람을 놓쳐 돌아다니게 하는 일은 막아야 한다. 즉 위음성을 줄이기 위해 위양성을 감수한다는 이야기다.

엘리베이터의 정원 초과 오류도 마찬가지로 위양성을 감수하는 설계 때문에 발생하는 것이다. 엘리베이터의 무게 감지 장치에 무거운 무게가 걸린 것으로 판정된 이유가 단순한 기계 오작동일 수도 있고, 엘리베이터 주위에 뭔가가 걸려 있기 때문일 수도 있고, 정말로 사람이 너무 많이 탔기 때문일 수도 있다. 기계 입장에서는 진짜 원인이 무엇인지 정확하게 알기는 어렵다. 그렇지만 혹시라도 사람이 정말로 너무 많이 탔는데도 실수로 그것을 무시하고 억지로 엘리베이터를 운행시켰다가 엘리베이터가 부서지고 사람이 다치는 사고가 나면 안 된다. 그렇기 때문에 오류일 수도 있고 아닐 수도 있지만, 일단 엘리베이터의 무게 감지 장치는 조금만 이상하고 애매하면 정원 초과 경고를 내보낸다. 위양성일지라도 혹시나 하고 경고를 내보내는 것이다.

이런 사례는 현대 사회의 여러 자동 장치에서 널리 찾아볼 수 있다. 무서운 이야기에 곧잘 등장하여 잘 알려진 사례로는 흔히 센서등이라고 부르는 자동 감지 전등도 좋은 예시다. 그런 이야기의 줄거리는 엘리베이터의 정원 초과 경고 장치 이야기와 비슷하다. 센서등은 원래 사람이 그 앞에 서야 그것을 감지하여 켜지는데, 사람이 없을 때도 갑자기 켜지는 전등이 있다. 그런데 이 아파트에는 어떤 원한 맺힌 유령이 있다고 한다. 그렇다면 아마도 유령이 나타나 전등이 켜진 것은 아닐까 싶다는 이야기다. 이야기에 따라서는 유령이 누군가를 쫓아오거나 어딘가에서 도망치듯이 아파트의 길을 따라 차례로 전등이 좌르륵 켜지는 장면이 나오는 경우도 종종 있다.

그러나 이것도 결국은 위양성 문제다. 우선 자동으로 켜지는 전등은 사람 자체를 감지해서 켜지는 장치도 아니고, 혼령을 감지해서 켜지는 것은 더더욱 아니다. 대개 이런 전등은 전등 앞의 특정한 위치에서 특정한 전자파를 방해하는 무엇인가가 있는지 없는지를 판정할 뿐이다. 만약 어떤 전등이 정말로 혼령을 감지할 수 있다면 〈고스트버스터즈〉에 나오는 기계 장치처럼 유령을 감지하고 공격하는 기술이 실제로 현실에서 개발되었을 것이다. 그러나 현실 세계에 그런 것은 없다. 현실 세계에서 센서등은 사람 감지기나 혼령 감지기가 아니라 그냥 전자파 감지기일 뿐이다.

사람을 비롯해 그것이 무엇이건 전등에 장치된 전자파만 막을 수 있다면 전등은 켜진다. 가장 쉽게 생각할 수 있는 것은 나방 같은 작은 벌레다. 특히 나방 중에는 어두운 밤에 불빛이 있는 집 근처로 다가오는 것들이 많다. 나방의 날개가 감지기로 들어오는 전자파를 가리게 되면 전등은 사람이 없어도 저절로 켜진다. 꼭 나방일 필요도 없다. 전등을 켜지게 만드는 핵심 위치를 잠깐 가릴 수 있는 작은 벌레나 먼지 조각만으로도 충분하다. 일단 그렇게 해서 전등이 켜지면 한동안 전등은 꺼지지 않는다. 심지어 나방이나 벌레처럼 눈에 보이는 물체가 없다고 하더라도 다른 전자 제품이 전자파 장치에 교란을 일으킬 수도 있다. 예를 들어 주변에서 누군가 진공청소기를 작동시키고 있다면 거기에서 발생하는 전자파가 우연히 전등 감지기에 영향을 미쳐 전등이 켜지기도 한다.

전등을 이렇게 만들어두는 것도 역시 위양성을 감수하는 것이 안전에 유리하기 때문이다. 사람이 어두운 길에 들어서면 전등이 켜져 앞을 밝혀야만 안전하게 그 길을 걸어갈 수 있다. 그러기 위해서는 전등이 잘 켜져야 한다. 설령 나방이 날아드는 것이나, 전파 방해 따위의 잘못된 이유로 전등이 꼭 켜질 필요가 없을 때 켜지는 현상, 그러니까 위양성이 발생한다고 하더라도 그것을 감수하는 편이 낫다.

전화기나 라디오 같은 기계에서 갑자기 이상한 소리가 들리는 현상도 어느 정도는 비슷한 이유로 설명해볼 수 있다. 전화는 설령 완벽하게 통화가 안 된다고 하더라도 조금이라도 목소리를 전해주는 편이 아예 연락이 안 되는 것보다는 훨씬 낫다. 특히 구조 요청이나 긴급 상황을 알리는 전화라면 전파가 잘 통하지 않아 통신이 아주 어려운 상황 속에서도 '살려주세요'와 같은 말 한마디를 할 수 있는 통화가 1초, 0.5초라도 이루어져야 사람의 목숨을 구할 수 있다. 그렇기 때문에 설령 완벽하게 통화가 이루어지지 않는 상황이라도 어느 정도 오류를 감수하고 통화가 이루어지도록 장치를 설계해둘 필요가 있다. 그런 식으로 기계를 작동시키다 보면 아주 가끔 위양성이 발생해서 내가 원하지 않은 다른 사람의 목소리가 갑자기 내 전화에 잘못 전달되거나 이상한 잡음이 전화에 잘못 울려 퍼져 꼭 사람 목소리처럼 들리는 현상이 생길 수 있을 것이다. 그리고 그런 이상한 소리가 들릴 때 마침 내가 좀 무서운 기분에 빠져 있다면 '저승에서 들려온 소리가 아닐까?' 하고 상상하게 된다.

최근 들어 안전을 위한 위양성이 무척 극적으로 나타나고 있는 사례는 자동차의 자율 주행 기능과 안전 감시 기능이 유령을 감지한다고 하는 이야기다. 실제로 눈앞에 사람이 보이지 않는데, 자동차의 안전 감지 장치는 그 앞에 사람이 있다고 인식하는 모습을 화면에 보여줄 때가 있다. 만약 자동차가 마침 유령이 많이 나타난다는 소문이 도는 지역이나 공동묘지 근처를 지나가는데, 자동차 화면에 사람 모습이 표시되는 건 자동차가 유령을 감지한 것이 분명하다는 식으로 소문이 퍼지고 있다. 이 역시 기계의 동작 원리를 마법처럼 착각하는 사고방식에 위양성을 결합한 결과일 뿐이다.

마찬가지로 자동차의 인공지능 프로그램은 사람을 감지하지 않는다. 당연히 혼령을 감지할 수도 없다. 그것은 카메라와 레이더에 감지된 자료를 모두 숫자로 바꾸고, 그 숫자 속에서 특정한 규칙성이 발견되면 그것을 사람이 앞에 나타난 것과 비슷하다고 판정할 뿐이다. 이유가 뭐가 됐든 컴퓨터 프로그램 속에서 변환되고 계산된 숫자가 그냥 일정한 기준을 넘어서기만 하면, 실제로 무엇이 있건 없건 간에 인공지능 프로그램은 사람이 있는 것으로 판단한다.

이런 현상은 모든 인공지능 인식 프로그램에서 일어날 수 있다. 예를 들어 사람의 얼굴 사진을 재미있게 합성해주는 프로그램에 얼굴을 들이대는 상황을 생각해보자. 이런 프로그램이라면 사용자가 카메라를 들이댔을 때 지체없이 금방 사진이 찍혀야 편리하다. 그렇기 때문에 별로 사람 같지 않은 모습이라고 하더라도 가끔 오류를 일으켜 사람 얼굴이 거기 있는 것처럼 처리될 때가 있다. 이것은 허공에 유령이 있는 것을 인공지능 프로그램이 감지한 것이 아니라, 그냥 프로그램이 빨리 사람 얼굴을 잡아내려고 하다 보니 오류를 일으킨 탓이다. 위양성을 감수하는 것이다.

자동차가 사람을 인식하는 프로그램을 굉장히 둔감하게 설정해두면 실제 사람이 있는 경우로 확실히 판정될 때만 사람이라고 표시되도록 만들 수도 있다. 그러나 만약 그렇게 둔감하게 만든다면 빠르게 자동차가 움직이면서 얼핏 무엇인가가 지나가는 것이 감지되었을 때 사람이 있는데도 없다고 오판할 가능성이 생긴다. 그러다가 실제로 사람을 치는 사고가 일어나면 위험하다. 프로그램을 좀 민감하게 설정해서 사람이 있을 법한 가능성이 조금만 있어도 그냥 사람이 있는 것으로 감지하도록 만든다. 위양성, 즉 아무것도 없는데도 사람이 있다고 오류가 나는 현상을 감수하고라도 사람을 치는 경우는 완벽히 잡아내서 피할 수 있도록 프로그램을 만든다.

이렇게 보면 자동차가 허공에 사람이 있다고 오판하는 현상은 유령의 증거가 아니라 사람의 목숨을 지키는 수호천사 역할을 하는 인공지능 프로그램이 그만큼 조심하고 있다는 증거라고 볼 수 있다.

6장

악마의 추종자들을 물리치는 곰팡이 독소

등등곡과 죽음의 춤을 추는 군중

2019년 개봉작 중에 세계적으로 큰 인기를 끌었던 공포영화로 〈미드소마〉가 있다. 이 영화에서 주인공은 어쩌다 북유럽의 어떤 마을에 오게 되는데, 이곳에서 이상한 축제를 벌이는 풍습이 있다는 것을 알게 된다. 이후 주인공은 그 마을에서 신비하고 괴이하며 무서운 광경을 목격한다. 영화 중간에 마을에서 괴상한 춤판이 벌어지는 장면이 있다. 마을 사람들이 떼로 모여 끊임없이 춤을 춘다. 춤은 긴 시간 계속해서 이어진다. 왜 이렇게 긴 춤을 추는지는 알 길이 없다. 춤에 빠져서 제정신을 잃은 것일까? 아니면 사람들의 정신이 이상해져 몸이 비정상적으로 움직이는 모습이 춤처럼 보이는 것일까? 의미도 없고 이유도 없어 보이는 이 기나긴 춤은 마지막 한 사람을 남기고 모두가 견디지 못하고 쓰러질 때까지 계속된다.

공포영화 속의 괴상한 장면과 같은 일은 실제로도 일어났다. 명확한 기록과 정황이 나와 있는 것으로는 1930년대 미국의 마라톤 댄스 대회가 있다. 당시 미국에는 춤을 가장 오래 춘 사람을 우승자로 선정하여 상금이나 상품을 주는 대회가 유행하고 있었다. 1920년대 재즈의 성장기에 미국에서는 음악과 춤을 추는 문화가 급성장하여 널리 퍼진 상태였다. 그러다 1930년대에 이르러 그런 여흥에 심취하여 '나는 밤새도록 춤출 수 있다'고 하는 젊은이들이 많이 나타나게 된다. 그러다 보니 '그러면 정말로 누가 제일 오래 춤을 출 수 있는지 한번 겨루어보자'는 대회가 탄생한 것이다.

안타깝게도 1930년대 미국은 경제 대공황의 여파로 사람들의 살림살이가 어려운 시기였다. 사람들 중에는 그냥 재미 삼아 오래 춤을 추는 대회에 참가한 것이 아니라, 상금을 따겠다는 간절한 생각으로 진지하게 춤을 추는 사람들이 적지 않았다. 그러므로 웃긴 놀이처럼 시작한 대회는 점점 무시무시해졌다. 사람들은 힘이 다하고 기운이 빠질 때까지 춤을 추었다.

대회는 1박 2일 혹은 2박 3일간 이어지는 경우도 있었다. 마지막에 남은 몇 팀의 도전자들은 모두 긴 시간 엄청난 고생을 하며 버티고 있던 사람들이고, 그러니 그들은 아무리 힘들어도 그때까지 춤을 춘 것이 아깝다는 생각에 포기하지도 못한다. 그래서 마라톤 댄스 대회는 사람들이 탈진해 쓰러질 때까지 춤을 추는 대회가 되곤 했다. 견디다 못해 쓰러진 사람들 중에는 목숨을 잃은 사람도 있었다는 소문이 돌기도 했다. 흥겹고 즐거운 곡조의 음악은 반복해서 계속 울려 퍼지는데, 온몸에 힘이 빠져 시체처럼 흐느적거리고 있는 사람들 모습은 무시무시했을 것이다. 소설가 코넬 울리치는 그 무서운 풍경을 소재로《죽음의 무도》라는 단편소설을 쓰기도 했다.

물론 마라톤 댄스 대회와 〈미드소마〉의 춤 장면이 꼭 같지는 않다. 마라톤 댄스 대회는 어디까지나 참가자가 돈을 벌기 위한 대회였고, 20세기 초 특유의 여흥 문화와 경제 불황이 기묘하게 얽힌 결과였다. 〈미드소마〉의 춤은 돈과 직접 관련이 없다. 재즈 음악의 유행보다 훨씬 더 전통적인 뿌리가 있어 보이는 장면이기도 하다.

시대를 거슬러 올라가 역사 기록 속에서 비슷한 춤 장면을 찾아본다면 역시 악명 높은 무도광 사건들이 가장 잘 들어맞지 않을까 싶다. 무도광 사건들은 14세기에서 17세기까지 약 300년간 유럽에서 종종 나타났다. 무도광은 어느 날 갑자기 어떤 사람이 이유 없이 팔다리를 움직이며 정신없이 춤을 추게 되는 현상을 말한다. 몇 시간 혹은 며칠 동안 계속해서 춤을 춘다. 그러다 지쳐 쓰러지기도 하고, 어떤 경우에는 생명을 잃기도 한다. 한편 그런 발작 같은 춤을 지속하다가 마치 악령

헨드리크 혼디우스, 〈무도광〉(1642)

에서 벗어난 것처럼 원래 상태로 돌아오는 사람도 없지 않았다. 어떤 곳에서는 한 사람만 춤을 추는 것이 아니라 여러 사람이 떼를 지어 춤을 추기도 했다고 한다.

이런 사건은 어느 한 지역에서만 나타난 것이 아니었다. 16세기 전후로 유럽 각지에서 비슷한 사건이 잊을 만하면 한 번씩 목격되었다. 비교적 상세하게 알려져 있는 사례로는 1518년 지금의 프랑스 스트라스부르에서 벌어진 사건이 유명한 편이다. 그 사건은 그해 7월 한 여자가 갑자기 동네 한쪽에서 정신없이 춤을 추는 것으로 시작되었다. 정황을 보면 음악도 없었던 것 같고, 춤 동작에도 딱히 의미가 있다거나 박자를 맞추는 모양은 아니었던 것 같다. 그냥 이유 없이 팔다리를 흔들며 온몸을 정신없이 계속해서 움직이는 식이었고, 얼마 후 다른 사람들도 하나둘 여자 곁에서 춤을 추기 시작했다. 그런 식으로 춤추는 사람들의 숫자는 계속 늘어나 9월경에는 수백 명에 달했다고 한다.

사람이 정신을 잃은 듯 춤추는 현상이 퍼져나가는 모습을 보고 당시 유럽 사람들 중 일부는 악령이나 악마가 씌었기 때문이라고 짐작했다. 그래서 지역에 따라 성인을 모시고 있는 성당에 사람들을 데려가면 춤이 멈추었다거나, 성스러운 기도나 의식의 힘으로 악마를 물리쳤더니 사람들이 낫게 되었다는 형태로 이야기가 마무리되는 곳도 있었다. 예를 들어 이런 이상한 무도광 현상을 성 비투스의 춤이라고 부르는 곳도 있었다. 이것은 성 비투스라는 성인과 관련된 장소에 가면 몸을 멋대로 날뛰게 하는 악령이 퇴치된다거나 아니면 반대로 성 비투스에게 죄를 받아 그런 저주받은 몸짓을 하게 되었다는 소문이 같이 돌았기 때문일 것이다.

믿기 어려운 일이고 소문으로 과장된 점도 있겠지만, 실제로 그 비슷한 집단적인 춤과 발작 현상이 유럽 각지에 어느 정도 있었던 것은 사실에 가깝다고 생각한다. 유럽 동화 중에 저주받은 신발이 있어서 그 신을 신으면 춤을 멈출 수 없다는 《빨간 구두》 이야기는 유명하고, 이는 〈분홍신〉이라는 영화나 노래 소재가 되기도 했다. 이 이야기의 또 다른 전설에는 죽을 때까지도 춤을 멈출 수가 없어 신발을 신은 발을 분리해버리는 끔찍한 방법으로 간신히 구두로부터 벗어난다는 내용이 이어지기도 한다. 이런 전설과 동화가 유럽에서 유행한 것도 성 비투스의 춤, 무도광 현상에 관한 실제 목격담이 전파되면서 그 영향을 받았기 때문이지 않을까?

그런데 나는 한국의 옛 기록에서도 무도광과 비슷한 사건들에 대한 내용을 발견하고 놀란 적이 있었다. 임진왜란 전후에 떠도는 이야기를 기록한《난중잡록》과 같은 조선시대 기록을 보면, 1580년대 후반 서울에서는 '등등곡登登曲'이라는 이상한 춤이 대유행을 했다고 나온다. 기록에 따르면 수백 수천 명의 선비들이 떼를 지어 미친 짓, 알 수 없는 짓을 했는데 그 모습이 갖가지로 이상해서 해괴하기 이를 데 없었다고 나와 있다. 춤을 추기도 하고, 이리저리 뛰어다니기도 하고, 갑자기 웃기도 울기도 했다고 하는데, '등등'이라는 단어가 북을 두드리며 장단을 맞추는 소리 '둥둥'과 비슷하고 노래를 의미하는 '곡'이 그 끝에 붙은 것을 보면 전체적으로 춤추는 놀이의 형태와 비슷하기는 했던 것 같다.

등등곡에 참여한 사람들의 행동을 일컬어 무당 흉내를 냈다고 하는 대목도 있고, 장례식을 흉내 냈다고 하는 대목도 있다. 무당 흉내를 냈다는 이야기는 무당이 접신하는 모습, 신들린 듯한 모습, 이상한 말을 하면서 풀쩍풀쩍 뛰어다니는 모습과 비슷한 동작을 등등곡 참여자들도 했다는 뜻인 듯싶다. 정신을 잃은 듯한 상태로 알 수 없는 몸동작을 괴상하게 한다는 점에서 무도광과 닮은 점이 많다. 《난중잡록》의 묘사에는 흙을 다지는 동작을 했다는 이야기도 있는데, 갑자기 흙바닥의 땅을 파거나 아니면 쿵쿵 뛰는 행동을 반복하는 등 춤이라고는 할 수 없는 이상한 발작 비슷한 모습을 묘사한 것 아닌가 싶기도 하다. 《난중잡록》 이외에도 《택당집》이나 《격물설》 등의 책들에 등등곡 이야기와 비슷한 기록이 실려 있다.

유럽 사람들이 무도광 현상을 보고 그것이 악령이나 저주와 관련이 있다고 생각했던 것과 달리 조선시대 사람들은 등등곡이 나라가 망할 징조 혹은 난리가 날 징조라고 생각했다. 《난중잡록》에서는 아예 등등곡이 수많은 선비들이 투옥, 고문, 처형당한 정치 사건 기축옥사己丑獄事의 징조이며, 또한 1592년에 발발한 전쟁 임진왜란의 징조임이 분명하다고 해설하고 있다.

《난중잡록》에는 이런 이야기도 같이 실려 있다. 등등곡에 참여하고 있는 사람에게 왜 그렇게 제정신이 아닌 것처럼 웃다가 울다가를 반복하는지 묻자 이렇게 대답했다고 한다.

"높은 벼슬아치라고 하는 것들이 사람 같지도 않은 것들이라서 가소로워서 웃는다. 그래서 나라가 망할 것이기 때문에 또 운다."

괴상한 춤을 정신없이 추는 와중에 저렇게 춤의 의미를 분명하게 해설해준 사람이 정말로 있었을까? 내가 추측하기로는 "사람이 사람 같지 않다", "나라 망한다"와 같은 욕설이나 저주의 말을 외치는 사람들이 있었는데, 그 이야기를 듣고 누군가가 그런 말들을 이어 붙여 그와 같은 설명으로 정리한 것 아닌가 싶다.

조선시대 사람들은 이런 광기 어린 행동도 벼슬, 정치, 나라의 운명 등과 연결해서 해석하곤 했다. 그러니까 당시 사람들은 무엇인가 나라가 잘못 돌아가고 있어서 나라에 퍼져 있는 음양의 조화가 어그러졌고, 그로 인해 영향을 받은 사람들이 조화롭지 못한 괴상한 행동을 갑자기 하게 되어 등등곡이 등장했다는 식으로 생각했던 것 같다. 종교적인 관념의 악마, 마귀, 악령, 저주와 같은 것을 중요시했던 유럽 사람들과 그런 생각에는 별 관심이 없었던 조선 사람들은 비슷한 현상을 겪고도 다른 해석이 나왔을 것이다.

물론 차이점도 있다. 유럽의 무도광 현상은 훨씬 자주 널리 일어났다. 긴 시간 이어졌다는 것도 특징이다. 그에 비해 조선의 등등곡은 16세기 후반 한 번의 대유행 말고는 다른 사례를 찾아보기 어렵다. 유럽의 무도광이 누군지 알 수 없는 평범한 사람들을 중심으로 퍼졌던 것과 달리, 조선의 등등곡은 이름이 알려진 몇몇 사람들을 중심으로 퍼졌던 것도 차이점이다. 《난중잡록》에서는 이 광기 어린 잔치에 참여했다는 악명 높은 선비들 몇몇의 이름을 직접 거론하고 있다. 이로 미루어볼 때 무도광 현상은 정말로 시도 때도 없이 긴 시간 계속해서 이어진 것이고, 그에 비해 등등곡은 참여자 몇몇을 중심으로 몇 시간 정도, 잘해야 하룻밤 정도 이어지다가 난장판 잔치가 끝난 뒤 사그라진 형태였던 것 같다.

맥각에서 얻은 독

무도광이라는 이상한 현상의 정체가 무엇이었는가에 대해서는 다양한 학설이 있다. 대체로 집단 히스테리 현상에 의해 사람들이 너도나도 춤추는 분위기에 휩쓸려 정상적인 판단을 하지 못하게 된 것이라는 데 많은 이가 동의하는 것 같다. 실제로 그런 심리 때문에 무도광 현상은 더욱 심해졌을 것이다. 조선의 등등곡 역시 조선의 이름 있는 선비 몇몇이 괴상한 놀이를 하며 논다는 소문이 먼저 퍼져나갔을 테니, 다른 사람들도 그 놀이가 벌어지는 곳에 가면 춤판이 크다고 해서 동참하기 쉬웠을 것이다. 그러다 춤판이 수백 수천 명의 사람들이 떼지어 날뛰는 판으로 커지면 그 분위기에 더 많은 사람이 휩쓸리기가 더욱 쉬워졌을 것이다.

그렇지만 멀쩡한 사람들이 도대체 애초에 왜 그런 이상한 춤을 추기 시작했는지에 대해서는 수수께끼로 남는다. 그러므로 지금 여기에서 소개하는 이야기가 완벽한 답이라고 할 수는 없다. 그러나 가능성은 있는 이야기이고, 또한 무도광이나 등등곡을 고려하지 않더라도 살면서 유의할 필요가 있는

맥각이 돋아난 호밀의 모습

이야기다.

유럽 사람들이 빵의 재료인 밀가루를 얻기 위해 기르는 농작물 중에는 호밀이 있다. 호밀도 생물인 만큼 가끔 병충해에 공격을 당하는데, 호밀이 걸리는 병 중에 '맥각병'이라는 것이 있다. 호밀 외에도 보통 밀이나 보리도 맥각병 내지는 그 비슷한 병에 걸릴 수 있다고 한다. 맥각은 곰팡이의 일종이다. 호밀에 맥각이 퍼지기 시작하면 맥각은 까맣게 변한 길쭉한 모양으로 자라난다. 그래서 얼핏 보면 까만색 뿔 같은 것이 튀어나온 모양이 된다. 보리에 튀어나온 뿔이라고 하여 '보리 맥麥' 자에 '뿔 각角' 자를 써서 맥각이라는 이름이 생긴 것이다.

맥각병에 걸린 호밀을 사람이 먹게 되면 식중독에 걸린다. 맥각이 곰팡이 종류이니 곰팡이 핀 음식을 먹고 탈이 나는 현상을 떠올리면 비슷하다. 그런데 맥각이 갖고 있는 여러 가지 독성 물질 중에는 사람에게 경련을 일으키고 구역질을 나게 하는 비교적 평범한 독성 물질 이외에 다른 특수한 물질도 들어 있다. 그중에는 사람의 신경과 뇌에 영향을 미치는 물질도 있다. 그런 물질들 중 일부는 신경과 뇌를 망가뜨려 사람의 정신을 이상하게 만들고, 엉뚱한 환각을 보게 하며, 괴상한 몸짓을 하고 싶게 만들 수 있다.

16세기 유럽의 어느 호밀밭에 맥각병이 살짝 퍼져 있었는데 주의 깊지 않은 사람들이 그것으로 빵을 만들어 먹었고, 그러다가 맥각 속에 들어 있는 독성 성분이 몸에 들어와 뇌가 망가지는 바람에 괴상한 환각, 착란, 정신 이상을 경험했다고 상상해보자. 빵을 먹은 사람은 한두 명이 아니었을 테니, 그 결과로 수십 수백 명에 이르는 마을 사람들이 단체로 이상한 몸동작으로 날뛰는 난리판이 벌어졌을 수 있다. 무도광 현상의 정체는 바로 이 맥각 중독증이 아니었을까?

실제로 1943년 과학적으로 맥각의 독성 성분을 연구하던 스위스의 화학자 앨버트 호프만Albert Hofmann은 리세르그산lysergic acid 계통의 성분 한 가지를 맥각 독에서 찾아냈다. 그리고 맥각에 들어 있는 그 성분을 살짝 개조하여 비교적 쉽게 제조할 수 있고 사람의 몸에 흡수가 잘되는 물질을 만들어냈는데, 그것이 바로 흔히 약자로 LSD라고 부르는 강력한 환각제 리세르그산 디에틸아미드lysergic acid diethylamide이다. LSD는 충격적일 정도로 강력한 환각제였다. 사람의 뇌가 동작하는 정상적인 방식을 파괴하면서 도저히 맨 정신으로는 느낄 수 없는 충격을 뇌에 준다. 그러므로 LSD가 일으키는 환각 효과는 마약의 대표로 악명 높은 필로폰 같은 약물보다도 수십 배 이상 강력한 것으로 알려져 있다. 마약 문제가 심각해진 이후에 나온 여러 조사 보고서들을 보면, LSD를 주입한 마약 중독자들은 이 세상 같은 느낌이 아닌 천상의 세계를 경험하고, 또한 도저히 버틸 수 없을 정도로 막강한 공포감을 주는 지옥의 감각을 경험하는 경우도 있었다고 한다. 어떤 사람들은 LSD가 몸에 주입되자 시공간을 초월하는 기분을 느끼기도 했다고 하며, 한편으로는 그 큰 자극 때문에 심한 정신적 부작용을 체험하기도 했던 것 같다.

1960년대 미국에서 마약 문제가 심각해지며 LSD가 유행하자 LSD의 무서운 환각 효과는 점점 더 악명이 높아졌다. 그 무렵 인기 있었던 밴드 비틀스의 노래 중에 〈Lucy in the Sky with Diamonds〉라는 곡이 있는데 이 곡의 가사에는 "오렌지 나무와 마멀레이드 하늘이 있는데, 만화경 눈을 한 소녀가 있고, 노랗고 초록색의 셀로판 꽃들이 머리 위로 날아오르며, 태양을 눈에 담은 소녀를 찾는데, 그녀는 떠나버렸고…"와 같은 상상하기 힘든 환상적인 풍경이 묘사되어 있다. 노래 속의 환상적인 풍경을 생생하게 체험하게 만드는 것이 LSD라는 풍문이 돌았다. 노래 제목의 머릿글자를 따면 공교롭게도 LSD가 된다는 이야기도 같이 퍼졌다.

조직적으로 LSD를 사람의 정신 조종을 위해 활용해보자는 계획이 있었다는 이야기도 여기저기에 남아 있다. 가장 악명 높은 이야기로는 미국의 정보기관 CIA의 'MK울트라' 사업이 있다. MK울트라는 CIA에서 사람의 정신에 충격을 주어 적의 편인 사람을 우리 편으로 전향하게 만들거나 우리에게 정보를 주지 않는 사람이 사실을 실토하게 만들도록 하는 기법을 개발하고 실험한 사업을 말한다. 그런데 CIA가 바로 MK울트라 사업의 진행 과정에서 LSD를 사람에게 주입해 그 사람에게 괴상한 환각 체험을 하게 하고 그것을 통해 그 사람의 정신을 망가뜨리거나 그 사람의 성향을 바꾸는 방법을 개발하고 있다는 소문이 계속해서 나왔다. 이야기를 꾸며보자면, LSD를 이용해 어떤 사람에게 천국 같은 환각을 보여주면서 "나는 하늘에서 내려온 천사이니 내 말을 믿어도 되며, 나에게 모든 사실을 다 털어놓아라"라고 말하면 그 사람은 모든 비밀을 털어놓을 거라는 식의 계획이 있었을지도 모른다는 것이다.

이 모든 이야기들은 어디까지가 사실인지 검증하기 쉽지 않다. 그러나 LSD의 효과가 무시무시했고, 여기에 매달린 사람들이 1960년대 전후 미국에 많았던 것까지는 사실이다. 몇몇 사람들은 LSD를 이용해 사람의 정신 상태를 괴상하게 바꾸어놓으면, 그것으로 사람의 정신이 보통의 방법으로는 도달할 수 없는 새로운 경지로 진입하게 되어 우주 모든 것에 대한 진정한 깨달음을 얻는다는 식의 황당한 생각에 빠지기도 했다. 그럴 정도로 신경과 정신을 파괴하여 이상한 느낌을 뇌에 넣어주는 환각 물질의 중독성은 무시무시했기 때문이다.

LSD는 지구에서 가장 흔한 원소인 탄소, 수소, 질소, 산소 등을 비롯해 원자 49개가 조합된 물질이다. 이 정도면 생물의 몸속에서 발견되는 여러 물질에 비하면 별로 복잡할 것도 없다. 그에 비해 탄수화물을 소화시키는 작용을 하는 아밀레이스amylase나 단백질을 소화시키는 펩신pepsin 같은 물질은 수천 개의 원자가 아찔할 정도로 어지러운 구조로 연결되어 있는 대단히 복잡한 형태다. 그냥 평범하게 먹고사는 데 꼭 필요한 물질이 아주 정교한 것에 비하면, 사람의 정신을 지배해 지옥의 환영을 보여주는 엄청난 물질이라는 LSD의 단순함은 허탈할 정도다. 그렇게 보면 별것 아닌 것 같아도 일상생활을 해나가는 평범한 활동이야말로 사실은 절묘하게 조율된 멋진 현상의 복합체이고, 그 절묘함을 조금이라도 망가뜨리는 것이 있다면 그게 무엇이든 무서운 독이 된다.

만약 16세기 유럽에 돌았던 어떤 한 종류의 맥각에 유독 사람의 신경을 파괴하는 독성 물질이 많이 있었다고 생각해보자. 그랬다면 어떤 일이 벌어졌을까? 어쩌면 그 물질은 LSD와 비슷한 물질이었는지도 모른다. 그렇다면 그 맥각에 감염된 호밀을 먹은 사람들은 단체로 정신이상을 일으키며 이상한 행동을 하게 된다. 그러다 일정 시간이 지나 독성 물질이 배출되고 중독에서 벗어나면 사람들은 원래 상태대로 돌아갔을 것이다. 확인할 수야 없는 노릇이지만 그와 비슷한 맥각 곰팡이가 어찌저찌 조선에까지 퍼져왔다는 가정도 한번 해보자. 조선 사람들은 유럽 사람들에 비해 호밀을 주식으로 먹지는 않지만, 호밀이나 맥각이 잘 감염되는 농작물을 이용해서 특별하게 만든 과자나 별미로 만든 국수, 혹은 술이 약간 유통되었을지 모르겠다. 그렇다면 유럽에서는 주식으로 호밀을 먹으니 마을의 여러 사람들이 다 같이 중독되겠지만, 조선에서는 어떤 과자 가게나 술집에서 오염된 호밀로 만든 술을 마신 몇몇 선비들을 중심으로만 환각제 중독 현상이 벌어졌을 수 있지 않을까? 주식으로 먹은 것은 아니니 그 양이 많지는 않아, 어쩌면 술을 한잔 마시고 하룻밤 광란의 잔치에 휩싸여 있다가 슬슬 환각에서 헤어나면 다시 제정신으로 돌아오는 일이 반복되었을지도 모른다.

상상 속의 이야기일 뿐이지만, 16세기 조선의 몇몇 타락한 선비들은 그렇게 우연히 맥각 중독으로 만들어진 환각제 성분의 음식에 탐닉했을지도 모를 일이다. 그것이 사실이라면 악마나 마귀가 따로 있는 것이 아니라 사람의 정신을 갉아 먹는 마약이 바로 악마 역할을 한 것이고, 나라가 망할 징조 역할을 한 것이다. 곰팡이 학자 신현동 교수는 저서 《곰팡이가 없으면 지구도 없다》에서 1950년 덴마크에서 발견된 고대의 시신에서 다량의 맥각이 발견된 사례를 소개했는데, 이것이 맥각을 이용해 고대 덴마크인들이 환각 축제를 벌였고 그 정신 이상 상태에서 사람의 목숨을 바치는 무시무시한 의식을 치른 흔적으로 추정된다고 설명하기도 했다.

시시버섯과 광대버섯의 공포

곰팡이 부류의 생물들은 유독 이상한 물질을 잘 만들어내는 습성을 갖고 있는 것 같다. 가까운 사례로는 효모를 꼽을 수 있다. 효모는 술을 만들 때 자라나는 미생물로, 곰팡이에서 멀지 않은 생물이다. 대체로 효모, 곰팡이, 버섯 등을 묶어서 진균류 또는 균류라고 분류하는데, 진균이라는 말이 버섯과 곰팡이의 통칭이므로 넓은 범위에서 곰팡이류라고 해도 틀린 건 아니다.

효모는 그냥 두면 그대로 썩어갈 과일이나 곡식 속에서 살면서 그 음식 속의 당분을 갉아 먹고 대신 에탄올을 내뿜는다. 에탄올은 LSD에 비해서도 극히 단순한 물질에 지나지 않는다. 하지만 에탄올, 그러니까 술 성분을 사람이 소량 들이마시면 술 취한 상태가 된다. 정신이 몽롱해지고, 감정 상태가 바뀌기 쉬워지며, 뇌세포가 망가진다. 따져보면 균이 어떤 생물이 살면서 술을 내뿜는다는 것도 괴이한 일이다. 에탄올은 아주 불이 잘 붙는 연료다. 질척거리는 음식물 속에 사는 눈에 보이지도 않는 곰팡이류의 생물이 그 속에서 저절로 불덩어리를 만들 수 있는 물질을 만들어낸다는 사실은 무척 재미있는 현상이다.

된장이나 간장을 만들어 먹기 위해 메주를 만들어 발효시킬 때도 곰팡이가 중요한 역할을 한다. 된장과 간장의 그 묘한 맛은 곰팡이가 메주 성분을 갉아 먹고 살면서 주위에 내뿜고 다니는 여러 가지 물질들이 만들어내는 맛과 향의 결과라고 보아도 좋다.

곰팡이 중에서는 다른 생물은 공격하지 않고 세균만을 공격하는 독특한 물질을 뿜어내는 것들도 있다. 가장 잘 알려진 것이 푸른곰팡이류인데, 여기에서 추출한 물질을 이용해서 개발한 세균 퇴치 항생제가 바로 페니실린penicillin이다. 페니실린을 사람에게 먹이면 그것은 사람 몸은 건드리지 않고 사람에 빌붙어 사는 세균만을 골라서 녹여버린다. 약품에 눈이 달린 것도 아니고 코가 달린 것도 아닐 텐데 어떻게 세균만 골라서 공격할 수 있는 것인지, 처음 페니실린을 발견했을 때 사람들은 굉장히 놀랐다. 페니실린 이외에도 곰팡이류의 생물에서 특수한 물질을 뽑아내 여러 가지 특별한 역할을 하는 약을 만들어낸 사례는 여럿 있다.

별로 과학적인 이야기는 아니지만 이런 곰팡이류 생물의 특성은 다른 생물의 잔해와 쓰레기를 분해해서 먹고 사는 습성 때문일지도 모른다는 생각도 가끔 해본다. 곰팡이는 식물처럼 광합성을 해서 햇빛으로 스스로 영양분을 만들어내는 재주도 갖고 있지 않고, 그렇다고 동물처럼 다른 생물을 잡아먹을 줄도 모른다. 그저 흙바닥, 돌 틈, 쓰레기 더미 사이에 퍼져 살면서 어떻게든 그 안에서 버티며 먹을 것을 찾아야 한다. 그렇다 보니 다양한 재질을 이리저리 분해하고 가공하고 재활용해서 살아남는 수밖에 없다. 그러다 보니 특수한 작용을 하는 특이한 물질들을 갖게 되었고, 더러운 곳에서 같이 경쟁하며 사는 다른 생물들 사이에서 살아남기 위해 이상한 물질들을 뿜어내게 된 것 아닐까? 아닌 게 아니라 곰팡이류 중에는 나무를 이루고 있는 튼튼하고 질긴 성분인 리그닌lignin 같은 재질조차도 분해할 수 있는 강력한 물질을 갖고 있는 것들이 있다. 도저히 먹을 게 없으니 썩어가는 나무토막이라도 먹고 살아야겠다는 끈질긴 곰팡이들이 리그닌마저 소화시킬 수 있는 약을 개발해낸 셈이다.

그렇게 생각해보면, 곰팡이와 같이 진균류로 분류되는 버섯 속에도 특이한 물질이 들어 있는 경우가 많다는 것을 충분히 짐작해볼 수 있다. 조금만 먹어도 사람을 죽게 만드는 독버섯들이 세상에 그렇게나 많다는 것도 따지고 보면 사람의 치명적인 약점과 같은 부분을 하필 정확히 공격하는 특수한 물질이 독버섯의 몸속에서 저절로 생긴다는 의미다. 당연히 버섯 중에는 사람의 뇌와 신경을 공격하는 독을 품고 있는 것도 있다. 이런 버섯을 어쩌다 잘못 먹으면 사람의 정신이 이상하게 변할 수 있다.

한국에서 특히 잘 알려져 있는 것으로는 한문으로 '소심笑蕈'이라고 써서 웃음버섯이라고도 부르는 시시버섯이 있다. 이 버섯을 먹으면 계속 웃게 된다고 한다. 그러니까 버섯에 들어 있는 독 때문에 감정을 조절하고 표현하는 뇌의 한 부분이 망가져 계속해서 웃게 되는 것이다. 《앙엽기》에도 시시버섯이 기록되어 있고, 사람이 실실 웃는 소리를 따서 그 버섯을 '시시버섯'이라고 부른다고 되어 있다. 그러니까 요즘 식으로 말하면 시시버섯은 '히히버섯'이나 '킥킥버섯' 같은 이름인 것이다.

《용재총화》에는 시시버섯과 비슷한 버섯을 먹은 사람들의 모습이 비교적 자세히 묘사되어 있다. 음력 7월경에 주로 여성들이 많이 참여하는 사찰 행사가 있었다고 한다. 그래서 많은 여성이 산속에 있는 사찰에 모여들었는데, 날씨가 더웠던 까닭에 근처의 소나무 숲에서 쉬어가는 사람들이 있었다. 마침 그 소나무 숲에 향기롭고 고운 버섯들이 많이 있어서 그것을 뜯어 요리를 해 먹은 사람들이 꽤 많았다고 한다. 그 버섯 중에 시시버섯 또는 사람의 정신에게 환각을 일으키는 독을 품고 있는 다른 버섯이 꽤 있었다.

《용재총화》의 묘사에 따르면, 버섯을 먹은 사람들 중에는 갑자기 난데없이 노래하고 춤추는 사람도 있었고, 미친 듯이 소리를 지르는 사람도 있었고, 엉엉 우는 사람이나 화를 내며 서로 때리는 사람도 있었다고 한다. 어찌나 기괴한 행동을 하는 사람들이 많았던지, 나중에는 이상한 구경거리가 생겼다고 모여든 사람도 많았다. 그래서 산길이 마치 시장통처럼 북적였다는 것이다. 이 사람들을 치료하러 온 가족 중에는 혹시 귀신이 들려 이런 해괴한 행동을 하나 싶어 푸닥거리를 하면서 귀신을 쫓으려고 하는 사람도 있었다고 한다. 이때 버섯을 많이 먹은 사람은 아예 엎어져 기절했고, 국물만 조금 먹은 사람은 그냥 어질어질하기만 했다는 기록도 있다. 이런 내용은 버섯의 독 때문에 아예 신경이 크게 망가진 사람은 의식을 잃을 정도였고, 반대로 독이 조금만 몸에 들어간 사람은 견딜 만했다는 뜻으로 해석할 수 있을 것이다.

유럽 지역에서는 광대버섯Amanita muscaria 계통의 독버섯이 신경에 영향을 미친다는 사실이 잘 알려져 있다. 아메리카 대륙에서도 사람의 신경을 공격하는 독을 가진 버섯을 일부러 이용하는 경우가 있었다. 예를 들어 옛날 중앙아메리카 사람들 중에는 특수한 버섯을 신통한 약초처럼 활용하여 그것으로 의식을 치르면 그 과정에서 신령과 통할 수 있다거나 악령을 볼 수 있다는 식의 생각을 갖고 있는 민족이 있었던 것 같다.

이와 비슷한 옛 풍습은 중앙아메리카 사람들뿐만 아니라 아시아나 유럽 지역에도 군데군데 있었다. 아마도 그런 옛사람들은 엄숙하게 의식을 행하면서 정성을 기울이면 그 정성에 감동하여 요정이 나타나거나 천사가 내려온다고 믿었던 것 같다. 하지만 사실은 버섯에서 나온 환각 물질 때문에 의식에 참여하면서 그 물질이 든 음식, 술, 연기를 흡수한 사람들이 정신 착란을 일으켜 환각을 보았을 가능성이 높다. 날개 달린 요정의 그림을 그려놓고 그 앞에서 요정이 나타나기를 간절히 빌면서 의식을 행하는 사람들이 여럿 모여 있을 때 다 같이 환각제 버섯이 들어 있는 술을 한 잔씩 마신다면 바로 그 요정이 현실에 나타난 듯한 환각을 경험할 가능성은 커질 것이다.

실제로 몇몇 버섯에서는 실로시빈psilocybin이라는 환각 물질이 발견되었다. 현대에는 이런 버섯들을 유통하는 것은 마약류를 단속하는 법에 의해 금지되어 있다. 그런 만큼 가끔씩 식재료 버섯을 사오는 척하면서 슬쩍 환각제 성분이 들어 있는 버섯을 들여오려다 발각되어 마약 범죄자로 체포되는 사람들의 이야기가 보도되기도 한다. 참고로 버섯에 실로시빈이라는 환각 성분이 들어 있다는 사실을 밝히는 데 큰 역할을 한 학자도 바로 LSD의 창시자로 언급되는 화학자 앨버트 호프만이다.

꼭 버섯이나 곰팡이류가 아니라고 하더라도 산속에는 이렇게 사람의 신경에 악영향을 미치는 독을 품고 있는 물질들이 더 있다. 미치광이풀도 잘 알려진 예다. 미치광이풀은 잘못 먹으면 신경이 마비되어 목숨을 잃을 수도 있는 독초인데, 그렇게 신경을 공격하는 과정에서 사람을 괴상하게 날뛰게 만들

미치광이풀

고 환청이 들리거나 환각을 보게 만든다. 아마 미치광이풀이라는 이름도 그런 증상 때문에 붙은 이름 아닌가 싶다. 화학 연구 결과에 따르면, 미치광이풀에는 아트로핀atropine이 꽤 들어 있다고 한다. 아트로핀은 잘만 사용하면 심장이 천천히 뛰는 사람의 심장을 빠르게 뛰게 만들거나 중독된 사람을 치료하는 약으로 사용할 수도 있는 물질이다. 하지만 잘못 먹으면 신경이 엉망이 되어 목숨을 잃을 수도 있다.

이 외에도 산속에서 환각을 일으키는 이상한 식물, 버섯, 곰팡이를 잘못 먹은 사람들이 환각에 취해 이상한 체험을 하거나 괴상한 행동을 할 가능성은 얼마든지 있다. 예를 들어 깊은 밤 산속을 가던 중 갑자기 산에서는 결코 만날 수 없을 것 같은 이상한 복장의 사람을 만났는데 그 사람이 머리를 풀어헤치고 웃고 있었다든가, 아니면 갑자기 팔을 휘저으며 통곡했다는 부류의 옛이야기는 여럿 있다. 이런 이야기에서는 그런 사람의 정체를 귀신이라고 하기도 하고, 여우가 사람으로 변신해 홀리는 것이라고 하기도 한다. 그렇지만 그보다는 산에서 버섯이나 나물을 잘못 캐 먹는 바람에 환각을 보며 이리저리 떠돌아다니고 있는 사람일 가능성이 더 크다고 생각한다.

비슷한 맥락으로 속세와의 인연을 끊고 산에 들어가 살다가 신선이 되었다거나 도사가 되었다는 전설 역시 적어도 그중 일부는 사실 버섯이나 독초에 관한 이야기로 다시 파헤쳐 볼 수 있을 것이다. 조선시대 이전 기록에 나오는 그런 사람들에 대한 전설 중에는 그들이 화식을 하지 않는다고 하여 산에서 구할 수 있는 나무 열매나 산나물 같은 것만을 먹고 살았다는 이야기가 많다. 그렇다면 그 사람들 중 일부는 독버섯이나 독초를 잘못 먹은 사람도 있었을 것이다. 그러면 그 사람들은 환각 속에서 도술을 사용하거나, 하늘을 날아다니거나, 천상 세계에서 내려온 신령과 이야기를 나누는 체험을 했을 것이다. 주변 사람들이 그 사람과 대화하게 된다면, 그는 도저히 보통 사람은 상상할 수 없는 환상적인 체험에 대해 이야기를 늘어놓을 것이다. 그러면 사람들은 그가 정말 도술을 깨우쳤다고 믿을지도 모른다. 그게 아니라도 그 사람은 정신 착란 상태에서 보통 사람은 도저히 이해할 수 없는 신비로운 말을 할 수도 있고, 어쩌면 보통 사람은 감히 두려워서 하기 힘든 말을 할지도 모른다. 예를 들어 임금에 대한 거침없는 비판이나 이러다가 나라가 망한다는 이야기를 스스럼없이 할지도 모른다. 중독 때문에 공포심이 없어진 상태일 수 있기 때문이다. 그렇다면 그런 이야기를 들은 사람들은 과연 그 사람이 보통 사람의 경지를 넘어서는 신비로운 상태에 도달했다고 생각할 수도 있다.

게다가 그런 신선 같은 사람을 찾아 제자가 된 사람이 있었다고 생각해보자. 그러면 그 제자가 같이 살면서 비슷한 것을 먹다가 자신도 환각 체험을 하는 일도 생긴다. 그러면 환각을 경험하는 제자는 신선이나 다름없는 스승님의 가르침을 열심히 따른 결과 드디어 자신 역시 득도했다고 생각하게 된다. 그러면 제자는 스승을 더욱 칭송하게 되고, 사람들은 그들의 굳은 믿음을 보며 그들이 따르는 스승은 정말로 도술이 뛰어난 사람이 맞다고 더욱 믿게 될 것이다. 그러나 사실 그 제자의 체험은 세상의 이치를 깨달아서도, 도술을 익혀서도 아니고 그저 몸속에 실로시빈이나 아트로핀이 조금 들어와 일어난 일일 뿐인 것이다.

그러고 보면 과거 유럽에서는 마녀들이 마법의 연고를 만들어 그것을 몸에 바른다는 식의 이야기가 많이 퍼져 있었다. 주술에 밝았던 몇몇 사람들이 사용하던 마법 연고의 재료 중에 환각을 일으키는 독버섯이나 독초가 있었다면 그것으로 만든 연고를 통해 피부로 그 성분이 흡수되었을 것이다. 그중에 환각 성분이 있었다면 그 연고를 사용한 사람들은 괴상한 환각을 체험했을 수 있다. 어떤 사람들은 악마나 악령과 만나는 체험을 하기도 했을 것이고, 어떤 사람들은 빗자루를 타고 하늘을 날아다니는 경험을 했을지도 모른다. 그 정도까지는 아니라 해도, 환각 상태에서 감히 보통 사람은 불경스럽다고 생각해서 입에 담지 못하는 종교에 대한 비판이나 종교인에 대한 욕설을 늘어놓는 사람도 있었을 것이다. 당시 유럽 사회에서는 그런 행동을 하는 사람은 마녀가 분명하고 악마에 씌어서 이런 악한 행동을 하는 것이라고 비난했을 것이다.

이런 이야기는 어디까지나 짐작일 뿐이다. 실제로 한국의 신선이나 유럽에서 마법을 사용했다고 하던 사람들 중 일부가 버섯이나 독초를 잘못 먹고 신경이 망가진 사람이었을 거라는 생각은 지금에 와서 증명하기는 힘들다. 그렇지만 그것이 만약 사실이었다면, 비슷하게 신비한 환상을 경험한 사람을 놓고 한국에서는 진리를 깨달은 신선이었을 거라는 이야기가 퍼졌고, 유럽에서는 악마와 거래한 마녀였을 거라는 이야기가 퍼졌다는 말이 된다. 이런 극적인 대조도 문화의 차이였을까 싶다.

흉가의 비밀

1990년대 이후 미국에서는 '헌집증후군sick building syndrome'

이라고 하는 이상한 현상이 드문드문 화제일 때가 있었다. 주로 낡고 오래된 집에서 발생한 현상인데, 그 집에 머무는 사람들이 별다른 이유 없이 몸이 아프게 되는 현상을 말한다. 옛이야기 속에 등장한다면, 무시무시한 유령이 머물고 있는 흉가가 있는데 그 흉가에 사람이 들어가면 유령은 자기가 사는 곳을 침해당했다고 여겨 그 사람을 괴롭힌다는 설명이 잘 들어맞을 만한 내용이다. 그런데 최근에는 헌집증후군의 원인으로 유령이 아니라 곰팡이가 지목받고 있다.

낡고 헌 집에 곰팡이가 잘 생길 수 있다는 것은 당연한 사실이다. 그런데 그렇게 생기는 곰팡이 중에 독검댕곰팡이 Stachybotrys chartarum 같은 것들은 사람이 들이마셨을 때 실제로 사람의 몸을 아프게 하는 독성 물질을 뿜어낼 수도 있다. 그러므로 독검댕곰팡이를 비롯한 유독성 곰팡이가 헌집증후군을 일으킨다는 이론은 요즘 종종 언급되고 있다. 트리코테신trichothecene 계통의 성분 또한 곰팡이가 뿜어내는 물질 중에 독이 있는 것으로 손꼽히는데, 트리코테신 가공품 중 일부는 아예 사람을 살해하기 위한 군사 무기로 사용되는 것도 있을 정도라고 한다. 그렇다면 특수한 곰팡이가 가득 피어 있는 낡은 집이나 흉가에 들어갔을 때 그 곰팡이가 뿜어놓은 물질 때문에 사람이 중독된다는 것은 가능성 있는 이야기라고 볼 만하다.

설령 사람을 바로 아프게 할 정도의 곰팡이는 많지 않다고 하더라도 관리되지 않는 흉가에 사람에게 병을 일으킬 수 있는 각종 세균, 바이러스, 기생충, 해충이 살고 있을 가능성은 얼마든지 있다. 게다가 오래된 흉가일수록 벽이 무너진다든가 지붕이 내려앉을 위험이 있을 가능성도 높아진다. 그러므로 세상에 유령이 없다고 하더라도 굳이 오래된 흉가라고 알려진 곳에 가는 것은 피하는 편이 좋을 것이다. 게다가 유령이 사는 곳이건 아니건, 남의 소유인 땅에 함부로 들어가면 그 자체로 범죄다. 유령과 관계없이 대한민국 사법당국으로부터 처벌을 받을 수 있다.

7장

우물의 망령을 물리치는 EDTA

로마 황제들은 무엇에 씌었을까

로마 제국의 사치스러운 황제들이 이해하기 어려운 행동을 하며 살았다는 이야기들 중에는 이상한 것들이 많다. 그중에는 영화나 소설을 통해 널리 알려진 것들도 많다. 예를 들어 칼리굴라 황제가 병을 앓고 나더니 갑자기 많은 사람을 처형했고, 자신이 신이 되었다고 생각하여 로마의 신들과 같은 옷차림을 하고 다녔다는 이야기는 유명하다. 진위 여부를 떠나서 많은 사람을 놀라게 한 악명 높은 이야기다.

네로 황제가 자신이 위대한 예술가라는 생각에 빠져 황제 신분으로 노래 자랑 대회나 시 낭송 대회에 열심히 참여했다는 것은 여러 기록을 살펴볼 때 거의 명백한 사실로 보인다. 동시에 네로 황제는 죄인들을 사자 같은 맹수에게 던져주고 잔혹하게 희생되는 장면을 경기장에서 시민들에게 구경거리로 보여주는 사악한 정책으로 잘 알려진 인물이다. 그렇기에 그런 사람이 섬세한 감정을 노래하는 가수나 시인으로 인정받고 싶어 안달했다는 사실이 더 괴상하게 느껴질 만하다.

코모두스 황제의 행동도 괴상하기로 유명하다. 함부로 사람을 처형하거나 엉뚱한 데 엄청난 돈을 써 사치를 부린 정도라면 다른 이상한 황제들과 크게 다를 바가 없겠지만, 그는 자신이 신화 속 영웅인 헤라클레스라는 생각에 빠졌다. 헤라클레스가 신의 섭리로 다시 세상에 태어나게 되었는데, 그 사람이 다름 아닌 자기 자신이라고 믿은 것이다. 코모두스 황제의 모습을 표현한 조각상이 지금도 전해 내려오고 있는데, 그것은 고대 그리스 로마 문화의 상징이라고 할 수 있는 월계관을 쓴 모습도 아니고, 그렇다고 멋진 갑옷과 투구로 치장한 모습도 아니다. 그 대신 황제는 곰의 머리통 가죽을 뒤집어쓴 해괴한 모습으로 조각상의 모델이 되었다. 그런 꼴로 황제의 모습을 조각하게 한 이유도 바로 코모두스 자신이 보통 사람이 아닌 신의 아들, 헤라클레스라고 생각했기 때문이다.

고대 로마 제국에는 지금의 국회와 비슷하게 로마의 유력자와 실력자들이 모여 나랏일을 의논하는 원로원이라는 기관이 있었다. 로마 제국의 가장 높은 공직자나 황제를 견제할

코모두스 황제의 조각상

수 있을 만한 세력가들이라고도 할 수 있는 사람들이 모인 곳이다. 그런데 코모두스 황제는 무슨 생각을 했는지, 머리 없는 타조 사체를 어디에선가 구해서 그것을 직접 들고 원로원에 들어갔다고 한다. 그러면서 원로원 사람들에게 자신에게 충성하지 않으면 "이 꼴로 만들어버리겠다"라고 엄포를 놓았다. 목을 날려버리겠다는 무시무시한 협박이었는데, 황제가 흔한 동물도 아니고 어디서 구했는지도 알 수 없는 타조를 갑자기 들고 나타나 그런 소리를 한다는 것은 정말 이상한 일이었다.

상투적으로 사용하는 표현으로 '상상도 할 수 없는'이라는 말이 있는데, 사람이 그저 난폭하다는 것은 상상은 할 수 있는 행동이지만 타조 사체를 들고 원로원에 뛰어드는 행동은 상상도 할 수 없는 행동이다. 당시 원로원 사람들도 보통은 아니었는지, 그 이상한 광경을 보고 어떤 사람은 어이가 없어서 웃음이 터져 나와 그것을 참으려고 애썼다는 이야기도 있다.

코모두스 황제에 관한 이야기 중에 가장 유명한 것은 검투사가 되었다는 사실이다. 고대 로마시대에는 목숨을 걸고 칼이나 도끼 같은 무기를 들고 사람이 싸우는 장면을 많은 관객들이 재미 삼아 지켜보곤 했다. 이런 검투사 시합은 로마 문화를 상징하는 장면으로 영화나 소설에서도 자주 다룬 내용이다. 로마시대의 검투사 시합이 무조건 상대방을 살해하는 잔혹한 것만은 아니었다고 할지라도 가끔 현대인의 생각을 훌쩍 뛰어넘을 정도로 괴상한 시합이 벌어졌던 것도 사실이다. 그러다 보니 검투사 시합은 긴 세월 로마 시민들을 열광시킨 관심사였고, 자신이 영웅 헤라클레스라고 생각했던 코모두스 황제는 검투사 시합에서 직접 자신의 싸움 솜씨를 보여주어야겠다는 황당한 생각에 빠져들었던 것 같다.

코모두스 황제는 이런저런 죄로 수감된 죄수들을 불러 자신과 대결하도록 명령했다고 한다. 죄수들이 다들 전문적으로 싸우는 훈련을 받은 사람들이었던 것도 아니고, 대부분은 수감 생활 중에 몸이 쇠약해진 상태였을 것이니 항상 무예 훈련을 중시하는 황제와 싸우면 별 저항도 하지 못하고 목숨을 잃는 경우가 많았을 것이다. 그러나 아무리 상대가 황제였다고 해도 목숨을 걸고 싸우는 것이니 죄수들 중에도 꽤 격렬하게 싸우는 사람도 있지 않았을까 싶은데, 기록을 살펴보면 코모두스 황제는 대부분의 검투사 시합에서 압도적인 승리를 거두었던 것으로 보인다. 그러니 그의 정체가 헤라클레스일 리는 없다고 해도 무예가 꽤나 뛰어나긴 했던 것 같다.

그래서였는지 그는 사람을 무기로 공격하는 것이 말 그대로 취미인 이상한 생활을 계속해나갔다. 그와 관련된 괴상한 기록 중에는 곰과 싸우는 대결을 펼치기도 했는데 그렇게 해서 무찌른 곰이 무려 100마리에 달했다는 내용도 있다. 황제와 싸우는 것이니 아무래도 새끼 곰을 주로 적으로 내보내지 않았을까 추측해볼 수 있고, 그게 아니라도 어떻게 해서든 여러 방법으로 위험성을 줄인 곰을 적으로 내보냈을 것 같기도 하다. 그러나 그렇다고 하더라도 곰 100마리를 자기 힘으로 물리친 것은 대단히 놀라운 행동이다. 무엇보다도 도대체 그런 길고도 쓸데없는 살육 행위를 왜 해야 하는지 도무지 이해할 수 없다는 점에서 특히 놀랍다. 로마시대의 검투사라고 해도 스파르타쿠스 같은 인물은 노예 신세로 검투사가 되었다가 자유를 얻고자 처절하고도 비극적인 반란을 일으켜 역사에 흔적을 남기기도 했다. 코모두스 황제의 행동들을 보면 황제의 인생 전체가 스파르타쿠스의 저항에 대한 비열한 조롱처럼 느껴지기도 한다.

그러나 로마 제국의 이상한 황제들 중에서도 가장 이상한 황제로는 역시 엘라가발루스 황제를 빼놓을 수 없다. 아마 로마 역사에 관심이 있는 사람들이라면, 아무리 칼리굴라, 네로, 코모두스가 이상한 일을 많이 했다고 해도 이상하기로 치면 엘라가발루스가 최고였다는 데 대부분 동의할 것이다.

10대 후반에 황제가 된 엘라가발루스는 그 등장부터가 이상했다. 그는 거대한 검은 돌덩어리 하나를 가져와서 그것이 신이나 다름없다고 믿었다. 당장 여기서부터 다들 황당하다고 생각했을 것이다. 엘라가발루스 황제의 정식 칭호는 사실 마르쿠스 아우렐리우스 안토니누스 아우구스투스였지만 그가 엘라가발루스라는 별명으로 훨씬 더 유명한 것은 그가 믿었던 신이 바로 엘라가발루스였기 때문이다. 옛날 서아시아와 지중해 지역의 신들을 보면 '바알Baal'이 신의 호칭으로 등장할 때가 종종 있다. 그런데 엘라가발루스라는 이름을 대략 해석해보면, '엘라가'의 '바알'이라는 뜻이 되는데 엘라가는 태양을 의미하므로 엘라가발루스는 바알 중에서도 태양의 바알을 뜻한다. 바알에 관한 이야기들이 후대에 유럽으로 건너가 전해진 기록을 보면 대체로 사악한 신의 호칭으로 불린 이야기들이 많아서, 요즘의 공포영화를 보면 바알을 숭배하는 사람들은 사악한 악당이거나 마귀를 떠받드는 무서운 사람들이라는 이야기가 나올 때가 많다. 〈디아블로 II〉나 〈엘더스크

롤〉 시리즈 같은 컴퓨터 게임에서도 바알이라는 이름은 주인공이 물리쳐야 하는 사악한 악당 이름으로 등장한다.

단, 고대 로마시대에도 바알이라는 칭호로 불린 신이 무조건 사악한 신이라고 단정하는 것은 오류다. 하지만 적어도 당시 대다수 로마 시민들에게 태양의 바알, 즉 엘라가발루스가 친숙하고 친근한 믿음의 대상은 아니었을 것이다. 몇몇 기록에서는 엘라가발루스가 바알 신을 섬기는 의식을 치르기 위해 사람의 목숨이나 몸 일부를 제물로 바쳤다는 이야기도 보인다. 아무리 피 튀기는 검투사 경기를 즐겼던 로마 시민들이라고 하더라도 이런 의식을 건전한 예의범절이라고 생각하지는 않았을 것이다. 그런데 엘라가발루스가 괴상한 신을 믿었다는 것은 당시 기준으로 그나마 가장 덜 이상한 행동이었다.

엘라가발루스는 인간의 역사에서 가장 이해할 수 없는 괴상한 행동을 재미 삼아 즐겼다. 그는 특히 질탕한 저녁 식사 모임을 대단히 좋아했는데, 여기서 '질탕하다'는 것은 그저 쾌락과 무절제로 넘치는 정도의 의미를 초월한다. 가장 널리 알려진 사건으로는 꽃 퍼붓기가 있다. 그는 저녁 행사에서 꽃을 많이 뿌리면 멋질 거라고 생각했는지 어마어마하게 많은 꽃을 소나기처럼 뿌리라고 지시했다. 어쩌면 그런 작업을 위해 어떤 전용 장치 같은 것을 대규모로 가동했는지도 모르겠다. 이때 쏟아진 꽃의 양은 터무니없이 많았던 것으로 추정된다. 그 꽃에 묻혀 질식해 사망한 사람이 나올 정도였다고 한다. 이

로렌스 앨마 태디마, 〈엘라가발루스의 장미〉(1888)

사건은 19세기 후반에 로렌스 앨마 태디마가 그린 〈엘라가발루스의 장미〉으로도 잘 알려져 있다. 제정신이라고는 할 수 없는 놀이의 세계를 탐닉하고 있는 엘라가발루스를 표현하는 동시에 꽃들이 휘몰아치는 환상적인 모습을 아름답게 그려낸 그림이다.

그 외에도 엘라가발루스는 사람들이 잠이 들면 사자나 호랑이 같은 맹수 옆에 옮겨놓도록 지시했는데, 그 맹수들은 사실 온순하게 길들인 것이라서 그는 사람들이 깨어나 놀라는 모습을 재미있는 장난이라고 생각했다. 그는 무슨 이유에서인지 부하들에게 거미줄을 수집해오라고 명령을 내리기도 하고, 사람들을 식사에 초대해놓고 유리로 만든 음식을 대접한 뒤 당황한 모습을 구경하며 좋아한다든가 하는 등의 별별 엉뚱한 짓을 끊임없이 계속했다. 그런 말도 안 되는 일들을 하며 제국의 부를 소모한 그의 집권은 4년간 지속되었는데 결국 견디다 못한 부하들이 그를 살해했다고 한다.

도대체 로마의 황제들 중에는 왜 이렇게 이상한 사람들이 많았던 것일까?

어느 나라건 왕조가 길게 이어지다 보면 신분제 사회로 운영되는 전제군주 국가에서 간혹 난폭한 짓을 일삼는 악당 같은 인물이 임금이 될 때가 있다. 예를 들어 조선은 예의범절을 중시했고, 거의 이념에 가깝게 효를 중시하던 국가였다. 그런데 그런 나라에서도 연산군같이 대단히 악랄한 행동을 저질렀던 임금이 나타났다. 그런 것을 보면 사람의 혈통을 기준으로 한 사람을 나라의 대표로 삼고, 그는 보통 사람과는 다른 사람이니 모두가 복종해야 한다는 군주제는 문제가 있어 보인다. 요즘 민주주의 사회의 시각으로 생각해보면 군주제는 결국 이상하게 흘러갈 수밖에 없는 제도인 것 같다.

그렇다 하더라도 로마 제국의 황제들 중 더욱 과하게 이상한 사람들이 많았던 것은 사실인 듯하다. 황제들뿐만 아니라 로마 제국의 보통 사람들 중에도 괴상한 행동에 빠졌던 인물들이 자주 출몰했다. 특히 로마 제국의 국력이 약하고 학문이 부족했던 초창기나 중반기보다 오히려 부유하고 기술이 발달한 후반기로 갈수록 부유층에 어딘가 맛이 간 것 같은 사람들이 많이 나타났다.

도대체 그 원인은 무엇일까? 어떤 사람들은 임금 같은 절대 권력자가 없었던 공화정 시기의 로마 제국 정치 체제는 훌륭했지만, 율리우스 카이사르 이후 황제를 세우는 제국으로 변하면서 정치 제도가 무너졌고 그 때문에 로마 제국이 쇠약해지면서 모든 풍속이 퇴보했다고 주장하기도 한다. 또 어떤 사람들은 로마 제국의 종교에 대한 생각이 전환되어가는 과정에서 사람들 사이에 갈등이 생긴 것이 문제라고 주장한다. 사상이 바뀌어가는 과정에서 여러 가지 이상한 생각들이 오락가락하며 로마 제국이 멸망으로 치달았다고 보기도 한다. 로마 제국의 경제 제도에 문제가 있었기 때문에 부유함을 도저히 감당할 수 없을 만한 몇몇 갑부들과 비참한 생활에 빠져 있었던 노예들의 처지에 극심한 차이가 생겼고, 그런 차이가 로마 사회를 병들게 한 가장 큰 원인이라고 주장하는 글을 읽어본 적도 있다.

그런데 또 다른 원인으로 납은 어떨까?

1980년대 초, 제롬 느리아구Jerome Nriagu와 같은 학자들은 고대 로마시대 사람들은 납을 이용해서 그릇이나 여러 가지 도구를 많이 만들었는데 그 때문에 음식에 납이 녹아 들어가 납을 많이 먹게 되었고, 이로 인해 몸이 병들었을 수 있다고 주장했다. 사람의 몸에 납이 포함된 물질이 너무 많이 들어오면 납 중독이 일어나 몸이 쇠약해진다. 보통 납 중독의 정도가 약할 때는 배가 불편하거나 복통을 겪는 증상이 가장 흔하고, 심한 경우에는 식욕 부진, 현기증, 구토를 겪게 된다. 근육이 쇠약해지는 것이나 관절통, 권태감, 불면증, 어지러움도 대표적인 증상으로 알려져 있다. 사람들이 이런 증세를 겪게 된다면 아무래도 신경이 날카로워지고, 성격이 바뀌며, 평소와 다른 행동을 할 수밖에 없다. 더구나 납 중독이 심각해지면 뇌가 손상되는 경우도 일어날 수 있다. 눈에 보이는 현상으로는 전신 경련이 있기도 하는데, 그런 일이 일어날 정도라면 사람의 뇌에서 일어나는 또 다른 기능들을 망가뜨리는 현상도 일어날 수 있을 것이다. 명확히 로마 제국의 황제 중 누가 납 중독에 걸렸다고 지목할 수는 없겠지만, 납 중독의 영향으로 무엇인가 이해할 수 없는 판단을 하게 되었다거나 엉뚱한 믿음을 갖게 된 사람이 있었다는 상상은 한번 해봄직하다.

물론 쉽게 단정할 수는 없다. 제롬 느리아구가 최초에 제안한 이론에 대해서는 여러 반박도 있다. 로마 제국 사람들이 사용한 납으로 된 도구들이 심각한 납 중독 현상을 일으킬 정도로 위험하지는 않았다는 의견도 있다.

그러나 꼭 로마 제국이 아니라도 정부와 공공기관의 과오로 사람들이 납 중독으로 고생하는 일은 분명히 일어날 수 있다. 예를 들어 페인트나 색깔을 집어넣은 물체에 납 성분이 많이 섞여 있을 때는 미세하게 벗겨져 나오는 건물의 페인트 조각을 사람이 들이마셨다가 그 속의 납 성분이 몸에 쌓여 납 중독 증상을 일으킬 수도 있다. 서울대학교병원 자료를 보면, 1960년대 미국에서 이런 식으로 납 중독의 피해를 입은 어린이의 숫자가 5만 명에 달했을지도 모른다는 내용도 실려 있다.

그 외에도 이런 사례는 많다. 1990년대 초까지 한국에서는 유연휘발유라고 하여 자동차 엔진에 넣었을 때 성능을 더 좋게 할 수 있도록 납 성분이 들어간 첨가제를 넣은 휘발유를 팔았다. 이 휘발유를 넣은 자동차들이 다니면서 매연을 뿜어내면, 매연 속에는 납 성분이 들어 있을 수밖에 없고 그 납 성분을 근처 사람들이 들이마시게 된다. 이 시기에는 주유소에 가면 휘발유 중에는 유연휘발유가 있고 무연휘발유가 있었는데, 여기서 연鉛이라는 말이 바로 납이라는 뜻이다. 무연휘발유는 납 성분이 들어 있지 않은 휘발유라는 뜻인데, 지금은 그런 구분이 없는 것은 이제는 유연휘발유를 함부로 쓰면 공기가 납 성분으로 오염된다는 사실이 알려져 무연휘발유만을 팔게 되었기 때문이다. 또 납을 다루는 공장과 회사에서 일하는 사람들은 몸에 납이 들어올 가능성이 더 높다. 1990년에 보고된 납 중독자는 100명이 넘었다고 하는데, 그렇다면 이유 없이 몸이 안 좋았던 사람들 중에 밝혀지지 않은 납 중독자는 그보다 많았을 거라고 추측해볼 수 있다.

최근의 사건 중에는 미국 플린트 시의 수돗물 오염 사태도 이와 깊이 연관된 사례로 볼 수 있다. 플린트 시는 2014년 임시 조치로 플린트 강의 물을 끌어다 수돗물로 쓰는 정책을 추진한 일이 있었다. 플린트 강의 수질이 나쁘기는 했지만, 플린트 시 당국은 적당한 처리를 거치면 사람이 사용할 수 있는 수준의 수돗물을 만들어내는 것이 가능하다고 보았다.

그런데 그렇게 해서 공급된 물이 약간의 산성을 띠게 된다는 점이 문제였다. 산성이 있다고 바로 사람의 몸에 무조건 나쁜 것은 아니다. 사람은 산성을 띠는 새콤한 오렌지주스나 시큼한 김치를 일부러 먹기도 하니까 수돗물이 약간 산성을 띤다는 것만으로는 즉시 크게 위험해지지는 않는다. 문제는 산성을 띠는 물이 여러 집들의 배관을 흘러다니는 와중에 납 성분을 사용한 배관이 있다면 그 납을 녹여낼 수 있다는 데 있었다. 관과 관 사이의 연결 부위나 땜질을 해야 하는 부분에 납이 사용되지 않았을까 싶은데, 그런 배관을 통과한 산성 물을 마시는 사람은 자기도 모르게 그 물에 녹아 있는 납도 같이 마시게 된다. 특히 어린이들은 납 중독에 취약하므로 이런 물을 마시고 몸에 여러 종류의 피해를 입게 될 가능성이 생긴다. 그렇다면 플린트 시에 사는 3만 명의 어린이 중 일정 수는 피해를 입었을 것이다.

플린트 시에서는 결국 수돗물을 얻어오는 곳을 바꾸고, 납이 든 성분을 최대한 PVC 같은 안전한 플라스틱으로 바꾸는 등의 대책을 세웠다고 한다. 그러나 그사이에 이미 상당한 기간 동안 플린트 시에서는 기준치를 초과하는 납이 포함된 물이 공급되었다. 사건은 대형 사고로 부상했고, 결국 사건 발생

7년 만인 2021년 11월에 당국이 시민들에게 7400억 원의 배상을 해야 한다는 법원 중재 판결이 났다.

납 중독의 위험에 대해 뻔히 잘 알고 있는 현재에도 당국의 실수로 이런 대형 사고가 발생하는 것을 보면, 납이 사람의 몸에 무슨 영향을 끼치는지도 잘 알지 못했던 고대 로마시대에 납에 의한 피해가 발생할 수 있었다는 것은 생각해볼 만한 일이다. 실제로 칼리굴라 시대의 유적과 유물들을 보면 납으로 만든 부품들을 비롯한 납덩어리들이 종종 발견된다. 게다가 과거에는 납이 들어가 있는 아세트산납이라는 물질에서 단맛이 난다고 하여 멋모르고 좋다고 먹던 시절도 있었다. 납으로 된 그릇을 많이 사용하던 로마시대에는 포도주를 납 그릇에 넣어 데우고 끓이다 보면 저절로 포도주에 납이 녹아나면서 아세트산납이 생길 수 있었을 텐데, 그렇다면 포도주가 달콤해져 맛이 좋아졌다면서 즐거워하며 먹었을 것이다.

2019년 스콧Scott 연구팀이 발표한 논문에 따르면, 고대의 시신 중 일부를 조사해본 결과 다른 철기시대의 시신에 비해 로마 제국의 시신은 최대치 기준으로 40배 더 많은 납이 나타났다고 한다. 그렇다면 납 중독의 영향이 어느 정도였는지는 확실히 알 수 없다고 하더라도 적어도 로마 제국 사람들이 납 중독에 걸릴 확률이 더 높았다고 볼 수는 있을 것 같다. 로마의 문화가 발전하는 과정에서는 납으로 만든 다양한 모양의 아름다운 그릇을 사용하고, 납이 들어간 화장품이나 페인트를 사용하고, 납으로 만든 배관으로 흘러 들어오는 물을 이용하는 일들이 더 늘어났을 것이다. 그렇다면 로마 제국이 완성되었을 무렵에는 그 전보다 납 중독에 시달리는 사람들이 더 늘어났을 것이고, 그중 일부는 로마에 해를 끼쳤을 거라고 이야기를 만들어볼 수 있다.

만약 그런 상상과 같은 일이 혹시나 사실이었다면, 로마 제국을 멸망시킨 것은 정치나 종교나 경제의 모순이 아니라, 납이라는 물질에 대한 무지가 될 것이다. 엘라가발루스가 섬겼던 바알이 로마를 병들게 하는 악의 신이었던 것이 아니라, 술잔 속에 찰랑이던 납이 악의 신이었을 수도 있다.

우물에서 기어 나오는 망령

하지만 여전히 로마의 멸망에 납이 어떤 역할을 했다고 장담하거나 로마의 황제 중 누가 납 중독의 피해를 입었다고 명확히 말하기에는 증거가 부족하다. 그렇지만 1980년대에는 이 이야기가 상당한 인기를 끌었다. 특히 당시는 환경 문제에 대한 관심이 빠르게 높아지고 있던 터라 물이나 공기가 오염되어 사람이 피해를 입을 수 있다는 문제를 다루는 매체가 많아지던 시기였다. 내가 이 이야기를 처음 접한 것도 사실 1980년대에 제작된 TV 시리즈에서였다. 당시에는 미국과 캐나다에서 제작된 〈맥가이버〉가 한국에서 굉장히 인기가 많았다.

주인공 맥가이버는 여러 가지 사건에 투입되는 일종의 비공식적인 비밀요원 같은 사람이다. 그런데 그의 가장 중요한 장기는 위기에 처했을 때 여러 가지 과학 원리를 최대한 이용해서 그 위기를 탈출하는 재주에 있다. 예를 들어 〈맥가이버〉에는 맥가이버가 악당에게 붙잡혀 집 안에 감금되었는데 집 안의 세제나 조미료 따위를 섞어 폭탄을 만들고 그것으로 문을 박살내 도망치는 등의 장면이 거의 매회 나왔다. 초반 시즌에서는 내레이션으로 할아버지께서 알려주신 교훈 같은 것을 이상한 농담처럼 읊조리며 과학 원리를 설명하면서 즉석에서 희한한 도구를 만들어 위험에서 벗어나는 모습이 자주 나왔는데, 이런 내용들도 대단한 인기를 모았다. 〈맥가이버〉가 끝난 지 한참이 지난 지금도 한국에서는 접는 칼 하나에 여러 가지 도구가 들어 있는 스위스 아미 나이프라는 물건을 흔히 '맥가이버칼'이라고 부른다. 〈맥가이버〉에서 주인공이 그 도구를 쓰는 모습이 잘 알려졌기 때문이다.

〈맥가이버〉의 시즌 4 첫 번째 에피소드가 〈파커 가문의 비밀〉이었다. 이 이야기에는 〈맥가이버〉에 잊을 만하면 한 번씩 출연했던 신인 시절의 테리 해처가 나온다. 테리 해처는 페니 파커라는 인물로 출연했는데, 이 에피소드에는 파커의 조상이 살던 집이 있고 그 집에서 유령이 출현하는 으스스한 일이 계속해서 일어났다는 사연이 나온다. 바로 그 집에 숨겨진 비밀을 맥가이버가 푸는 것이 이야기의 중심 내용이다. 맥가이버는 그 집에서 발견한 유골을 바탕으로 조금씩 점토를 빚어가면서 그 유골의 살아 있을 때 모습을 복원하는데, 나는 그러한 기술이 있다는 것을 그때 처음 알았다. 복원된 유골의 모습이 테리 해처의 모습과 너무 비슷해서 맥가이버가 놀라는 장면이 나왔던 것도 기억난다.

이야기의 결말 즈음에 맥가이버는 도대체 이 집에서 살던 사람들이 왜 그렇게 유령 이야기에 시달리고 있었는지 그 이유를 알아낸다. 물론 집에 정말로 유령이 머무르고 있었기 때문은 아니었다. 진짜 이유는 집의 배관과 물을 담는 기구가 납으로 되어 있었기 때문이었다. 그 집에 사는 사람들은 그런 기구를 사용해서 물을 마시다가 납 중독에 걸렸고, 그 증세가 심해지면서 몸이 아프다가 나중에는 뇌 손상을 겪은 것이다. 그래서 보이지도 않는 유령이 보인다고 생각하거나 악령이 그 집을 지배하고 있다는 이상한 믿음에 사로잡히게 되었다는 결론이었다.

관점에 따라서는 이런 이야기가 예전부터 한국에서 유행하던 우물 이야기와 닮았다고도 볼 수 있다. 우물에서 무서운 괴물이 나온다거나 귀신이 나온다는 형태의 이야기 말이다. 머리를 길게 늘어뜨린 축축하게 젖은 귀신이 우물 위로 기어 나와 사람을 향해 다가오는 장면이라든가, 깊은 우물을 들여다보았는데 그 안에서 무시무시하게 생긴 손이 불쑥 튀어나와 사람을 끌고 들어가는 장면 같은 것은 한국, 중국, 일본 공포물에서 예로부터 자주 나오던 장면이다. 예를 들어 배우 선우

은숙이 유령으로 출연한 1981년 영화 〈망령의 웨딩드레스〉에도 우물 장면이 나온다.

조선시대 기록 중에도 《용재총화》를 보면 어느 마을에는 우물에 아주 영험하고 힘이 센 신령이 산다고 해서 그 우물에 정성들여 제사를 지내며 의식을 치르곤 했다는 이야기가 실려 있다. 다만 우물에 사는 신령이 꼭 현대의 영화처럼 긴 머리의 여성 모습은 아니었던 것 같다. 《용재총화》의 이야기에서는 그 우물을 메우려고 했더니 우물에서 이유를 알 수 없는 소의 울음 같은 소리가 났다고 쓰여 있다. 현대에 수집한 자료를 수록해놓은 《한국민속문학사전》에는 우물 신령에 대한 전설로 '우룡신 이야기'라는 것이 나와 있는데, 그렇다면 옛사람들은 우물 안에 살고 있는 무서운 신령이 소와 용을 섞은 듯한 모습이라고 생각했던 것인가 싶기도 하다.

우물이 이렇게 무서운 유령 이야기의 대상으로 자주 등장한 것은 과거에 우물은 삶에 필요한 식수를 공급하는 대상으로 귀중하게 관리해야 하는 시설이었기 때문일 것이다. 누구인가 우물에 더러운 물건을 집어넣거나 우물을 망가뜨리면 당장 그 우물물을 먹고 살아야 하는 마을의 사람들이 큰 피해를 입는다. 한 번에 모든 것을 망하게 하는 수작을 일컬어 '우물에 독 풀기'라는 관용어구가 있을 정도다. 그러니 아무래도 우물이 무엇인가 신성하고 위험하고 조심스러운 대상이라는 이야기가 하나쯤 있는 편이 우물을 지키며 살아야 하는 마을 사람들에게도 좋았을 것이다.

한편으로 우물은 생활을 위해 항상 사용해야 하는 대단히 친숙한 시설이면서도 으슥하다는 특징도 있다. 자칫 잘못하면 우물에 빠지거나 장난을 치다가 우물에 해를 입힐 수 있기도 하다. 그렇기 때문에 우물에서 함부로 장난을 치지 말라는 의미에서도 우물에 대한 무서운 이야기가 퍼지면 사람들에게 도움이 된다. 그렇게 생각해보면, 우물에서 귀신이 기어 나온다거나 우물에 한 맺힌 괴물 같은 것이 산다는 이야기는 확실히 인기를 얻고 퍼질 만한 이유가 있는 이야기들인 것 같다.

현대에 유행한 무서운 이야기 중에는 어떤 음식점의 물맛이 이상해서 사람들이 의아해했는데, 알고 보니 그 음식점 건물 옥상에 있는 물탱크에 사람 시신이 빠져 있었다는 식의 이야기가 있다. 더 기괴한 방식으로 변형된 이야기로는 갑자기 사람들이 다들 맛이 좋아졌다고 별미라고 하는 가게가 있는데, 그 가게 건물 옥상에 있는 물탱크에 사람 시신이 빠져 있더라는 식의 이야기도 있다. 이런 이야기들은 과거의 우물이 현대 수도 체계에서 물탱크로 바뀐 형태의 무서운 이야기로 볼 수도 있다.

그런 점에서 현대에도 식수가 어떤 이유로 오염될 수 있다는 위협은 여전히 조심해야 할 문제임이 확실해 보인다. 특히 납 중독과 같은 중금속 오염 문제는 생물을 따라 중금속이 농축될 수 있다는 점 때문에 더욱 경계할 필요가 있다. 오염된 곳의 물을 내가 직접 마시지 않는다고 하더라도 그 물을 마시고 자란 생물을 내가 먹게 되면 그 생물의 몸속에 쌓인 중금속을 내가 먹게 되기 때문이다.

예를 들어 나는 엄격하게 수질이 관리된 생수만 사다 마시며 산다고 하더라도 나라 반대편에서 아무렇게나 더러운 물을 강으로 내다 버리는 지역이 있다고 한다면, 그 강물이 흘러 들어간 바다에 사는 미생물들은 납과 같은 중금속을 먹을 것이다. 먼 바다에 사는 미생물 따위가 내 삶과 무슨 상관이 있을까 싶지만, 그 미생물이 흘러 흘러 물고기들의 먹이가 될 수 있다. 그렇다면 그 물고기들의 몸속에도 미생물이 먹은 납이 쌓인다. 만약 그 물고기들이 잡혀 시중에 유통된다면 나는 생선을 사 먹은 것뿐이지만 더러운 물에 있던 납이 차곡차곡 쌓인 것을 먹게 되는 셈이다.

바로 이런 이유로 식품의약품안전처에서는 생선의 경우 1킬로그램당 중금속이 1만분의 5그램 이하로 나와야만 유통할 수 있도록 기준을 정해서 사람 몸에 해가 없도록 관리하고 있다. 다행히 국내에 유통되는 수산물들은 대체로 관리 기준을 만족한다는 소식이 꾸준히 들려오고 있다. 예를 들어 인천시에서 2021년 12월 23일 발표한 내용에 따르면, 인천시에서 2021년 한 해 동안 유통된 수산물에 대해 455건을 검사한 결과 기준치 위반 사례는 없었다고 한다.

조금 다른 이야기로, 과거에 실제로 가끔씩 우물 속에 사람이 빠지는 사고가 있었던 것처럼 현대에도 아주 가끔 물탱크에서 시신이 발견되는 일이 실제로 있기는 하다. 서울에서도 그런 사례가 있었다. 하지만 그 사건이 일어난 지역 주민들이나 상인들에게 피해가 가면 안 되겠기에 구체적인 사건에 대한 소개는 생략하겠다.

모자 장수와 우물 유령의 관계

중금속 중독 사례 중 수은 중독은 오래전부터 그 위험성이 명확히 확인되어 많은 지적을 받아왔다. 수은은 몸의 여러 곳을 망가뜨릴 수 있는데, 특히 뇌의 기능과 정신에 미치는 영향이 큰 물질이기도 하다.

수은 중독을 상징하는 인물로는 《이상한 나라의 앨리스》에 등장하는 모자 장수가 자주 언급되는 편이다. 이 동화에는 쉽게 떠올리기 어려운 환상적인 이야기들이 가득한데, 그중에서도 가장 인기 있는 등장인물을 골라보라면 많은 사람이 체셔 캣과 함께 모자 장수를 고를 것이다. 그런데 체셔 캣과 모자 장수가 인기 있는 이유는 조금 다른 것 같다. 체셔 캣은 갑자기 나타났다가 사라지는 신비로운 재주로 눈길을 끈다. 그런 습성은 환상적인 이야기에 어울린다. 반면 모자 장수는 도저히 이해할 수 없는 엉뚱한 말을 끝없이 늘어놓는다. 현실에서 완전히 벗어난 정신 상태가 이야기에 이상한 느낌을 더해준다. 모자 장수가 하는 말 중에 가장 유명한 말은 이것이다.

"왜 까마귀는 책상과 비슷할까?"

애초에 까마귀와 책상이 비슷하다는 점을 생각하기도 어려운데, 그 이유를 묻는 질문은 그야말로 밑도 끝도 없다. 당연히 모자 장수가 처음부터 이런 질문을 할 이유도 없다. 뜻을 알 수도 없고 해석할 수도 없다. 저런 말을 하는 이유라고는 오직 그런 말을 할 아무런 이유가 없다는 것뿐이다. 그래서 그를 '정신 나간 모자 장수', 곧 '매드 해터the Mad Hatter'라고 부른다. 그런데 이런 이상한 인물이 하필이면 모자 장수로 등장한 데에 관해 많은 사람의 동의를 받고 있는 해설이 있다. 《이상한 나라의 앨리스》가 출간된 19세기 후반 영국에는 "모자 장수처럼 정신이 나갔다mad as a hatter"라는 말이 사람들 사이에 꽤 많이 쓰이고 있었기 때문이라는 것이다. 그 당시 누가 친절한 갑부집 자식과 결혼하는 것을 거절하고 흉측하게 생긴 강도와 결혼하겠다고 야반도주를 했다고 하면, "그 사람은 왜 그런 짓을 한데? 모자 장수처럼 정신이 나간 거 아니야?"라는 식으로 말했다는 이야기다. 그렇기 때문에 《이상한 나라의 앨리스》에서 모자 장수 모습을 한 인물을 등장시켜 이해할 수 없는 말과 행동을 하는 역할을 시켰다는 것이다.

한국어 표현 중에는 '큰코다친다'는 말이 있다. 말하자면 한국 소설 속에 등장하는 인물 가운데 부주의하게 주식투자를 하다 전 재산을 말아먹은 사람이 있는데 그 사람은 굉장히 큰 코에 상처가 심하게 난 사람의 모습으로 등장한다는 식의 이

영화 〈이상한 나라의 앨리스〉(2010) 속 매드 헤터의 모습

야기가 모자 장수 이야기라는 뜻이다.

여기서 한걸음 더 나아가, 19세기 후반 영국에서는 도대체 왜 '모자 장수처럼 정신이 나갔다'는 말이 자주 쓰였는지를 생각해보면 또다시 '수은 중독'으로 이야기가 이어진다. 당시 영국에서는 모자를 만들기 위한 재료로 쓰는 약품 중에 수은이 들어간 것을 쓰는 곳이 많았다고 한다. 그러므로 모자 만드는 업자들 중에는 수은 중독에 걸려 뇌 손상을 겪어 이상한 행동을 하는 사람들이 꽤 많았던 것으로 추측된다. 도저히 말이 되지 않는 소리만 늘어놓는 등장인물이 하필 모자 장수의 모습으로 등장하게 만든 원인이 바로 수은이었던 셈이다.

수은을 포함한 물질이 몸에 들어오면 여러 곳에서 손상을 일으킨다. 장홍제 교수의 글에 따르면, 수은은 특히 셀레늄을 사용하는 효소의 기능을 막는 반응을 일으킨다고 한다. 셀레늄을 사용하는 효소들 중에는 비타민 C나 비타민 E 등의 화학 반응이 끊임없이 순조롭게 이루어지도록 도움을 주는 것들이 있다. 그러니 반대로 생각해보면 수은이 몸에 들어오면 결국 비타민 C와 비타민 E 등의 화학 반응을 방해하기도 하는 것이다. 특히 비타민 E는 산소가 몸속에 꼭 필요한 화학 물질을 파괴하는 것을 방어하는 역할을 한다. 만약 수은이 들어오면 이런 화학 반응이 잘 일어나지 않아 산소가 몸속의 중요한 화학 물질을 파괴하도록 방치하게 될 것이다. 그렇다면 평소에 산소를 많이 사용하는 신체 부위에서 꼭 필요한 화학 물질이 자꾸 파괴되는 일이 일어날 수 있다. 뇌는 산소를 많이 사용하는 신체 부위이므로 수은이 몸에 들어와 비슷한 일이 벌어진다면 뇌에 꼭 필요한 화학 물질들이 파괴되고 뇌가 손상될 것이다.

요즘에는 모자를 만들다가 수은 중독에 걸리는 일은 거의 일어나지 않는 것 같다. 하지만 여전히 여러 가지 이유로 몸에 수은이 들어와 중독되는 일은 일어날 수 있다. 최악의 경우에는 수은을 다루는 곳에서 흘러나온 폐수나 쓰레기가 주변을 오염시키고 그 오염이 퍼지면서 음식물이나 마시는 물도 변질되어 사람을 병들게 하는 일도 발생할 수 있다.

수은 중독이 발생하면 눈꺼풀, 입술, 혀 등 몸의 이곳저곳이 미세하게 떨리거나 침을 너무 많이 흘리는 증상을 비롯해 불면증, 식욕 및 청력 감퇴, 피부염, 이유 없는 피로감 등에 시달릴 수 있다. 정신적인 증상으로는 갑자기 소심해지거나 신경질을 내는 등의 성격 변화가 일어나기도 하며, 그 증상이 심해지면 환청이 들리거나 망상에 시달리기도 한다.

그렇다면 만약 수은 중독으로 귀에 누군가 말하는 것 같은 소리가 들리는 바람에 악령이 자신을 공격하고 있다고 생각하게 된 사람이 있다면, 그 사람은 세상에 악령이 실제로 있으며 지금 자신 곁에 그 악령이 와 있다고 믿을 수밖에 없다. 고경균 교수의 2013년 논문에서는 수은 중독 때문에 신경이 손상을 입어 손가락이 자꾸 떨리게 되어 마치 피아노를 치는 것 같은 동작을 멈출 수 없게 된 사례를 언급하고 있다. 수은 중독에 대해 모르던 옛날 사람이 보았다면, 음악 연주를 좋아하는 혼령에 씐 것이라고 할 만한 사건이다.

이홍열 교수의 2010년 논문에는 심지어 부적을 태우다가 수은에 중독된 사례도 나와 있다. 수은이 들어 있는 물질 중에는 붉은색을 띠는 것이 있어서 가끔 진사辰砂라고 하여 부적을 그리는 용도로 쓰는 것들이 있다. 그런데 46세의 남자가 부적 200개를 불태우다가 거기서 나오는 수은을 들이마셨고, 그 연기가 온 집 안에 퍼져 일가족이 모두 중독 증상을 겪었다고 한다. 처음에는 호흡에 장애를 겪는 정도였는데, 정도가 심해져 병원에 입원하게 되었으며, 결국 남자는 목숨을 잃었다고 한다. 악귀를 쫓는 것이라고 하는 부적 때문에 오히려 재난을 만난 셈이다. 이 역시 수은 중독에 대해 모르던 옛 시대였다면, 악귀를 가두어놓은 부적을 태우다가 실수로 그 악귀가 튀어나오는 바람에 사람이 목숨을 잃고 병에 걸렸다고 해설하는 사람이 있었을지도 모른다.

수은 중독의 치료법으로 지금까지 자주 사용되는 방법으로는 킬레이션chelation 치료가 있다. 몸속을 돌아다니는 전기를 띤 수은 성분을 최대한 확대해보면 그 알갱이 하나의 크기가 원자 하나의 크기라고 할 수 있으므로 대략 500만분의 1밀리미터보다 좀 작은 크기일 것이다. 킬레이션 치료는 그러한 입자를 집어내는 아주 작은 크기의 집게 모양 물질을 몸속에 집어넣어 배출시키는 방법이다. 이와 관련하여 크기와 모양이 맞는 여러 가지 물질들이 제안되어 있는데, 대표적으로 EDTA라는 약자로 부르는 에틸렌디아민테트라아세트산ethylenediaminetetraacetic acid이 오래전부터 자주 사용되곤 했다.

과거에는 한국에서도 수은 중독이 종종 발생했으며, 그중에는 제때 치료하지 못해 환자가 큰 피해를 입는 경우도 많았다. 예를 들어 1988년에는 중학교를 갓 졸업한 학생이 수은을 사용하는 온도계 제작 회사에서 일하다가 갑자기 온몸이 아픈 병을 앓게 된 일이 있었다. 이 청소년은 경련을 일으켰는가 하면 환청 증세까지 겪었다고 하는데, 여러 병원을 다녀봤지만 이유를 알지 못해 나중에는 정말 귀신이 붙었나 싶어 굿을 하기도 했다고 한다. 그러다 서울대학교병원 응급실에서 우연히 그에게 '혹시 직업이 무엇이냐?'는 질문을 한 의사가 있어서, 그가 수은을 다루는 일을 하다 수은 중독에 걸렸다는 사실이 뒤늦게 밝혀졌다고 한다. 그 외에도 같은 해에 형광등 제조업체에서 10명이 집단으로 수은 중독에 걸린 사례라든가, 전자 부품 회사에서 1990년에 6명이 수은 중독 피해를 입은 사례 등도 자주 언급되는 사건이다.

공공기관과 관리당국은 그러한 문제가 생겼을 때 책임자를 찾아내 엄하게 처벌하겠노라고 겁을 주는 데만 집중할 뿐 평소에 여러 상황을 관찰하며 위험에 빠진 사람을 찾아내는 데는 소홀할 때가 많다. 우리 사회의 공공기관들이 중금속 오염에 노출되는 사람이 나타나지 않도록 평소에 대비하고 점검하고 예방하고 지원하며, 또한 피해를 입을 만한 사람들을 돕는 데 더욱 세심한 노력을 기울일 필요가 있다. 그래야만 악귀같이 사람을 해칠 수 있는 무서운 중금속 사고들을 줄여나갈 수 있을 것이다.

8장

악령 들린 인형을 물리치는 열팽창

인형의 공포

인형에 악령이 깃들어 혼자 저절로 움직인다는 이야기는 인기가 많다. 그런 인형이 곁에 있으면 주인에게 불행한 일을 일어나게 한다는 식의 이야기도 많고 아예 인형이 사람을 해친다거나 하는 이야기도 간혹 찾아볼 수 있다. 최근의 영화 중에 이런 소재를 다룬 것으로는 역시 〈컨저링〉을 비롯한 〈애나벨〉 시리즈가 가장 유명하다고 할 수 있다. 이 영화 시리즈에는 애나벨이라는 이름의 악령 들린 인형이 등장한다. 〈컨저링〉은 실화를 바탕으로 했다고 하는데, 그 실화는 1960년대에 간호사가 되기 위해 공부를 하던 한 학생에게 애나벨이라는 이름

영화 〈아미티빌의 저주〉(1979)의 배경이 된 실제 아미티빌 저택 사진

의 인형이 있었는데, 그가 그 인형에 악령이 들린 것 같다고 하자 워렌 부부가 그 인형을 가져갔다는 내용이다. 워렌 부부는 당시에 유령을 퇴치하는 사람들로 명망이 높았으며, 자신들이 애나벨 인형을 가져가 안전하게 악령을 붙들어 매어놓았다고 이야기했다. 워렌 부부는 1970년대에 유령 들린 집을 다룬 영화 중에서 인기가 많던 〈아미티빌의 저주〉에도 소재를 제공한 사람들이라 영화 업계에서 특별히 사랑을 받은 유령 퇴치사들이라고 볼 수 있다. 그런 배경이 있다 보니 이들이 관련된 이야기인 〈애나벨〉 시리즈도 더욱 인기를 끌어모을 수 있었을 것이다.

악령 들린 영혼을 다룬 영화 중에는 〈컨저링〉이나 〈애나벨〉

시리즈 이상으로 중요한 영화들도 적지 않다. 한국 공포영화의 걸작으로 손꼽히는 〈깊은 밤 갑자기〉는 한 학자가 민속적인 유물인 불길한 인형을 수집해서 집에 들고 오는 내용으로 시작한다. 그리고 영화의 본론에서는 그의 부인이 악몽과 공포에 시달리는 내용을 강렬하게 표현했다. 〈사탄의 인형〉 시리즈에서는 아예 악령이 들린 인형이 걸어 다니고 무기를 휘두르며 사람들과 싸우는 내용으로 여러 편이 제작되었다. 한국 영화 〈인형사〉 역시 인형을 만들고 다루는 이야기와 인형의 불길한 모습을 영화의 핵심 소재로 활용했다.

사실 공포물 속의 인형은 그 연원이 깊다. 예를 들어 1960년대판 〈환상특급〉(한국판 제목: 제6지대) TV 시리즈 중 시즌 5의 여섯 번째 에피소드인 〈살아 있는 인형〉 역시 악령 들린 인형 이야기를 담고 있다. 이 에피소드가 미국에서 처음 방영된 시기는 1963년 11월 1일이었다. 60년 전에 나온 이야기이지만 짤막하고 단순하면서도 기괴하고 환상적인 내용으로 무척 강렬한 인상을 남기는 데 성공했다고 평가받는다. 여기에 나오는 인형 '티나'는 내부에 설치된 전자 장치가 작동하면 항상 귀여운 어린아이 목소리로 "내 이름은 토키 티나야. 나는 너를 무척 사랑해"라고 반복해서 말하도록 되어 있다. 그런데 영화 중반에 티나는 갑자기 "내 이름은 토키 티나야. 나는 너를 죽일 거야"라고 말한다. 이 장면의 섬뜩함은 〈환상특급〉 시리즈의 여러 이야기 중에서도 특히 훌륭한 대목으로 알려져 있다. 공교롭게도 이 에피소드의 여자 주인공 이름이 애나벨이기도 하다.

근대 이전으로 역사를 거슬러 올라가보아도 인형을 불길한 저주의 상징으로 연결해서 생각하는 풍속은 여러 국가와 지역에 널리 퍼져 있었던 것 같다. 아메리카의 부두Voodoo교의 영향을 받은 풍속으로는 부두 인형을 만들어 어떤 사람을 저주하는 주술을 걸면 그 인형을 괴롭힘으로써 그 사람도 괴롭힐 수 있다는 것도 있었다. 이런 부두 인형 풍습은 소설이나 영화로도 널리 알려져서, 인형에 어떤 사람의 머리카락이나 손톱 따위를 넣어두고 바늘로 찌르면 그 사람도 같은 부위에서 고통을 느낀다든가 하는 장면은 거의 상투적인 설정으로 정착되어 있을 정도다. 한국의 무속에서는 주로 지푸라기를 이용해 저주나 주술 목적의 인형을 만들고 그것을 '제웅'이라고 부르곤 했다. 부두교의 주술 장면처럼 구체적인 묘사가 많은 것은 아니지만《조선왕조실록》에는 제웅이 발견된 것만으로도 그것이 사악한 주술로 남을 해치려는 시도였다고 간주하는 내용이 나온다.

이런 문화는 예로부터 사람을 닮은 물체를 종교적·마법적인 대상으로 여기는 풍속에서 시작되지 않았을까 싶다. 선사시대 때부터 형체가 없는 어떤 신령이나 혼령을 숭배하는 문화는 있었을 것이고, 예술이 발전하면서 그 신령이나 혼령을 상징하는 물건을 사람 닮은 인형으로 만들어 표현하게 되었

부두 인형

을 것이다. 그러다 나중에는 그 인형 자체가 어떤 신비로운 힘을 갖고 있다는 식의 생각도 생겨나게 되었을 것이다. 21세기 현대에 잘 정착해 있는 제도권 종교에서도 그 종교의 상징을 표현한 조각상을 거룩하고 성스럽고 귀하게 여기며, 기도의 대상으로 삼는 사례는 흔하다. 그런 것을 보면 원시 종교와 민간 신앙의 세계에서는 사람과 비슷한 인형에 마법적인 힘이 있다는 식의 상상이 더욱 쉽고 강렬하게 퍼져나가고 변형되었을 것이다.

한국의 중세시대 기록 중에는 김연수라는 인물에 대한 고려시대의 기록도 대표적인 사례로 꼽아볼 만하다. 지금의 충청북도 제천군 청풍면 근처를 고려시대에는 청풍군이라고 불렀는데, 이 지역에는 목우인木偶人을 신으로 모시는 풍습이 있었다고 한다. 목우인은 나무로 만든 사람 모양의 인형을 말하는

데, 특히 음력 5, 6월에는 이 나무 인형을 향해 성대한 제사를 지낸 것으로 보인다. 이즈음이 되면 인형을 객헌客軒에 모셔두었다고 하는데, 객헌이란 서울에 보낸 관리가 여행을 하다 머무는 숙소를 말한다. 요즘으로 따지면 나라에서 운영하는 호텔이라고 할 수도 있고, 지방의 관청 별관이라고 할 수도 있는 곳이다. 그런데 임금이 보낸 특별 관리라도 되는 것처럼 나무 인형을 이런 좋은 건물의 자리에 올려두고, 지역 사람들이 엄숙한 행사나 축제를 벌이듯 그 인형을 향해 절을 하며 제물을 바쳤다는 이야기다.

이 이야기는《목민심서》에 실려 있는데, 기록에 따르면 이러한 제사의 '폐단이 심했다'고 한다. 아마도 나무 인형을 섬기는 제사에 막대한 자금을 소모하는 것 때문에 사람들이 힘들어했다는 이야기일 수도 있고, 한편으로는 사람들을 다스려야 하는 관리 입장에서 이런 이상한 믿음이 유행하는 것이 통솔에 큰 방해가 되는 위험 요소라고 생각했을 수도 있다.

이런 상황을 한번 상상해보자. 서울에서 보낸 관리가 '금년에는 물이 부족할 것 같으니 저수지 만드는 공사를 하자'고 사람들에게 명령을 내려야 한다고 치자. 그런데 마침 어떤 무속인이 '우리의 나무 인형 신령님께서는 저수지 만드는 것을 싫어하시는 것 같다'고 주장한다. 그러면 사람들은 관리의 명령을 꺼림칙하게 여기며 잘 따르지 않으려 할 것이다. 그러니 관리의 입장에서는 나라의 권위를 세우고 행정을 잘하기 위해서라도 신령의 권위를 내세우는 나무 인형 숭배가 폐단이라고 했을 만하다.

이야기의 결말을 보면 김연수는 결국 청풍군에 부임한 후에 나무 인형을 섬기는 의식을 이끄는 사람을 체포하고 죄를 물어 매를 때렸으며, 나무 인형은 불태워 없애서 이 모든 행사를 중단시켰다고 되어 있다. 《목민심서》는 바로 그런 과감한 조치가 나무 인형 숭배와 같은 일에 대한 바람직한 조치라고 설명하고 있으며, 실제로 그러고 난 뒤 별다른 저주가 있지도 않았고 나무 인형의 복수도 없었다는 점을 강조하고 있다.

참고로 덧붙이자면 한국의 옛 기록에는 나무로 만든 인형에 관한 괴상한 이야기가 상대적으로 많은 편이다. 특히 경상북도 경주 일대에는 신라시대에서 고려시대를 거쳐 조선 초기까지 '두두을豆豆乙' 또는 '두두리豆豆里'라는 이름의 목각 조각상이 유행했고, 그것을 숭배하는 풍습이 많이 퍼져 있었던 것으로 보인다. 이에 대한 이야기는 《고려사》, 《동국여지승람》 등에 기록되어 있다. 《성호사설》 등 조선 후기의 기록에는 도깨비가 나무에 깃든 괴물이라고 해설하고 있기도 한데, 그 때문에 현대의 일부 학자들은 한국의 괴물 중 가장 친숙하다고 할 수 있는 도깨비가 어쩌면 두두리 계통의 나무 인형을 신령으로 숭배하던 풍습이 변해서 생긴 이야기 아닌가 추측하기도 한다.

불쾌한 골짜기 현상

최근에는 인형을 괴이한 대상, 공포의 대상으로 여기게 된 이유를 설명할 때 주술적인 전통 이외에도 사람이 물체를 지각할 때 느끼는 '불쾌한 골짜기' 현상을 이유로 이야기하는 경우도 있다. 불쾌한 골짜기란 사람과 비슷한 모습을 만들어갈 때, 사람과 어느 정도 가까운 모습이 될 때까지는 호감을 느끼게 되지만, 일정 수준을 지나면 사람과 비슷한 모습이 오히려 기괴하고 섬뜩해 보일 수 있다는 이론이다. 그러다가 사람과 아주 똑같은 모습이 되면 다시 호감을 느낀다는 이야기인데, 이러한 과정에 대해 호감도의 변화를 도표로 그리면, 사람과 어설프게 닮은 정도의 물건에서 골짜기 모양처럼 호감도가 낮게 표시된다고 해서 불쾌한 골짜기라고 부르는 것이다.

예를 들어 사람의 얼굴을 아주 단순하게 표현한 (^_^)와 같은 이모티콘은 귀엽고 친근하게 생각한다. 하지만 사람과 꽤 비슷한 모양으로 빚어놓은 고무 얼굴의 로봇은 어쩐지 기괴하고 섬뜩하게 여기는 경우가 많다. 불쾌한 골짜기 이론에 따르면, 아예 진짜 사람 얼굴과 확 다르게 생긴 이모티콘은 호감이 갈 수도 있지만 어정쩡하게 사람 얼굴과 비슷한 고무 얼굴 로봇은 불쾌한 골짜기에 빠진 형국이기 때문에 비호감으로 느껴진다고 설명한다. 불쾌한 골짜기 이론을 엄밀하게 검증된 과학 이론이라고 보기는 어렵다. 그렇지만 적어도 이런 경향성은 사람과 적당히 닮아 있는 인형의 모습에 사람이 의미를 부여하고 그 모습으로부터 공포를 느끼는 것과 통하는 점은 있다.

사람에 따라서는 불쾌한 골짜기를 감지하는 습성이 먼 옛날부터 발달해온 사람의 본능과 관련이 있다고 생각하는 경우도 있다. 예를 들어 집단으로 모여 사는 종족은 무리 중에서 갑자기 배신할 마음을 먹고 주위 사람을 해치는 사람을 빨리 알아차려야 위험에 대처할 수 있다. 또는 전염병이나 부상으로 사망한 사람이 있다면 역시 빨리 알아차려야 위험을 피할 수 있을 것이다. 그렇기 때문에 표정이나 눈빛이 보통 사람과는 다른 상태인 것은 빠르게 감지해야 한다. 사람은 다른 사람과 함께 어울리는 것을 가장 중요하게 여기는 사회적 동물이다. 만약 배신하기 직전 표정이 없어진 모습을 잘 알아채거나 생기를 잃어 죽음을 맞이한 얼굴에서 본능적인 공포를 느끼는 종족이 있다고 생각해보자. 그렇다면 그 종족은 다른 종족보다 좀 더 주위의 다른 사람이 끼칠 수 있는 위협을 더 잘 알아차리고 잘 피할 수 있을 것이다. 그러면 그 종족은 더 잘 생존하여 더 널리 자손을 퍼뜨릴 수 있을 것이다.

과학이라기보다는 그냥 이야기에 가까운 상상이지만, 어쩌면 그런 식으로 사람은 발달해왔을 수도 있다. 그렇기 때문에 사람의 모습과 비슷하면서도 그 표정이나 눈빛은 결코 사람이라고 할 수 없어 이질감을 주는 인형의 모습에서 본능적인 공포를 느끼는 것은 아닐까?

악령 들린 인형과는 좀 다른 이야기지만, 19세기 영국에서는 '추모 인형mourning doll'이라고 하는 특별한 인형을 만드는 풍습이 잠시 사람들 사이에 퍼졌던 적이 있었다. 어린아이가 세상을 떠나면 그 아이와 똑같이 생긴 정교한 인형을 만들어 아이가 입던 옷을 입혔다. 인형에 따라서는 세상을 떠난 어린아이의 머리카락을 잘라 인형의 머리카락으로 심어둔 것도 있었다고 한다.

부두교의 부두 인형이나 한국의 제웅을 믿는 사람의 시선에서 본다면 이렇게 사람의 머리카락을 심고 사람이 입던 옷을 입혀놓은 인형은 그야말로 악령 들린 인형의 대표라고 여겼을 법하다. 그러나 추모 인형은 당시 영국인들 사이에서 세상을 떠난 아이를 그리워하는 애틋한 마음의 표현이었고, 말 그대로 추모의 의미였을 뿐이다. 그렇기에 그런 인형이 주술적인 힘을 갖고 있다고 생각한 경우는 거의 없었던 것 같다. 한편으로는 지나치게 정교해서 진짜 같아 보이는 잠든 어린아이 모습의 추모 인형을 지금 본다면, 어쩐지 으스스한 느낌을 받는 현대인이 많을 거라는 생각도 같이 해본다.

인형과 혼령, 동물과 악령

저주받은 인형이 정말로 저주받았다는 증거로 자주 언급되는 사건은 인형의 자세가 바뀌는 경우다. 예를 들어 앉혀놓았던 인형이 누워 있다거나, 팔을 들고 있는 자세의 인형이 팔을 내리고 있다거나, 인형이 눈을 깜빡인다거나 하는 현상 말이다. 지금 당장 인터넷 동영상 사이트에 접속해서 조작 없는 진짜 영상이라고 하는 저주받은 인형의 모습을 검색해보면 다리를 오므리고 있던 인형이 저절로 다리를 벌린다거나, 인형이 슬며시 고개를 돌리는 모습이 나온다. 물론 조작해서 만든 저주받은 인형 영상은 훨씬 무서운 것도 있으니 주의해야 한다.

조금 특이한 사례로는, 2017년 8월 17일 영국 ITV의 아침 방송에 등장한 인형도 있다. 이 인형은 좀 오래된 모양으로 만들어놓은 도자기 인형이었다. 인형을 갖고 나온 사람들은 이 인형에 불길한 저주가 걸려 있다는 이야기를 늘어놓았다. 기이한 건 생방송 중 인형을 앉혀둔 흔들의자가 서서히 움직이기 시작했다는 것이다. 마치 인형이 직접 흔들의자를 움직이는 것 같다는 생각을 떠올릴 만했다. 출연진은 모두 놀랐고, 방송을 본 시청자들 중에도 정말로 인형에 악령이 들려 인형이 자신에 대해 이야기하는 것을 알아듣고 의자를 움직였다고 여기며 겁을 먹은 사람들이 꽤 있었다.

인형에 악령이 깃들면 인형이 움직인다고 여기는 생각의 바탕에는 살아 있는 사람이나 동물에게는 혼령이 있고 무생물에는 그런 것이 있지 않다는 구분이 자리 잡고 있다. 이런 구분에 따르면 사람과 인형은 비슷하게 생겼지만, 사람이나 혼령에는 살아 있음의 기운, 즉 생기가 있으나 인형에는 없다는 점이 결정적인 차이다. 그래서 인형에 혼령이 들어가면 인형도 마치 살아 있는 사람처럼 움직일 수 있다고 보는 것이다. 그런 사고방식으로 무심코 생각하기 때문에 인형이 스스로 조그마한 움직임이라도 보이는 것 같으면, 그것이 인형에 어떤 혼령이 깃든 증거라고 느끼게 된다.

그렇지만 이런 생각은 몸의 움직임에 대한 정밀한 사실들이 세밀하게 밝혀지기 전, 막연히 생명이나 움직임에 대해 품고 있던 고대인들의 생각이 전해 내려져 온 것에 불과하다. 동력을 이용해 움직이는 다양한 기계 장치를 다채롭게 사용하고 있는 현대의 우리는 어떤 물체가 저절로 움직인다는 것이 혼령이나 생기와 직접 관계가 없다는 사실을 잘 알고 있다. 로봇까지 가지 않더라도 청소기나 자동차 같은 기계는 살아 있는 것도 아니고 혼령을 품고 있지도 않다. 그렇지만 단지 기계의 작동만으로 스스로 움직일 수 있다. 우리는 인공지능이 장착된 기계가 악령과 아무 관계가 없어도 마치 살아 있는 것처럼 정밀하게 움직일 수 있다는 사실을 충분히 이해하고 있다. 역으로 동물의 몸을 살펴볼 때도 그 움직임이 반드시 어떤 혼령이나 생기와 연관이 있는 것은 아니다. 동물의 몸이 움직이는 것은 그 몸의 근육 속에서 온갖 정교하고 다양한 물질들이 움직임에 필요한 화학 반응을 일으키기 때문이다.

옛사람들은 나무나 헝겊으로 되어 있는 인형의 몸체와 뼈와 살로 되어 있는 동물의 몸이 겉모습만 좀 다르지 재질은 대체로 비슷한 것으로 생각했다. 그러나 현대 과학은 동물의 근육이 대단히 많은 다양한 단백질들이 정교한 기계처럼 서로 영향을 미치며 움직이는 복잡한 물질의 조합이라는 사실을 밝혀냈다. 동물의 근육은 대체로 미오신myosin이라는 물질이 잘 엮여 있는 가운데, 그 옆에서 아데노신삼인산adenosine三燐酸이 아데노신이인산adenosine二燐酸으로 변하는 화학 반응이 일어나면 미오신의 모양이 뒤틀리는 변화가 일어나고 그 변화가 규칙적으로 일어나기 때문에 한쪽 방향으로 움직이도록 맞추어져 있다. 설령 나무토막을 깎아놓은 인형이 무슨 수로 갑자기 움직이는 일이 있을 수 있다고 해도 그것은 다양한 물질들이 화학 반응을 일으키면서 몸을 움직이는 동물과는 그 내부에서 벌어지는 현상이 전혀 다르다. 인형이나 동물이나 둘 다 그냥 혼령이 깃들어 움직인다는 식으로 비슷하게 볼 일이 아닌 것이다.

그에 비해 우리는 보통 세균이나 미생물에 혼령이 있다는 생각은 하지 않지만, 세균이나 미생물이야말로 오히려 비슷한 방식으로 물속을 헤엄쳐 다니거나 바닥을 기어 다닐 수 있다. 이런 것을 보면 혼령과 움직임은 사실 별 상관이 없다.

조금 더 따져보자면, 독일의 위대한 화학자 프리드리히 뵐러Friedrich Wöhler가 유기화학을 창시하면서 과학사에 큰 변화를 일으킨 19세기 역사를 짚어볼 필요도 있다. 뵐러 이전까지만 하더라도 적지 않은 과학자들이 생명체에는 분명히 무생물과는 다른 어떤 신비한 기운이 있다는 학설인 '생기론vitalism'을 믿었다. 생기론에 따르면 생물을 구성하는 물질은 무생물을 구성하는 물질과 근본적으로 다른데, 쉽게 말할 수는 없지만 바로 그 차이는 신비로운 생기가 있느냐 없느냐라는 것이다. 이런 생각대로라면 어떤 식으로든 인형에 생기를 주입해줄 수 있다면 인형 또한 마치 살아 있는 것처럼 움직일 수 있을 것이다.

그런데 지금으로부터 약 200년 전 프리드리히 뵐러는 동물의 신장에서 발견되는 물질인 요소urea를 인공적으로 제조해 내는 데 성공했다. 무생물 재료만을 이용해서 생물 속의 물질을 만들어냈다는 뜻이다. 그 전에는 생명체를 이루는 물질을 유기물, 그 외의 물질을 무기물이라고 불렀는데, 뵐러는 무기물로 유기물을 만들 수 있다는 점을 증명해낸 것이다. 유기화학 분야가 거대하게 발전해 있는 현재는 요소를 만들어내는 것쯤은 기초적인 실험에 지나지 않는다. 하지만 그 시대에 뵐러의 실험은 과학자의 실험실에서 흙과 약품을 섞어 살아 있는 괴물을 만들어낸 것과 같은 느낌을 주는 충격적인 결과였다. 세상에 물질의 본질을 바꾸어주는 생기라는 것은 없으며, 생물을 이루고 있는 물질과 무생물을 이루고 있는 물질 사이에 별 차이가 없다는 것이 밝혀지는 순간이었다. 덕택에 현대 화학에서도 유기물과 무기물이라는 말을 쓰기는 하지만 그 뜻은 훨씬 복잡하게 바뀌었다.

그러므로 설령 인형이 신비롭게 스스로 움직이는 것 같은 모습을 보인다고 하더라도 그 원인이 거기에 악령이 들렸기 때문이라고 생각할 이유는 없다. 반대로 세균들이 정말로 살아서 움직이고 먹고 살며 성장해 번식하는 온갖 복잡한 움직임을 보여준다고 해서 그 속에 혼령이나 생기 같은 것이 들어 있다고 생각할 이유도 없다. 세균에도 혼령이 깃들지 않았는데, 인형이 고작 단순한 작은 움직임 하나를 보여준 것을 두고 정체도 모르고 구조도 알 수 없고 밝히기도 어려운 악령이라고 하는 어마어마한 것을 갑자기 상상하는 건 다른 많은 가능성들을 너무 쉽게 무시하는 일이다.

왜 인형은 움직이는가

인형이 저절로 움직이는 현상의 이유로 가장 쉽게 생각해볼 수 있는 가능성은 인형이 놓인 곳에 약간 덜컹거리는 움직임이 있었고, 그 때문에 인형이 움직였다는 것이다. 예를 들어 근처에 갑자기 누가 쿵쿵거리며 움직였다든가, 강한 바람이 불어 집이 살짝 흔들렸다고 해보자. 그러면 그 때문에 인형이 쓰러지거나, 흔들리거나, 자세가 살짝 바뀌는 일은 충분히 일어날 수 있다. 이런 식의 충격으로 앉아 있던 인형이 일어선다든가 하는 움직임은 어렵겠지만, 손을 들고 있던 자세가 손을 내린 모습으로 바뀌는 식의 간단한 변화는 충분히 일어날 수 있다.

과학자들은 이런 현상에 대해 포텐셜 에너지가 높은 상태에서 낮은 상태로 변화하는 것은 쉽다고 말한다. 그렇게까지 복잡한 말을 굳이 사용하지 않더라도 인형을 위태롭게 세워 놓았을 때 주변에서 갑자기 큰 소리라도 나면 그 진동으로 쓰러질 수 있다는 정도는 쉽게 상상해볼 수 있다. 심지어 인형의 내부가 태엽이나 고무줄 장치, 혹은 관절 장치 같은 복잡한 구조로 되어 있다면, 무게가 역으로 걸릴 때 아래로 향해 있던 팔이 위로 들린 자세로 변하는 경우도 상상해볼 수 있다.

2013년 11월 영국 BBC에서는 맨체스터 박물관에 있던 한 고대 이집트 조각상에 관한 신비로운 사연을 소개했다. 이 박물관에는 무려 3800년 된 것으로 추정되는 이집트 유물이 전시장 유리창 속에 보관되어 있었다. 그런데 이 조각상이 누가 건드리지도 않았는데 저절로 반대쪽으로 돌아간 것이다. 만약 어느 으슥한 밤에 유물이 저절로 반대로 돌아갔다면 무서운 소문이 하나 생기기 딱 좋을 만큼 신기한 현상이었다. 3800년 전 이집트의 어느 왕이나 장군의 한 맺힌 혼령이 유물에 서려 있는데, 지나다니는 영국인들의 얼굴을 보기 싫어 고개를 돌려 반대쪽을 보려고 한다는 이야기를 꾸며내는 사람이 있지 않았을까? 만약 그런 이야기라면 이 사건에 근사하게 들어맞았을 것이다.

그런데 조사 결과 조각상이 움직인 데는 정확한 이유가 따로 있었다. 박물관 근처에는 차량 통행이 많은 도로가 있었다고 한다. 그리고 그 도로에 특별히 무게가 큰 차가 지나가면 그 진동 때문에 박물관 전체가 미세하게 떨렸다. 조각상이 놓여 있던 선반도 그때마다 미세하게 떨렸다. 조각상이 선반에 고정되어 있는 것은 아니었으므로 그렇게 미세한 떨림이 생길 때마다 아주 약간씩 조각상의 방향이 흐트러지게 되었다. 긴 시간 이 조각상을 촬영해놓은 영상을 보면 조각상이 한 맺힌 혼령이 고개를 홱 돌리듯이 갑자기 방향을 바꾼 것이 아님을 알 수 있다. 대신 아주 조금씩 천천히 방향이 바뀐다. 차량 통행에 의한 진동이 전해질 때마다 아주 조금씩 방향이 바뀌는데, 그 조금씩이 계속 쌓이다 보니 어느 순간 아예 조각상이 반대 방향으로 돌아서 있게 된 것이었다.

단순히 진동이 조금씩 쌓인 것으로 이 정도의 극적인 변화가 생길 수 있다면, TV 방송에서 인형이 흔들의자를 움직이게 했다는 일은 훨씬 더 쉽게 일어날 수 있다. 방송국 건물이 흔들릴 만한 진동이 주위에 발생했거나, 아니면 스튜디오 근처에서 누군가 충격을 줄 만한 움직임을 일으켰다면 흔들의자는 얼마든지 움직일 수 있다. 하다못해 방송국 내부의 냉방 장치나 환기 장치 때문에 바람만 좀 불어도 본래 잘 움직이는 흔들의자가 움직이기 시작하는 것은 어려운 일이 아니다. 그렇게 보면 다른 출연자들은 소파에 앉아 방송을 하고 있는데, 굳이 인형만 흔들의자에 올려둔 것부터가 무엇인가 이상한 현상이 일어나기에 대단히 유리한 상황이었다.

조금 더 복잡한 변화를 일으킬 수 있는 원인으로 열팽창

thermal expansion을 살펴보자. 인형 주위의 온도가 차가워지거나 뜨거워짐에 따라 열팽창 때문에 인형에도 변화가 일어날 수 있다. 우리는 뭔가가 뜨겁다거나 차갑다는 것이 무슨 뜻인지 말하지 않아도 안다. 그렇지만 정확하게 따져보라면 온도가 다르다는 것이 무슨 차이인지를 밝히는 것이 간단한 문제는 아니다. 뜨거운 돌멩이와 차가운 돌멩이가 있다고 할 때 도대체 두 돌멩이는 무슨 차이가 있기에 하나를 만지면 뜨거운 느낌이 들고 다른 것은 차가운 느낌이 드는 것일까? 돌멩이가 좀 뜨겁거나 차갑다고 해서 돌멩이의 모양이 다른 것도 아니고 돌멩이의 성분이 다른 것도 아니다. 그런데 겉보기에는 아무 차이 없는 돌멩이라도 하나는 뜨겁고 하나는 차갑다는 차이가 있을 수 있다. 도대체 무엇이 온도의 차이를 만드는가?

19세기의 과학자들은 온도의 차이란 결국 그 물체를 이루고 있는 작은 입자들, 그러니까 분자들이 움직이는 속도의 차이라는 사실을 밝혀냈다. 다시 말해서 뜨거운 물체일수록 평균적으로 그 물체를 이루고 있는 분자들이 빠르게 움직이는 경향이 있다는 뜻이다. 기체의 경우에는 분자들이 정말 빠르게 이리저리 날아다니고 있고, 아무런 움직임이 없는 고체라고 하더라도 그 속의 분자들은 아주 약간씩 떨리고 있다. 그리고 그 떨림이 평균적으로 더 빠를수록 그 물체는 온도가 더 높다. 즉, 세상의 모든 물체들은 겉보기에는 아무 움직임이 없어 보인다고 하더라도 사실 그 물체를 이루고 있는 입자들은 미세하게 떨리는 움직임을 계속하고 있는 것이다.

나는 대학에 입학해서 온도의 정체가 그 물체를 이루는 작은 입자들이 움직이는 평균 속도라는 사실을 알게 되었다. 처음 이 사실을 배웠을 때 정말 믿기 어려울 정도로 신기하다고 생각했다. 뜨거운 돌멩이는 그 돌멩이를 이루고 있는 입자들이 아주 미세하지만 빠르게 떨리고 있고, 차가운 돌멩이는 그 돌멩이를 이루고 있는 입자들이 그보다 평균적으로 좀 더 느리게 떨리고 있다. 눈으로는 보이지 않는 차이지만, 사람 손의 신경은 그 차이를 감지해서 평균적으로 빠르게 입자들이 떨리고 있는 물체를 뜨겁다고 느낀다.

온도의 정체가 입자의 떨림이라는 것을 알게 되면 열팽창이 일어날 수 있다는 사실은 저절로 알 수 있다. 온도가 높은 물체의 입자들은 빠르게 떨리기 때문에 서로 더 많이 부딪힐 가능성이 생기므로 서로를 자꾸 밀치게 될 것이고, 따라서 전체적으로 차지하는 공간이 더 많이 필요해진다. 이런 현상을 멀리서 보면 뜨거운 물체는 그만큼 차지하는 부피가 불어나는 것으로 보인다. 그래서 이것을 열팽창이라고 부른다. 정도의 차이일 뿐 열팽창은 아주 많은 물체에서 어느 정도 발생한다. 보통 고체 중에서는 금속 재질의 물질이 열팽창이 잘 일어나는 것으로 알려져 있다.

열팽창을 설명하는 교과서적인 예시는 과거에 철도 레일을 깔 때 빽빽하게 줄줄이 이어 붙이지 않고, 아주 조금씩 떨어뜨려놓았다는 것이다. 왜냐하면 레일 조각들을 딱 붙여 연결해 놓으면, 아주 더운 날씨가 되었을 때 열팽창으로 레일이 약간 늘어나면서 서로 밀어내며 비틀릴 수 있기 때문이다. 현대에는 용접 기술이 발전되어 레일을 통째로 잘 연결해내는 경우도 있지만, 여전히 예전 기술로 설치해둔 레일을 보면 레일 사이에 약간의 틈새가 있는 것을 볼 수 있다. 21세기의 KTX 역시 레일 온도가 64도 이상으로 올라가면 열팽창으로 레일이 살짝 뒤틀릴 위험이 있어서 열차 운행을 중단한다.

다른 예시로 전봇대의 전선을 조금 느슨하게 늘어뜨려 설치하는 사례도 자주 언급된다. 전선을 팽팽하게 당겨 설치해 놓으면 보기도 좋고 전선 가격도 조금이나마 아낄 수 있을 것이다. 하지만 특별한 경우가 아니면 대개는 전선을 팽팽하게 설치하기보다는 조금 아래로 늘어지도록 약간 느슨하게 설치하곤 한다. 여기에는 여러 이유가 있는데, 그중에는 겨울에 날씨가 추워져 전선의 부피가 줄어 오그라들면 전선이 너무 팽팽해져 끊어질 위험이 있다는 이유도 있다.

무엇인가를 조립하거나 설치할 때 열팽창을 고려하는 사례는 그 외에도 많다. 화학 공장의 각종 설비나 배관은 온도에 따라 그 크기가 조금 늘어나거나 줄어들어도 망가지거나 부서지는 부분이 생기지 않도록 중요한 부분에서는 꼭 열팽창을 고려해서 설계한다. 생활 속에서도 열팽창과 관련된 사례를 찾아볼 수 있다. 차가운 유리컵에 갑자기 뜨거운 물을 부으면 유리컵이 깨지는 경우가 있는데, 이 역시 같은 이유 때문이다. 차가워서 부피가 살짝 줄어들어 있던 유리컵이 한쪽만 뜨거워지면서 그 부위만 갑자기 빠르게 열팽창이 일어나 부피가 불어나게 된다. 그러면 유리컵 한쪽은 커지고 한쪽은 오그라들어 있는 어긋남이 생기고, 그것을 유리가 견디지 못하여 깨지는 것이다.

바로 이런 일이 인형에게 발생한다고 해보자. 겨울 동안 어떤 자세를 갖추고 있도록 조작해놓은 인형이 있었는데, 계절이 바뀌어 여름이 되면 인형의 여러 부위가 전체적으로 조금씩 늘어날 수 있다. 그러다 보면 그 전에는 빡빡했던 관절 부분이 헐거워져서 갑자기 움직이게 될 수 있을 것이다. 특히 서로 열팽창을 하는 정도가 다른 물체를 연결해놓았다면, 하나의 물체는 조금 늘어나고 다른 물체는 덜 늘어나면서 서로 휘어지고 뒤틀리며 상당히 큰 변화를 일으킬 수도 있다. 물론 금속에 비해 천과 솜 같은 재질은 열팽창이 특별히 많이 일어나는 물질은 아니다. 그러나 대신 이런 재질은 습기를 머금으며 크기와 길이가 변하는 성질을 갖고 있다. 따라서 습기가 많은 축축한 날씨일 때 한쪽으로 자세가 고정되어 있던 인형이 습기를 머금어 축 처지면서 늘어나게 되면 슬며시 자세가 바뀌는 일이 발생할 수도 있다. 실제로 과거에 과학자들은 모발 습도계라고 해서 사람의 머리카락을 이용해 습도를 측정하는 장치를 만들어 실험한 적도 있었다. 사람의 머리카락은 습기를 품으면 조금 더 늘어나기 때문에 그 길이를 측정해서 공기 중의 습도를 알아내는 장치로 활용한 것이다.

그렇다면 습기와 온도가 동시에 같이 작용하는 경우 더욱 극적인 상황이 벌어질 수도 있다. 습도와 온도가 높은 여름철에 만든 인형이 있다고 생각해보자. 이 인형은 눈을 감은 모습으로 만들기 위해 눈꺼풀 부분을 실로 꿰매놓았다. 그러다 겨울이 되면 실은 낮은 온도 때문에 오그라들게 되고, 또 날씨가 건조해지면서 습기가 없어져 실은 더욱 짧아진다. 실은 팽팽해지다 못해 결국 끊어져버리고, 그러면서 눈꺼풀의 꿰매진 부분이 풀려나면서 인형은 눈을 뜨게 된다. 만약 이 인형에 불길한 소문이 있었다거나 혹은 인형을 가져다놓은 뒤에 우연히 나쁜 일 몇 가지를 겪은 사람이라면 어느 날 갑자기 인형이 스스로 눈을 뜬 모습을 보고 소스라치게 놀랄 것이다. 충분히 악령이 인형 속에서 힘을 발휘하여 인형을 깨어나게 했다는 상상을 할 만도 하다.

이런 식으로 인형의 단순한 변화를 섬뜩하게 생각하는 것은 결국 인형을 보고 놀라는 사람의 감정과 인형에 얽힌 이야기 때문이다. 만약 냉장고에서 꺼내놓은 페트병이 우그러져 있다가 온도의 변화로 모습이 바뀌었다면 그러한 현상은 별 감흥을 주지 못한다. 그런데 그 페트병과 같은 재질로 만든 인형이라면, 그것이 우그러지거나 펴지면서 모양이 바뀔 때 인형의 얼굴 표정은 달라질 것이고, 여기에 으스스하다거나 불길하다는 식의 감정이 붙는다면 진동, 온도, 날씨 때문에 인형에게 생기는 작은 변화도 무서운 목격담으로 발전할 수 있다.

한국에 신비로운 나무 인형 이야기나 나무 조각과 관련된 도깨비 이야기가 많은 것도 어쩌면 비슷한 현상에 원인이 있을지도 모른다. 목재는 나무 종류에 따라 열팽창의 정도도 다르고, 또 대개 나무를 잘라놓은 방향에 따라 어떤 쪽은 열팽창이 많이 일어나기도 하고 어떤 쪽은 열팽창이 덜 일어나기도 하는 특징이 있다. 게다가 나무는 습기에 따라 부피가 커지거나 줄어들기도 하고 그에 따라 뒤틀리거나 펴지는 성질도 있다. 그러니 나무 인형이 온도와 날씨에 따라 약간씩 치수가 변하면서 서 있다가 주저앉거나, 앉아 있다가 방향을 틀거나, 팔다리가 움직인 것처럼 보이는 일이 발생할 수 있다. 그럴 때 마침 그 인형을 만든 나무가 사실은 서낭당에 있던 나무였다거나, 그 나무에 어떤 신비로운 사람이 글씨를 쓴 적이 있다거나 하는 이야기가 엮여 있다면 온갖 이상한 도깨비 전설이 탄생할 수 있지 않았을까?

악령 들린 인형의 허약함

온도가 변하면 물체의 크기나 부피가 달라질 수 있다는 사실을 알아낸 이상, 과학자들은 그저 그 사실로 악령 들린 인형의 비밀을 풀었다는 수준을 넘어 그러한 현상을 여러 가지 방법으로 활용하려고 궁리한다. 간단한 예로 열기구가 바로 열팽창을 이용해 하늘을 나는 데 도전한 사례다. 공기에 열을 가해 뜨겁게 만들면 열팽창이 일어나 공기는 그만큼 부피가 더 커진다. 그렇다면 주위의 공기보다 가벼워져 위로 떠오르는 힘을 받게 된다. 바로 이 원리를 이용해서 사람들은 열기구를 만들었다. 커다란 주머니에 공기를 담고 뜨거운 열을 가하면 주머니 속 공기가 가벼워지면서 열기구는 공중으로 떠오르게 되고, 거기에 연결한 바구니를 타고 사람은 하늘을 날 수 있게 된 것이다.

또 바이메탈bi-metal이라는 부품을 만들어 여러 가지 센서나 자동 장치에 활용하는 것도 열팽창을 교묘하게 이용하는 예시다. 바이메탈은 열팽창 정도가 다른 금속판 두 개를 붙여놓은 것이다. 두 금속판은 온도가 높아졌을 때 각기 부피가 늘어나는 정도가 달라 결국 한쪽으로 휘어져버린다. 이런 성질을 이용해 바이메탈이 자동으로 동작하는 스위치 역할을 하는 회로를 만들 수 있다. 온도가 높아지면 난방 기능을 멈추게 하는 온도 조절기나 너무 뜨거워지면 경보를 울리는 화재 감지기를 만들 수도 있다. 뜨거워졌다 식었다 하면서 스위치 역할을 하며 자동으로 회로를 연결했다 끊었다하게 만들 수도 있는데, 이런 장치를 전등에 연결하면 스스로 스위치를 켰다 꼈다 하며 빛나는 깜빡이 조명을 만들 수도 있다. 과학 원리를 모르고 보면 저절로 인형이 움직였으니 악령의 저주처럼 보이는 현상이라고 하고 말 것이다. 하지만 막상 그 원리를 알고 활용하고자 노력하면 사람 목숨을 구하는 화재 감지기를 개발할 수도 있는 것이 과학의 가치다.

그런 시각으로 이 모든 이야기를 살펴보면, 악령 들린 인형이 할 수 있는 일이 고작 눈을 움직이거나 팔다리의 자세를 바꾸는 것 정도에 지나지 않는다는 점은 좀 한심하지 않은가 하는 생각도 해본다. 사람의 운명을 바꾸고 심지어 목숨을 빼앗기도 하는 인형이라면서, 걸어 다니는 것도 아니고 날아다니는 것도 아니고 겨우 자세가 조금 바뀌는 정도가 보여줄 수 있는 힘의 전부라면 너무 허약한 거 아닌가? 개미도 걸어 다닐 수는 있고, 나비도 날아다닐 수는 있다. 개미나 나비만큼의 움직임도 보여주지 못하는 인형이 엄청난 저주를 몰고 다니며 굉장한 일을 해낼 수 있다는 생각은 어딘가 허망한 점이 있다.

《고려사》와 《대동운부군옥》 등을 보면 후삼국을 통일하고 고려를 세운 태조 왕건이 평화를 맞이한 뒤에 커다란 잔치를 열었다는 이야기가 나온다. 이때 왕건은 과거에 전쟁터에서 치열하게 싸우다가 자기 대신 전사한 부하 신숭겸과 김락 두 장군이 잔치 자리에 없는 것을 몹시 안타깝게 생각했다고 한다. 왕건은 두 사람이 너무나 그리워 그들의 생전 모습을 닮은 인형을 만들어 잔치 자리에 앉혀둔 채로 행사를 진행했다. 그런데 음악이 연주되자 두 장군 인형이 마치 왕건에게 더 이상 슬퍼하지 말라는 듯 음악에 맞춰 기쁘게 춤을 추고 술을 받아마시기도 했다고 한다. 후대에 이 전설을 기념하는 노래를 지었고, 두 명의 장군을 애도하는 노래라고 하여 〈도이장가悼二將歌〉라고 한다. 인형이 정말로 신비한 힘을 발휘하여 스스로 움직일 수 있다면, 적어도 〈도이장가〉에 등장하는 두 명의 장군 인형 정도는 되어야 하는 것 아닐까?

9장

예언하는 혼령을 물리치는 발표편향

연금술과 연단술은 애매한 말의 기술

화학은 뿌리를 연금술에 두고 있다. 좀 더 정확히 이야기하자면, 연금술을 극복하는 과정에서 근대 화학이 탄생했다고 설명해야 할지도 모르겠다. 연금술은 황금을 만들어내는 기술로, 그런 기술을 개발하겠다고 온갖 화학 반응을 연구하는 과정에서 점차 근대 화학을 위한 지식과 경험들이 쌓이기 시작했다. 나는 가끔 화학이라는 학문이 실용적인 경향을 띠는 것도 어쩌면 화학의 뿌리가 연금술에 있다는 사실과 관계가 깊지 않을까 생각한다.

연금술의 핵심은 황금이 아닌 값싼 재료를 이용해 여러 가지 화학 반응을 일으켜서 금을 만들어내려는 기술이다. 만약 이런 기술이 개발되면 값비싼 금을 흔한 재료로 많이 만들 수 있으므로 부자가 될 수 있다. 그러므로 학식이 풍부하고 도전 정신이 많은 사람이라면 연금술에 도전할 만했다. 실제로 독일권에서 활동한 르네상스 시대의 전설적인 연금술사 필리푸스 파라켈수스를 비롯해 근대 과학의 창시자로 칭송받는 아이작 뉴턴도 한때 연금술에 심취한 적이 있었다.

경제학이 발전한 현대의 시각으로 보면, 금을 많이 만들 수 있는 기술이 세상 모든 사람을 부자로 만들어줄 수 있는 것은 아니다. 쌀이나 나무 같은 재료와는 달리 금 자체는 그렇게 쓸모가 많지 않다. 금이 값비싼 물질인 것은 금이 희귀하기 때문이다. 이런 현상을 경제학에서는 가치의 역설paradox of value이라고 한다. 물론 금은 아름다운 물질이고, 녹슬지 않으며, 여러 화학 물질로부터 안전하다는 특징이 있기 때문에 아주 쓸모가 없는 것은 아니다. 그렇지만 강도가 높아 도구를 만들기에 부적합하고, 먹을 수 있거나 따뜻한 옷을 만드는 재료가 될 수 있는 것도 아니다. 금의 쓸모는 많지 않기에 금이 흔해지면 그 가치도 같이 줄어든다. 다시 말해서 세상 사람 누구나 금을 쉽게 만들 수 있는 세상이 된다면 금값은 떨어질 것이므로 금을 많이 갖고 있다고 하더라도 부자가 될 수는 없다.

파라켈수스를 비롯한 전설적인 연금술사들이 사실은 금 만드는 비법을 개발했을지도 모른다고 상상해보자. 그러나 이

현명한 연금술사들은 그 비법이 세상에 퍼지면 결국 자신이 부자가 될 수 없다는 사실을 내다보았고, 그래서 연금술에 성공했으면서도 그 사실을 외부에 밝히지는 않았을 수 있다. 그래야 자기 혼자만 금을 만들어 부자가 될 수 있을 테니까 말이다. 그래서인지 연금술의 비법을 전수하기 위한 글을 기록할 때도 누구나 쉽게 따라 할 수 있는 명확한 말로 설명하지 않는다. '어떤 약품 20g과 어떤 약품 15g을 섞어서 85도의 온도로 12분간 끓이면 금이 나온다'와 같이 깔끔하게 금 만드는 법이 설명된 연금술책은 없다. 만약 그렇게 명확히 써놓는다면 연금술이 너무 많이 퍼질 것이고, 그러면 연금술을 안다고 해서 부자가 될 수는 없다.

대신 연금술사들은 자신의 비법을 애매하고 이상야릇한 비유나 암호문 같은 말로 설명해둔다. 예를 들어 이런 식이다. "슬픔의 빛이 아침의 눈을 가릴 때, 그 눈에서 흘린 눈물이 노는 휴일이 될 때까지 기다려라. 그리고 그때가 되면, 밤의 한숨을 뿌리도록 하라."

중세 유럽에 연금술이 있었다면 한국에는 연단술煉丹術이 있었다. 한국의 연단술은 중국에서 건너온 것으로 보이는데, 이것은 말하자면 사람을 영원히 살 수 있게 해주는 약을 만드는 기술이다. 여러 가지 물질로 화학 반응을 일으켜 만든 약을 먹으면 신선으로 변하여 늙지 않은 채 영원히 살 수 있고, 현실 세계를 초월할 수 있으며, 하늘 위의 세상을 마음대로 출입

할 수 있게 된다거나 도술을 부릴 수 있게 된다는 식의 이야기도 많았다. 세상 부러울 것 없는 막대한 재물과 힘을 얻은 고대 중국의 황제들이 영원한 생명이나 끝없는 젊음을 얻기 위해, 연단술을 연구하는 사람들이 만든 괴상한 약을 먹곤 했다는 이야기는 잘 알려진 편이다. 모르긴 해도 황금을 금화로 만들어 돈으로 사용하는 문화가 일찌감치 발달한 유럽권에서는 황금을 만드는 연금술이 탄생했고, 중동이나 유럽에 비하면 종교적 전통이 약한 편인 한국이나 중국에서는 현실 세계에서 장수하는 것을 중시하다 보니 영원히 살 수 있는 연단술이 인기 있었다고 짐작해볼 수 있을 것 같다.

사실 중국과 비교해보면 한국에서는 연단술이 많이 발전한 편은 아니다. 고려시대나 조선시대의 기록들을 살펴보면 신비한 약을 만들어 먹어서 신선이 되는 이야기보다는 깊은 산속에서 자연과 함께 살며 음식을 조절하고 몸과 마음을 수련하여 신선으로 변한다는 생각이 훨씬 더 인기가 많았다. 그러나 신라시대에서 발해 말 무렵의 어느 시기 동안에는 한국에서도 연단술 유행이 꽤 강했던 때가 있기는 있었던 것 같다. 예를 들어 발해의 뱃사람인 이광현이 남긴 이야기는《해객론》이라는 책으로 편집되었다. 실제로 중국의 도교 문헌집에 이광현이 신비로운 인물들을 만나 연단술을 배우는 이야기가 포함되어 있다.

《해객론》의 내용은 대단히 이해하기 어렵다. 처음부터 그런 것은 아니다. 이야기의 주인공인 이광현이 어떤 사람이고, 어떻게 하다가 사람을 신선으로 변신시키는 약 제조법을 개발하게 되었는가 하는 배경을 설명하는 대목은 아주 읽기 쉽다. 한문으로 된 책을 많이 읽어보지 않았거나 한문 공부를 조금 한 초보자라도 그럭저럭 번역할 수 있을 정도로 단순하고 쉽게 쓰여 있다. 그런데 정작 본론인 신선 되는 약을 만드는 부분에 대해 설명하는 부분은 도무지 무슨 말을 하는지 짐작이 안 될 정도로 내용이 복잡하다. 그 부분의 본문 일부를 발췌해 보자면 이런 식이다.

"둥글고 붉은 것, 즉 환단還丹이라는 것은 다름이 있는 약은 아니다. 참된 한 가지를 기틀로 삼고, 연홍鉛汞을 서로 의지하게 하며, 황아黃芽를 뿌리로 삼으면, 곧 이룰 수 있느니라."

이런 말은 중국 고전에 통달한 사람이라도 그 뜻을 명확히 알아볼 수 없다. 아마 신라 말기의 시대로 되돌아가 당시 유행하던 연단술에 정통한 사람들을 데려와서 해석하게 한다고 해도 그 풀이가 서로 엇갈릴 것이다. 연단술을 왜 이렇게 어렵게 설명해놓았는가에 대해서도 연금술과 비슷한 해설을 해볼 수 있다. 세상 모든 사람이 연단술을 쉽게 깨달아 신선으로 변해 천상의 세계로 가는 재주를 얻게 되면, 사회를 유지하고 인류 문명을 발전시키는 것은 곤란해진다. 그렇기 때문에 신선과 도를 깨우치는 문제에 대해 깊이 이해해 신선이 될 자격이 있는 사람들만 볼 수 있도록 내용을 어렵게 써놓았을 것이다.

연단술과 연금술은 그 설명이 이렇듯 해석하기 어렵고 애매한 말로 되어 있다는 점이 바로 가장 큰 문제였다. 그 때문에 끊임없이 여러 가지로 도전해볼 수 있고, 어떻게든 되는 쪽으로 갖다 붙여 편한 대로 해석할 수 있는 가능성이 열려 있다. '두 물질을 3:1로 섞으면 황금이 생긴다'고 명확히 적혀 있다면, 그대로 해보고 안 되면 틀렸다고 생각해 포기했을 것이다. 그러나 '해의 눈물과 달의 숨결을 섞으라'라고 되어 있으면, 해의 눈물이 이슬이라고 생각하는 사람, 비라고 생각하는 사람, 해를 신으로 섬기는 어느 마을의 샘물이라고 생각하는 사람들이 각기 다른 방식으로 끝없이 도전하면서, 혹시 제대로 해석하면 금을 만들 수 있지 않을까, 여러 차례 노력하게 된다. 어떻게든 전설적인 연금술사의 비술을 따라 하겠다고 애쓴다. 근대 화학의 발전으로 연금술은 불가능하다는 사실이 확인될 때까지, 수없이 많은 사람이 위험한 실험에 삶을 허비했다.

더 무서운 점은 그렇게 애매한 말들을 억지로 해석하며 꿰어 맞추다 보면, 언뜻 맞는 부분이 있어 보일 때가 있다는 사실이다. 예를 들어 어떤 연금술 책에 '물의 요정을 붉은 물 속에서 불의 요정과 만나게 하면, 악령이 숨을 쉰다. 그 숨결을 태양의 뼈에 쏘이면 황금이 생긴다'는 구절이 있다고 해보자. 이 구절을 두고 한 연금술사가 물의 요정은 물에서 사는 생물인 물고기라고 해석하고, 붉은 물은 포도주라고 해석했다고 치자. 그래서 그 연금술사는 불의 요정과 만나게 하기 위해 생선을 포도주에 넣고 불에 끓인다. 그러자 아주 고약한 비린내가 풀풀 올라온다. 연금술사는 감동하며 바로 이렇게 고약한 냄새가 나는 것이 연금술 책에 나오는 '악령의 숨결'임이 틀림없다고 해석한다. 연금술사는 애매한 말 사이에서 대충 끼워 맞춘 것에 불과한 설명인데도 그것이 맞아떨어지고 있다고 믿게 된다.

물과 나무와 트루먼 대통령

이렇게 애매한 말을 이용해서 공교롭게 맞아떨어지는 효과 때문에, 세상의 수많은 사람이 수백 년, 수천 년의 시간 동안 연금술과 연단술에 빠져서 전 재산을 탕진하고 자신의 인생을 날렸다. 그런 만큼 이와 같은 효과는 여전히 강력하게 곳곳에 사용될 수 있다. 예를 들어 긴 세월에 걸쳐 애매한 말의 힘은 각종 예언, 신령의 경고, 따르지 않으면 화를 입게 된다는 금기 등에서 대단히 자주 나타나고 있다.

내가 실제로 실험해본 가장 간단한 것을 예로 들자면 이런 것이 있다. 나는 한 TV 방송 프로그램에서 코미디언 장도연 님에게 내가 장도연 님이 어떤 일을 계획했는지 예언해보겠다고 한 적이 있다. 장도연 님에게 내 눈을 보라고 했고, 그 눈을 통해 정신을 읽어내고 시간을 초월하는 것처럼 사뭇 진지한 분위기를 잠깐 동안 연출했다. 연금술 책이나 연단술 비법

문서를 보면 유명한 연금술사나 신선의 이름을 언급해서 신비한 분위기를 자아내는 것과 같은 수법이다. 신비로운 분위기가 감돌면 사람들은 그다음에 하는 이야기를 좀 더 진지하게 여기게 된다.

나는 잠시 후 이렇게 말했다.

"이제 이후에, 어디에 가실 예정인데… 그 근처에, 물, 물이 보이는 것 같은데요."

공교롭게도 장도연 님은 시냇물이 흐르는 어느 산속 지역에 방문할 예정이었다. 그랬기 때문에 내 말에 깜짝 놀랐다. 그런데 사실 나는 아무런 초능력도 사용하지 않았고, 마음을 읽기 위해 아무런 노력도 하지 않았다. 다만 뭔가 시간을 초월하고 마음을 읽는 것 같은 분위기를 잡기 위해 노력했을 뿐이다. 나는 그냥 무조건 그렇게 말할 예정이었다. 왜냐하면 이 정도로 애매한 말이면, 거의 아무에게나 항상 들어맞을 수 있기 때문이다.

나는 시간을 특정하지 않고 그냥 '이후에'라고 말했다. 이후라고만 하면 방송 녹화가 끝난 직후를 말하는 것일 수도 있고, 그날 밤 늦은 시각이 될 수도 있고, 다음 날 아침이 될 수도 있다. 녹화 후 며칠간 시간이 비는 휴가 기간이 있다면, 그 긴 휴가 기간 전체가 '이후'가 될 수도 있다. 그리고 '어디에 가실 예정인데'라는 말은 무의미한 말이다. 방송 녹화가 끝나고 스튜디오에서 눌러살 리는 없으므로 어디로든 가기는 가게 되기 때문이다. 그리고 '물이 보인다'는 말은 정말로 애매한 말로 역시 어디에든 쓸 수 있다. 물은 사람이 살기 위해 필요한 것이기 때문에, 어디에 가든 대체로 근처에 물은 어떤 형태로든 있다. 시냇물이 흐를 수도 있고, 강물이 흐를 수도 있고, 연못이 있을 수도 있고, 물이 나오는 수도꼭지 같은 것이 있을 수도 있다. 수영장이나 목욕탕 근처라도 '근처에 물이 보인다'는 말은 들어맞을 수 있다. 심지어 바닷가 지역이라고 할 수 있는 부산, 인천, 강릉 같은 도시라면 그곳의 어느 지역에 가건 '근처에 물이 있다'는 건 거의 들어맞는 셈이 된다. 그 모든 경우에 다 들어맞지 않는다고 해서 '예언이라고 하더니 안 맞네'라며 그냥 집에 갔는데, 현관문을 열고 들어가니 식탁 위에 생수 한 병이 딱 놓여 있으면 그때 갑자기 '물이 보인다'는 예언이 들어맞았다는 생각이 들 수도 있다.

물 못지않게 예언에 자주 등장하는 것으로 나무도 있다. '근처에 나무가 있다'는 식으로 예언을 하면 역시 세상에 나무는 어디에나 흔하기 때문에 이런 말은 잘 들어맞기 마련이다. 꼭 가로수나 숲이 아니라고 하더라도 나무로 된 건물이나 나무로 된 옷장, 의자, 책상 같은 가구도 나무라는 느낌을 줄 수 있다. 심지어 예언을 더 애매하게 해서 '나무 목木 자를 조심하라'는 식으로 이야기를 할 수도 있는데, 이렇게 하면 실제 나무 말고도 '나무 목'이라는 한자가 들어간 사람이나 장소를 조심하라는 뜻으로도 해석될 수 있다. 예를 들어 내가 임씨 성을 가진 사람에게 욕을 먹게 된다고 하면, 임林이라는 한자에 나무 목 자가 둘이나 들어 있기 때문에 이게 바로 내가 조심했어야 하는 글자라는 생각에 빠질 수 있다. 마침 한국에는 이李씨와 박朴씨처럼 나무 목 자가 들어가는 성이 아주 흔한 편이다. 게다가 목동木洞이나 신도림新道林같이 지명에 나무 목 자가 들어가는 경우도 흔하다. '나무 목 자를 조심하라'는 예언을 들은 뒤 목동이나 신도림에서 교통사고를 당한다면 예언이 맞았다고 생각하게 될 수 있다는 뜻이다.

'동쪽에서 귀인을 만난다'라는 말이나 '10년 후 소중한 사람을 잃게 된다'와 같은 말도 비슷한 경우다. '동쪽에서 귀인을 만난다'는 말을 들으면 얼핏 동서남북 네 방향 중에 한 방향을 정해놓은 것이니 꽤 구체적으로 예측을 한 것처럼 착각할 수도 있다. 그러나 사실 서쪽이 아니면 대체로 동쪽이라고 해도 틀리지 않기 때문에 사실은 모든 위치 중에 절반을 일컫는 데 쓸 수 있다. 심지어 지구가 둥글다는 점을 고려하면, 서쪽으로 가다 보면 동쪽으로도 가게 되는 일이 생길 수도 있다. 예를 들어 미국 LA에 사는 사람이 한국 서울에 왔다고 생각해보자. 태평양을 건너 비행기를 타고 왔다면 분명히 서쪽 방향으로 온 것이다. 하지만 대개 미국을 서양, 한국을 동양이라고 하기 때문에 이런 경우에는 LA 사람이 한국 서울을 동쪽이라고 생각할 여지는 충분하다.

'귀인'이라는 단어도 대단히 애매하기는 마찬가지다. 귀인은 자신에게 도움을 주는 인물일 수도 있고, 과거에 도움을 한 번 준 인물일 수도 있다. 당장 도움을 주는 사람이 아니라 3년 후, 10년 후 도움을 줄 사람이라고 하더라도 따지고 보면 도움을 줄 귀한 사람이라는 말이 틀린 말은 아니다. 또한 꼭 그렇게 도움을 줄 사람이 아니라고 하더라도 그냥 소중하게 생각하는 사람, 좋은 추억을 갖고 있는 옛 친구, 사랑하는 사람, 가족, 그 모두가 귀인이라고 불릴 수 있을 만한 사람이다. 그러니 '동쪽에서 귀인을 만난다'는 말은 내가 움직이는 위치의 절반쯤 되는 넓은 영역에서 나한테 어떻게든 좋은 사람을 한 사람쯤은 만날 수 있다는 대단히 폭넓은 예언이다.

불길한 예언도 마찬가지다. '10년 후 소중한 사람을 잃게 된다'는 말을 예로 들어보자. 이 역시 비슷한 방식으로 애매한 의미가 힘을 발휘할 수 있는 말이다. 이런 예언은 10년 후라고 하지만 보통 정확하게 이 예언을 한 날짜까지 고려해서 정확히 만 10년이라고 따지지는 않는다. 2005년 8월 7일에 '10년 후 사람을 잃는다'고 말한다고 해서 2015년 8월 7일에 무슨 일이 일어난다고는 생각하지 않는다. 대신 대략 10년쯤 되는 기간 중에 적당히 시기가 맞으면 '10년 후'라는 시점이 들어맞은 것으로 느끼게 된다. 게다가 '소중한 사람'과 '잃는다'라는 말도 애매한 표현이다. '소중한 사람'의 범위에는 친구, 연인, 사업상의 동료 등 대단히 넓은 범위의 사람들이 포함될 수 있다. '잃는다'는 말 역시 영영 못 만나게 된다는 뜻이 될 수도 있지만, 연인과 헤어지게 되었다든가, 친구와 다투어 사이가 나빠졌다든가, 지인이 먼 나라로 이민을 가게 되었다든가, 직장 동료가 다른 회사로 자리를 옮겼다든가 하는 모든 일들이 포함될 수 있다. 내가 좋게 생각하는 모든 사람 중 한 사람에 대해 이 모든 경우 중 하나만 적당한 시기에 발생하게 되면 '10년 후 소중한 사람을 잃는다'는 예언이 맞아떨어진 것처럼 들릴 수 있다는 이야기다.

예언은 이런 식으로 애매한 말의 힘을 활용하는 것들이 무척 많다. 내가 무척 재미있게 읽은 사례로는 조선 후기에 신흥 종교 사이에서 돌았던 '해도진인海島眞人' 이야기가 있다. 조선 후기 이후로 유행한 몇몇 종교에서는 바다 건너 섬에서 진리를 깨달은 위대한 인물, 즉 진인眞人이 나타난다는 예언이 있었다. 이런 예언에는 온 나라가 혼란에 빠지고 멸망할 위기가 되면 진인이 나타나 세상을 구해준다는 이야기가 같이 나오기 마련이었다. 그런데 조선이 멸망하고 조선을 멸망시킨 일본 제국이 패망할 때까지도 딱히 해도진인은 나타나지 않았다. 아마도 그렇게 세월이 흐르는 사이에 세상이 망할 때가 되면 해도진인이 나타나 세상을 구한다는 예언이 맞지 않는다고 의심하는 사람들이 많았을 것이다. 그런데 1950년 한국전쟁이 발발했을 때, 당시 한국을 도와주었던 미국의 대통령이 때마침 해리 트루먼Harry Truman이었다. 이것을 두고 몇몇 사람들은 트루먼이 'true man', 즉 참된 사람, 진인이라는 뜻이고, 미국도 바다 건너에 있으니 바로 트루먼 대통령이 한국을 도와주는 일이야말로 해도진인이 나라를 구한다는 예언이 들어맞은 것이라는 말을 꾸며내기도 했다.

비슷한 사례로 조선 후기부터 유행한 예언서 《정감록》에 관한 것도 있다. 《정감록》의 여러 판본 중에는 세상의 큰 난리에 대해 언급하며 "나를 죽이는 자가 누구인고 하니, '소두무족小頭無足'으로 귀신도 모른다"라고 한 부분이 잘 알려져 있다. '소두무족'은 머리가 작고 발은 없다는 뜻인데 도대체 무슨 뜻인지 해석하기가 어려운 비유법이다. 그런데 북한의 미사일 발사 실험 때문에 위기가 고조되었을 때 나는 한 언론 매체에서 이 '소두무족'이라는 말을 북한의 미사일을 상징하는 것이라고 해석하는 사람들이 있다는 글을 읽은 적이 있다. 미사일은 꼭대기 부분이 뾰족하기 마련이니 그것이 머리가 작다는 의미의 '소두'에 해당하고, 미사일은 다리나 발이 없이 먼 곳까지 날아갈 수 있으므로 '무족'에 들어맞는다는 이야기다.

당연히 이런 예언들은 한계가 뻔하다. 애매한 말 속에 꿰어 맞추어 언뜻 그럴싸한 느낌을 주기는 해도 조금만 더 따져보면 정확하게 맞지도 않는다. 해리 트루먼 대통령이 정치인으로서 이런저런 공적은 있겠지만, 진리를 깨우쳐 엄청난 사상가가 되었다거나 신선처럼 살고 도술을 부리는 초월적인 인물이 된 것은 전혀 아니다. 트루먼 대통령은 1972년 12월 26일 남들과 똑같이 평범한 사람의 모습으로 세상을 떠났다.

한국전쟁 역시 남북통일 없이 휴전으로 그냥 끝이 났다. 북한 미사일이 평화에 위협이 된다고는 하지만, 세상을 망하게 한다고 하기에는 처음 노동1호 미사일의 등장으로 그 위협이 본격적으로 제기된 1990년 이후 30년 이상 전면전 없이 휴전국면은 유지되고 있다.

포러 효과

심리학 분야의 연구로 넘어가면, 애매한 말을 이용해 신비한 주장을 하는 방식은 포러 효과Forer effect로 확인해볼 수 있다. 포러 효과를 이용해 분석을 거치면, 이 책을 읽고 있는 독자의 성격을 유추할 수 있다. 실제로 아래 내용이 자신의 성격과 얼마나 일치하는지 한번 확인해봐도 좋겠다.

- 당신은 사교적인 편이지만 가끔 외로움을 느낄 때도 있다.
- 당신은 다른 사람들이 당신을 존경하기를 바라는 욕구를 마음 한편에 품고 있다.
- 당신은 도덕적인 기준을 따르는 것을 선호하며, 세상의 비도덕성에 대해 불만을 품고 있다.
- 당신에게는 약간의 성격적인 결함이 있지만, 그 결함을 없앨 수 있는 장점을 갖추고 있다.
- 당신은 종종 자기 자신에게 실망하며 열등감을 느낄 때가 있다.

얼마나 일치한다고 생각했는가? 모든 항목이 자신에게 해당된다고 느끼는가? 놀랍도록 들어맞는다는 생각이 드는가? 아니면 대체로 적당히 맞는다는 정도인가?

위의 성격 검사 결과를 이용하기 위해 사용한 포러 효과는 1940년대 말 심리학자 버트럼 포러가 발견한 것이다. 포러 효과를 발견할 당시 포러는 학생들을 대상으로 성격 검사를 실시했다. 그리고 그 성격 검사 결과를 학생들에게 나누어주면서, 학생들에게 자신의 성격과 얼마나 잘 들어맞는지 확인해보라고 했다. 학생들은 0점부터 5점까지 성격 검사가 자신의 성격을 얼마나 잘 맞혔는지 평가했는데, 당시의 평균 점수는 4점이 넘었다. 이것은 100점 만점에 80점 이상이라는 이야기다. 이만하면 포러가 실시한 성격 검사는 상당히 정확하고 뛰어난 검사라는 뜻이었다.

그런데 포러는 바로 그 정확도에 놀랄 수밖에 없었다. 왜냐하면 포러는 학생들에게 성격 검사의 원리를 모두 무시하고 전원에게 완전히 똑같은 검사 결과를 배포했기 때문이다. 포러는 그냥 대충 잘 맞을 만한 아무 말이나 써서 쭉 돌렸을 뿐이었다. 그럴 때 학생들이 얼마나 그 말이 자신에게 맞는 검사 결과라고 믿는지 살펴보려고 속임수를 쓴 것이었다. 그런데도 학생들은 이 엉터리 검사 결과에 80점이 넘는 점수를 주었던 것이다.

이것을 바로 포러 효과라고 한다. 포러 효과는 모두에게 평균적으로 대충 맞아떨어질 만한 말을 자신에게 특별히 잘 들어맞는 것이라고 착각하는 경향을 말한다. 19세기 말 미국에는 그럴듯한 말로 이런저런 신기한 볼거리들을 잘 선전하여 큰돈을 번 P. T. 바넘이라는 인물이 있었다. 그가 신기한 말과 구경거리를 만들기 위해 포러 효과 같은 수법을 잘 썼다고 하여, 포러 효과를 바넘 효과라고 부르기도 한다.

앞서 써놓았던 이 책의 독자 성격을 분석하기 위한 다섯 가지 항목 역시 사실은 그냥 아무 말이나 적당히 써놓은 것이었다. 사람들 대부분이 어느 정도는 열등감을 갖고 있고, 세상에는 나쁜 사람들이 많지만 자신은 도덕적인 편이라고 생각한다. 그것이 보통 사람들의 평범한 생각이다. 그런데 그런 보편적인 내용을 '이것이 당신의 성격을 맞힌 분석 결과다'라고 써놓으면, 적당히 들어맞는 평범한 이야기도 어떤 특별한 분석의 결과로 자신에게 특히 잘 맞아떨어진 것으로 여기게 된다.

포러 효과는 별자리점이나 신문, 잡지에 실리는 띠별 운세 같은 것이 괜히 잘 들어맞는 느낌을 주는 이유를 설명하는 데도 활용된다. 이런 운세에는 '건강과 안전에 유의하라'라거나 '돈 문제로 고민하게 된다'와 같은 말이 적혀 있다. 이런 애매한 말은 대체로 누구에게나 언제나 잘 들어맞는 말이다. 사람이 사는 동안 건강과 안전에 유의하는 것이 언제고 나쁠 것은 없다. 게다가 크든 작든 건강과 안전에 관해서는 늘 무엇인가 생각하기 마련이다. 신문 기사에서 본 위험한 질병이 무섭다고 느끼게 되거나 길 가다가 잠시 발을 헛딛게 되거나, 무슨 일이든 생겨날 것이다. '돈 문제로 고민하게 된다'는 말도 마찬가지다. 가난한 사람은 언제나 돈 문제로 고민하며, 부자는 부자대로 돈을 어떻게 지키고 어디에 투자할지 고민하기 마련이다. 그렇지만 만약 누군가 그 비슷한 일이 일어나는 운세를 갖고 있다면서 그런 식으로 애매하게 미리 말해준 적이 있다면, 그 말이 맞는 것 같다는 느낌을 받게 된다. 만약 그런 예언을 믿고 싶은 마음이 강한 성향이라면 '정말 오늘 운세를 꼭 맞혔네'라고 느낄 수도 있다.

한 가지 더해서 자신은 다른 사람과는 달리 어딘지 특별한 사람이라는 마음을 품고 있다면, 이런 식의 착각은 더 크게 다가올 수도 있다. 그냥 생각해봐도 보통 사람이 미래의 일을 운세로 예측한다는 것은 거의 불가능하다. 적어도 쉽게 일어날 수 있는 일이 아닌 것만은 분명하다. 좋은 예언가를 만나 자신의 미래를 안다는 것도 보통 사람에게는 쉬이 일어나지 않는다. 미래를 예측하는 재주는 자전거 타기나 앞구르기 같은 재주와는 다르다. 이런 놀라운 일을 할 수 있는 사람의 숫자는 아무리 넉넉하게 잡아도 흔하다고 할 수는 없다. 그러니까 사람은 미래의 일을 알지 못하고 듣지 못하는 것이 당연하다. 미래를 모르는 것이 보통이다.

그렇지만 나는 보통이 아니기 때문에, 운이 좋기 때문에, 특별한 기회를 얻었기 때문에, 다른 사람은 알지 못하는 놀라운 사람을 만나는 데 나는 성공했기 때문에, 남들과 달리 운세를 미리 알 수 있게 될 수도 있다는 식으로 생각한다고 해보자. 그런 사람이면 미래를 보는 일이 실제로 가능하다는 믿음에 더 빠져들 수 있다. 그런데 자신을 남과 다른 특별한 사람이라고 생각하는 태도는 누구나 조금씩은 갖게 되기 쉽다. 그 정도가 심해지면 이상한 생각에 더 쉽게 빠질 위험이 생긴다.

이런 생각은 연금술이나 연단술을 믿었던 중세의 화학자들 중 일부가 가끔 범하던 실수와도 비슷한 점이 있다. 어떻게 납이나 철을 금으로 만드는 놀라운 비법을 아무나 알아낼 수 있겠는가? 어떻게 보통 사람이 영원히 사는 약을 만들어낼 수 있겠는가? 그렇지만 나는 위대한 연금술사이기 때문에, 특별한 학자이기 때문에 그런 놀라운 일을 해낼 수도 있겠다는 생각에 빠진 것이다. 설령 자신이 엄청난 학자라는 믿음까지는 품고 있지 않는다 하더라도, 나는 무엇인가 운이 좋고 특별한 사람이기 때문에 다른 사람은 해내지 못한 비법을 찾아낼 수도 있을 거라는 생각을 어느 정도 품고 있다면 자신은 연금술이나 연단술에 성공할 거라는 꿈에 더 매달리게 되기 쉬울 것이다.

발표편향의 공포

연금술이 긴 세월 인기를 끌었던 또 다른 이유로는 발표편향Reporting bias을 빼놓을 수 없다. 연금술을 극복했다고 하는 현대 화학에서도 발표편향은 약간씩 발생한다. 그만큼 발표편향은 과거에 아주 심각한 문제였고, 지금도 작지 않은 문제다. 화학뿐만 아니라 모든 과학기술 영역에서 발표편향의 함정을 어떻게 피할 것인가 하는 점은 중요한 문제로 꾸준히 연구되고 있다. 다시 말해 발표편향에 휘말리면 현대의 귀중한 과학기술 연구도 자칫 옛 연금술의 단점을 지니게 될 수 있다. 그만큼 발표편향은 피하기 어렵다.

발표편향이란 널리 소문이 나고 발표된 현상일수록 사람들이 더욱 많이 믿게 되고, 발표되지 않고 소문이 나지 않은 현상은 사람들이 잘 안 믿게 된다는 것을 말한다. 이렇게만 말하면 너무나 당연한 일처럼 여겨질 수 있다. 그렇지만 너무 당연한 일이기 때문에 걸려들기도 쉽다. 어떤 사람이 신기한 연금술 책을 하나 입수했다고 해보자. 그리고 이 책에는 모래에 어떤 비밀 약물을 만들어 넣으면 거기에서 작은 금가루가 나온다고 적혀 있다고 치자. 당연히 평범한 모래를 금으로 바꾸는 화학 반응은 없으므로 아무리 열심히 그 책에 있는 수법을 공들여 따라 한다고 해도 금을 만들 수 없다. 신기한 연금술 책을 입수해서 열심히 따라 해본 사람들은 대부분 '역시 헛소리였네'라면서 그냥 한숨을 쉬고 잊을 것이다. 대부분의 사람들은 그런 무의미한 것을 믿고 자신이 따라 했다는 사실을 허망하게 생각할 것이다. 그래서 주변에 이야기도 안 할 것이다. 어쩌면 부끄러워서 더 말하기 싫을 수도 있다.

그런데 그 연금술 책을 따라 해본 적이 있는 천 명, 만 명 중에 두세 사람 정도는 우연히 금을 만들었다고 착각할 수도 있다. 우연히 실험하던 모래 속에 아주 작은 금 알갱이가 섞여 있는 것을 뒤늦게 찾아내고는 '내가 이 금가루를 만들어냈다'고 착각했을 수 있다. 혹은 금가루가 아닌 다른 이상한 노란색 먼지 같은 것이 어디에서 날아와 끼인 것을 '금가루가 나왔다'고 착각한 것일지도 모른다. 그런데 연금술 책을 따라 해서 작은 금가루라도 찾아낸 사람은 그 성과에 감탄한다. '정말로 연금술에 성공한 사람이 있다'는 놀라운 소문은 삽시간에 퍼져나간다. 신기하고 놀라운 사건이므로 사람들 사이에서 소문은 인기를 얻는다. 여기에 '다른 마을의 어떤 누구도 그 연금술 책대로 했다가 성공했다더라' 하는 소문이 합쳐지면 소문은 더 빨리 퍼지기 시작한다. 연금술에 실패했다는 당연하고 뻔한 소식은 소문으로 잘 퍼지지 않지만, 연금술에 성공했다는 놀랍고 이상한 소식은 훨씬 빨리 잘 퍼진다.

그러면 대다수의 사람은 연금술에 실패했다는 소식보다는 연금술에 성공했다는 소식을 훨씬 더 많이 듣게 된다. 사실은 실패한 사람들이 훨씬 더 많지만, 성공했다는 소식이 더 알려졌기 때문에 그쪽이 더 그럴듯한 사실처럼 느껴지게 되는 것이다. 이것이 발표편향의 함정이다. 이런 소문이 크게 유행하게 되면, 나중에는 우연히 금가루가 끼인 모래를 사용한 덕분에 딱 한 번 연금술에 성공했다고 착각한 사람 스스로도 자신의 성공을 굳게 믿게 된다. 애초에 실험의 오류일 뿐이었으니 다시 실험해보면 금가루가 생길 리가 없는데도 '그때 실험한 날 보름달이 떴으니 보름달이 뜨는 날 다시 실험해보자'라든가, '그때 실험할 때는 주위에 노인들이 많았는데, 노인들의 기운을 받아 실험이 잘된 것일 수도 있으니 노인들을 많이 모아놓고 실험해보자'라는 식으로 별별 의미도 없는 일을 끝없이 떠올리면서 쓸데없는 실험을 계속하게 된다.

세계 여러 나라의 학생들 사이에서는 혼령을 불러 혼령에게 무엇인가를 물어본다는 식의 놀이가 유행할 때가 있었다. 20세기 중반까지 한국에서는 주로 청소년기 여성들 사이에서 '춘향이 놀이' 또는 '꼬대각시 혹은 꼬댁각시 놀이'라고 하여 무리 중 한 사람에게 혼령이 들어가 이런저런 말이나 동작을 해준다는 놀이가 꽤 퍼져 있었다. 1990년대 전후로는 '분신사바'라고 해서 두 명이 손에 연필이나 볼펜을 잡고 주문을 외우면 그 연필이나 볼펜이 움직이며 혼령의 뜻이 어떤 모양이나 글씨로 쓰인다는 놀이가 유행했다. 요즘에는 굉장히 간단하게 '통벽귀신'이라고 해서 혼령에게 질문을 하고 등 뒤로 뭔가를 던지면 벽 속에 사는 혼령의 뜻에 따라 그것이 떨어지는 방향이 달라진다는 놀이도 어린이들 사이에 도는 것 같다.

그 외에도 미국의 '위자보드'라든가 일본의 '코쿠리상'처럼 혼령에게 무엇인가를 물어보는 놀이는 다양하게 퍼져 있다. 그런데 이런 혼령과 대화하는 놀이는 대체로 잘되지도 않고,

미국의 위자보드 게임

설령 성공한다 하더라도 무엇인가를 맞히게 되는 경우는 대단히 드물지만, 그런 실패 사례는 잘 알려지지도 않고 널리 보고되지도 않는다. '통벽귀신 놀이를 했는데, 별로 못 맞혔대'라는 재미없는 이야기가 특별히 소문이 나서 이야깃거리가 될 리 없기 때문이다. 그렇지만 만약 공교롭게도 성공해서 맞히는 경우가 1만 명 중에 한 명에게라도 생기면 그것은 놀라운 소문이 된다. 이야기가 널리 퍼지고 많은 사람에게 신기한 사연으로 알려지며 화제를 모은다.

나는 우연히 월드컵 특별 방송에 한번 출연했다가 아나운서 배성재 님으로부터 예전에 유명했던 월드컵 경기 결과를 예측하는 문어가 어떻게 가능했는가 하는 질문을 받은 적이 있다. 독일에 파울이라고 하는 신통한 문어가 있는데 월드컵 경기 전에 그 문어가 어느 쪽으로 움직이느냐를 보면 어느 팀이 승리할지를 예측할 수 있었다는 것이다. 그때 나는 그 문어의 비결을 크게 두 가지로 설명했는데, 그중 한 가지가 바로 발표편향이었다.

월드컵은 전 세계에서 수십억 명의 인구가 시청하는 대단히 인기 있는 경기다. 그러므로 전 세계 각지의 온갖 마을에는 저마다 월드컵 경기를 예측할지도 모른다고 생각하는 여러 이상한 동물들이 있었을 것이다. 어떤 마을에는 월드컵 경기를 예측하는 고양이가 있었을 것이고, 어떤 마을에는 금붕어가 있었을 것이다. 어떤 곳에는 월드컵을 예측하는 나무나 꽃이 있었을지도 모른다. 그러나 그 많은 이상한 동물이나 식물들이 월드컵 경기를 예측하지 못한다면 그것은 아무런 화젯거리가 되지 못한다. 굳이 '전국에 월드컵 경기를 예측한다고 하는 동물은 총 120마리가 있는데, 그중 119마리가 이번 경기 예측에 실패했습니다'라는 사실을 조사해서 발표하는 사람은 없다. 월드컵 경기 예측에 실패한다는 재미없는 현상은 발표되지 않는다. 대신 우연히 월드컵 경기 결과를 연속으로 맞힌 아주 희귀한 사례에 속하는 문어는 대단한 화제가 되어 널리 발표되고 알려진다.

발표편향은 거의 모든 분야의 여러 가지 신기한 현상이 인기를 얻을 수 있는 강력한 바탕이다. 예를 들어 유령이 나온다는 도로가 있는데 그 길을 지날 때 아무 일도 겪지 않은 사람이 수만 명, 수십만 명이 있어도 그 사실은 별 화젯거리가 되지 않는다. 그렇지만 만 명 중에 단 한 사람이 그 길을 지날 때 이상한 소리를 들었다고 한다면 '혹시 유령의 소리를 들은 것은 아닌가'라는 이야기와 함께 알려지고 언급되며 발표된다. 그렇게 해서 많은 사람 중 단 한 명 때문에 그곳이 '유령 나오는 도로'라는 평판이 생기면, 그 후로는 아무리 가끔이라고 해도 무슨 조그마한 이상한 일이라도 생기면 그때마다 '유령이 나온 것은 아닌가'라는 소문이 돌며 이야기를 더 굳어지게 한다.

그나마 그냥 신기하구나 하고 넘어갈 수 있는 유령 이야기에 발표편향이 걸쳐 있다면 차라리 다행일지도 모른다. 발표편향이 과학 연구에 손을 뻗치면, 대학원생과 연구원들을 실제로 헛고생에 빠뜨릴 수도 있다. 왜냐하면 신기술이나 새로운 과학적 발견에 도전할 때도 발표편향이 발생할 수 있기 때문이다. 예를 들어 어떤 산성 약품에 강력한 전압을 가해서 치료하기 어려운 병을 치료할 수 있는 약을 쉽게 만들 수 있다는 학설이 있다고 상상해보자. 어떤 사람이 그 학설에 따라 힘들여 산성 약품을 구하고 전압을 강력하게 가했지만 아무런 약도 만들 수 없었다고 한다면, 그 사람은 그냥 그런 일은 실패했다고 생각하고 학계에 발표하지 않았을 것이다. 그런데 만약 어떤 사람은 산성 약품에 강력한 전압을 걸어 귀중한 약을 아주 조금이라도 만드는 데 약간은 성공했다고 해보자. 하지만 이것은 쉽지 않은 방법이라 위험하고 돈도 많이 들고 시간도 오래 걸리고 실용성이 떨어진다. 그럼에도 비용을 많이 들여 연구를 한 사람 입장에서는 자기 연구가 아주 가치 있고 성공적인 연구라고 열심히 선전해야 한다. 그래야 좋은 연구를 했다고 인정받을 수 있고, 쓸데없는 데 연구비를 썼다는 비난을 피할 수 있다. 그래서 이 사람은 사실 별 쓸모없는 미세한 결과를 얻었을 뿐이지만, 연구 결과를 발표할 때는 '지금도 가능성은 보여주는 성과를 얻었고, 앞으로 계속 연구하면 혹시 대성공을 할 수 있을지도 모른다'는 식으로 아주 긍정적으로 말하게 된다. 그러면 이 연구의 현실을 모르는 다른 사람은 발표편향에 휘말려 산성 약품에 강력한 전압을 걸어 약을 만드는 이 기술이 정말로 좋은 것인 줄 착각하게 된다.

그 기술을 쓰다가 실패해 망한 사람은 여럿 있지만, 그들의 실패는 논문으로 출판되지도 않고 널리 발표되지도 못한다. 그렇지만 간혹 우연히 작은 성공이라도 거둔 사람은 어떻게든 좋은 결과가 나왔다고 논문으로 알리고, 발표회에서 화려하게 발표하게 되면, 이런 착각은 모든 분야에서 점점 심해질 수 있다.

확증편향은 사회를 갉아먹는 악마

혼령이 미래를 예언하는 이야기가 잘 맞았다거나 꿈에서 본 것이 미래에 사실로 이루어졌다는 이야기에 대한 해설로 무척 자주 등장하는 이야기 중에는 확증편향Confirmation bias도 있다. 여러 곳에서 자주 등장하는 이야기이기 때문에 간단히만 짚고 넘어가겠다.

사람은 자기가 생각하는 것이 맞는다는 것을 확인하기 좋아한다. 그렇기 때문에 자기 생각에 맞지 않는 사례는 은근슬쩍 무시하거나 오래 기억하지 못하고, 자기 생각에 꼭 맞는 사례는 너무 강하게 기억하면서 오래 마음속에 간직한다. 그러면 나중에 돌아볼 때 자기 생각과 다른 일은 없었던 것 같고, 자기 생각과 잘 들어맞는 일만 많았던 것 같다는 착각을 일으키게 된다. 이런 착각이 바로 확증편향이다.

꿈을 꾸면 미래에 그 꿈이 현실로 나타난다고 믿는 사람이 있다고 해보자. 아무리 그런 사람이라고 해도 그 사람이 꾼 꿈 중에 대부분은 일종의 개꿈처럼 의미 없는 꿈일 것이고 별별 꿈을 꾸겠지만, 현실로 이루어지는 꿈이 없을 경우에는 대수롭지 않게 생각하며 그냥 잊게 된다. 특히나 꿈은 원래 아주 빠르게 잘 잊히는 특징이 있다. 그러나 공교롭게도 차에 부딪혀 다치는 꿈을 꾼 날 우연히 주차를 하다가 실수로 다른 차를 긁는 일을 겪었다고 해보자. 지금까지 꾼 꿈이 현실과는 100번 달랐다고 하더라도 이날 한 번 우연히 꿈이 현실과 비슷하게 들어맞으면 '교통사고 꿈을 꾸었더니 진짜 교통사고가 나더라'는 강렬한 충격으로 다가오게 된다. 선명하게 마음속에 새겨지고, 놀라운 일로 머릿속에 각인된다. 그렇게 '나는 꿈이 잘 맞는다'는 생각을 한번 하기 시작하면 그다음부터는 꿈이 엇비슷하게라도 맞아떨어질 때마다 더욱더 그 사실을 강렬하게 기억하게 된다. 그렇게 세월이 지나다 보면 자신의 머릿속에는 꿈이 너무 잘 맞았다는 기억이 아주 많이 남아 있게 된다. 결국 자신에게는 신기가 있어서 꿈이 잘 맞는다는 사실을 믿게 된다.

설령 이런 이야기를 보고 이론상으로는 확증편향 때문에 생긴 착각이라는 사실을 이해하게 된다고 하더라도 확증편향 속에서 이런 경험을 몇 차례 하게 되면, 적어도 자신의 깊은 마음속에서는 꿈이 미래와 관련 있다는 느낌을 떨쳐버리기 어려워진다. 그러다 보면 어쩔 수 없이 꿈을 완전히 무시할 수 없게 되고, 혼령이 내려주는 예언을 떨쳐버리자니 찝찝하다는 생각까지 하는 것이 사람 마음이다. 확증편향이 사람의 마음에 남기는 충격은 이렇게 강력하기 때문에 유령이나 초능력을 잘 믿지 않는 사람들 중에서도 그 찝찝함은 떨쳐버리지 못하는 경우가 많다.

확증편향은 유령뿐만 아니라 사회적 편견을 고착화하는 데도 위험한 역할을 한다. '어떤 나라 출신 사람은 거짓말쟁이인 것 같다'는 식의 무의미한 속설을 한번 받아들이게 되면, 그 나라 출신 사람 중에 착한 사람을 만 명을 보더라도 그런 사실은 마음에 남지 않다가 반대로 우연히 단 한 명이 딱 한 번 거짓말하는 장면을 보았을 때 '정말 그 나라 사람은 거짓말쟁이가 맞구나' 하는 확신이 강하게 기억에 남게 된다. '어느 지방 출신 사람 성격은 어떻다더라', '이 성별의 사람은 어떤 분야에서 실력이 떨어진다더라', '숫자 4는 재수가 없다더라' 등과 같은 아무 쓸데없는 편견과 고정관념이 있을 때, 그런 생각은 사실이 아니라는 객관적인 조사 결과가 있다고 하더라도 마음속에 새겨지는 확증편향이 그 사실을 보지 못하게 만든다. 그러니 사실 확증편향이야말로 사람의 눈을 가리고 사회를 편견으로 망하게 만드는 악마인 것이다.

10장

사상 최악의 악귀를 물리치는 백신

한국사 최악의 악귀는 무엇이었을까

사람은 다치거나 독초를 먹거나 상한 음식을 먹으면 몸이 아프게 된다. 그런데 별 이유도 없이 병이 나는 것처럼 보이는 경우가 있다. 그럴 때 옛사람들은 혹시 사악한 혼백이나 악마 같은 것이 그 사람을 공격했기 때문이 아닐까 의심했다. 만약 별 이유가 없어 보이는데 어떤 마을의 사람 여럿이 한꺼번에 병을 앓게 되었다면 옛사람들은 그것이 굉장히 무섭고 강력한 혼령 때문이라고 생각했을 것이다. 실제로 그 비슷한 이야기들을 사람들이 굳게 믿었다는 사실은 역사 기록에도 나와 있다.

예를 들어《조선왕조실록》1452년 음력 6월 28일에는 황해도에서 단군을 숭배하는 건물을 파괴하거나 소홀히 다루어 저주를 입었다는 소문에 대해 단종이 보고받은 이야기가 실려 있다. 이 기록에 따르면 단군을 숭배하는 활동을 소홀히 했더니 검은 연기 덩어리 같은 형체가 몰려다니는 이상한 현상이 발생했다고 한다. 그리고 그 때문에 부근 지역에서 많은 사람이 병에 걸려 피해를 입는 일이 발생했다고 한다. 즉, 단군은 세상을 떠난 지 수천 년이 지난 후에도 자신에 대한 예의가 소홀해지면 저승에서 검은 연기로 된 악귀들을 보내 사람들을 공격하는 마력을 지닌 혼백이 되었다는 내용이다.

지금에 와서 사람을 병들게 하는 사악한 혼령의 대표로 굳이 단군을 떠올리는 한국인은 거의 없을 것이다. 그도 그럴 것이 이 이야기는 혼령이 병을 일으키는 이야기들 중 그다지 유명한 쪽에 속하지도 않는다. 조선시대 기록에 보이는 병을 일으키는 혼령들에 대한 사연은 이보다 훨씬 더 다양하다. 아마도 단군이 분노해서 전염병이 퍼졌다는 이야기는 15세기 초 무렵 황해도 지역 일대에서만 특히 유행하다가 잠잠해졌던 것 같다. 그리고 단군은 점차 나라를 보호해주거나 복을 주는 신령에 가깝게 변모했던 것으로 보인다. 조선 말기에는 재물이나 건강을 비는 대상이었던 제석帝釋이나 출산을 돕고 어린이를 보호하는 신령인 삼신할머니와 비슷하게 여겨지기도 했던 것 같다. 그렇다면 조선시대의 혼령 중에 사람을 병들게 하는 것으로 가장 악명 높았던 건 무엇이었을까?

조선 후기 이야기책인《천예록》에는 이런 이야기가 나와 있다. 김씨 성을 가진 한 선비가 서울에서 영남 지방으로 가던 중에 문경새재 길에서 혼령을 만나 대화를 나누게 되었다. 혼령은 몇 년 전 세상을 떠난 선비의 친구 모습이었다. 선비는 이미 저승에 가 있는 사람이 어떻게 이승을 돌아다닐 수 있는지 물었다. 그러자 혼령은 이렇게 대답했다.

"나는 죽은 뒤에 병을 퍼뜨리는 귀신이 됐어. 그래서 사람들이 사는 세상에 병을 퍼뜨리는 게 일이야. 이제 막 서울, 경기 일대를 돌고 지금 영남으로 가는 길이야."

선비가 혼령을 자세히 보니 높은 벼슬이라도 하는 것인지 멋진 말을 타고 부하들을 거느리고 있었다. 그리고 그 뒤에는 수백 명의 어린아이들 형체가 뒤따르고 있었다. 혼령은 자신과 자기 부하를 뒤따라오는 어린아이들을 가리키며 말했다.

"이 혼령들은 바로 병에 걸려 목숨을 잃은 서울, 경기 지역의 아이들이야."

선비는 깜짝 놀라 혼령에게 살아생전에는 착하게 살았던 사람이 왜 이렇게 무시무시한 일을 하고 있느냐고 캐묻는다. 혼령은 좀 겸연쩍어하면서 운명이기 때문에 어쩔 수 없다는 식으로 대답했다. 그러자 선비는 혼령에게 당부한다.

"이 친구야. 비록 지금과 같은 처지라도 최대한 사람 목숨을 구해주려는 쪽으로 일한다면 그만큼 착한 일을 하는 것 아니겠는가?"

그러고 나서 혼령과 헤어졌는데, 나중에 선비가 머무르던 집에 살던 아이가 병에 걸리자 그 혼령 친구를 부르며 살려달라고 부탁하는 제사를 지냈고, 그러자 아이가 곧 병에서 나았다는 것이 이야기의 결말이다.

이 책의 앞쪽에는 병을 일으키는 악귀에 대한 또 다른 이야기가 한 편 더 실려 있다. 이 사연에서도 병을 일으키는 혼령을 목격하는 사람이 어떤 선비다. 선비는 밤길을 가다가 어느 집에서 하룻밤 묵고 가려고 했는데 그 집 아이가 병에 걸렸다는 이유로 그러지 못하게 된다. 결국 다른 가겟집에서 머무르게 되는데, 그날 밤 선비의 꿈에 노인 혼령이 나타나 이렇게 말한다.

"그대가 원래 머무르려고 하던 집 주인이 나를 섬기는 정성이 부족해서 내가 그 집 아이의 목숨을 빼앗으려고 하오."

선비는 다음 날 그 집에 찾아가 그 혼령을 위해 성대한 제사를 치르라고 권한다. 그리고 선비의 꿈속에서 혼령은 그 집에 분명히 꿩, 쇠고기, 말린 감이 있는데도 자신에게는 바치지 않는다고 이야기했다고 전하면서 그 집 주인에게 그런 음식을 제사상에 올리라고 한다. 병을 옮기는 악귀치고는 반찬 투정을 하는 어린아이 같다는 생각이 들기도 하지만, 음식을 귀하게 여기고 최대한 좋은 음식을 내놓는 것을 대접의 기본으로 여긴 우리 선조들의 문화가 선명하게 드러나는 대목이기도 하다. 그렇게 좋은 음식을 잘 차려 의식을 치르고 혼령을 향해 제발 화를 풀고 곱게 떠나달라고 빌었더니 아이의 병은 곧 치유되었다. 나중에 혼령은 자신이 어느 집에서 살다가 세상을 떠난 지 2년째 되는 사람이라고 선비에게 설명하는데, 그러면서 자신은 저승에 와서 병을 일으키며 돌아다니는 역할을 맡게 되었다고 이야기한다.

두 이야기 모두 산 자가 목숨을 잃어 저승에 가게 되면 가끔 사람을 병들게 하는 악귀 같은 것이 되어 돌아올 수 있다는 믿음을 바탕에 깔고 있다. 그런데 마침 두 이야기가 비슷한 병을 소재로 이야기를 풀어나가고 있고, 둘 다 결국 그 악귀가 살아 있는 사람과 비슷한 생각을 갖고 있다고 보고 있다. 그래서 우연히 그 악귀와 말을 나눌 수 있게 되었을 때 좋은 말로 잘 달래거나 융숭한 대접을 하며 기분을 풀어주면 악귀는 기분이 좋아져 별 폐를 끼치지 않고 떠나간다고 보았다.

곁가지 이야기인데, 나는 이런 믿음이 조선시대 내내 완전히 근절하기 어려웠던 관리들의 횡포와 어느 정도는 관련이 있다고 생각한다. 조선시대의 관리들은 보통 백성들에 대해 막강한 힘을 갖고 있었다. 마음에 안 드는 사람이 있다면 누구든 잡아 가두고 무시무시한 조정의 권위를 들먹이며 수많은 규정과 조항을 뒤져서 어떻게든 이유를 찾아 처벌하겠다고 으름장을 놓을 수 있었다. 그런 관리들의 횡포에서 백성들이 벗어나기 위해서는 그저 관리에게 굽실거리면서 최대한 좋은 말을 해주고 좋은 음식을 바치며 기분을 좋게 하는 수밖에 없었다. 그런 문화가 사회 전반에 수백 년 동안 퍼져 있다 보니, 악귀조차도 친분 관계를 이용해 호소하거나 좋은 음식을 바치며 절하는 식으로 달래는 것이 가장 좋은 대처 방법이라는 말을 다들 그럴듯하다고 여긴 것 아닐까?

이야기 속에 나오는 병을 일으키는 악귀에 대한 이야기는 조선 후기뿐만 아니라 조선시대 내내 유행했던 것으로 보인다. 조선 중기 어숙권이 쓴《패관잡기》에도 이 악귀에 대한 풍속을 기록해놓은 부분이 있다. 그 내용에 따르면, 악귀가 들어와 사람에게 병을 일으켰을 때는 그 악귀를 화나게 하면 안 되기 때문에 병이 든 사람과 그 가족들은 모든 행동을 조심해야 한다고 했다. 특히 제사에 참여하거나 초상집에 가면 안 되며, 잔치도 하지 말아야 한다고 되어 있고, 또한 가족이 아닌 사람이 집에 와서 머무르는 것도 안 된다고 되어 있다. 심지어 무슨 이유인지 기름, 꿀, 더러운 냄새나 비린내, 누린내를 조심해야 한다는 이야기도 있었다고 한다. 비린내와 누린내를 조심하라는 말은 고기 음식을 먹지 말라는 뜻인 듯한데, 예전에는 집에서 직접 가축이나 생선을 잡는 일이 많았던 것을 생각하면 이 이야기는 집에서 동물의 목숨을 빼앗는 일을 하지 말라는 뜻으로 볼 수도 있을 것 같다. 이러한 여러 가지 행동을 하면 무슨 이유에서인지 악귀를 화나게 할 수 있고, 그러면 악귀가 일으키는 병세가 심해져 목숨을 잃을 위험이 커진다고 당시 사람들은 굳게 믿었다.

어찌나 악귀에 대한 공포가 강했는지 집에서 나갔다가 들어올 때마다 웃어른에게 하듯 옷차림과 모자를 반듯이 하고 '다녀오겠습니다', '다녀왔습니다' 하고 악귀에게 공손히 인사하는 이들도 있었다고 한다. 병세가 심해졌을 때는 몸을 깨끗이 씻고 악귀에게 그러지 말아달라고 열성적으로 기도를 하는 사람들도 있었다고 기록되어 있다.

거의 비슷한 풍속이 조선 후기에 나온 《오주연문장전산고》에도 기록되어 있는 것으로 보아 이러한 악귀에 대한 믿음은 수백 년 동안 사라지지 않고 조선시대 사람들 사이에 굳건히 자리 잡고 있었던 것 같다. 그만큼 이 병이 무서운 것이었고, 동시에 병이 걸리는 원인과 그 치료법을 알 수 없었기 때문이다. 조선시대 사람들에게는 바로 이 병이야말로 '병원에 가도 이유를 모르겠다고 하는데, 귀신이 붙은 건지 몸은 계속 아팠다'고 할 만한 병이었다. 그러면서도 무척 많은 사람을 희생시키는 재난이었다.

이 병은 다름 아닌 옛 시대 전염병의 대표라고 할 수 있는 천연두였다. 조선시대에는 두창痘瘡이라고 불렀다. 그래서 두창을 옮기는 악귀를 보통 '두신痘神'이라고 불렀다. 《천예록》에 실려 있는 이야기대로라면, 가끔 세상을 떠난 혼령 중에는 악귀 중에서도 특히 무섭고 사악한 두신이 되는 것들이 있었다고 한다.

마마를 두려워한 사람들

《오주연문장전산고》에는 좀 더 자세한 기록들이 나와 있다. 그 내용을 보면 19세기 무렵 사람들이 두신이라는 악귀를 쫓기 위해 어떤 노력을 기울였는지 잘 알 수 있다. 우선 천연두를 부르는 다른 이름들이 언급되어 있다. 당시에는 천연두 귀신을 가리켜 '호귀胡鬼마마'라고 불렀다고 되어 있다. 일부 지역에서는 서쪽에서 온 신령이라는 뜻으로 '서신西神'이라고 불렀다는 기록도 보인다. 마마는 높은 사람을 부르는 호칭으로, 조선시대에 종종 사용하던 표현이므로 호귀마마는 호귀를 높여서 부르는 말이다. 호귀는 그대로 번역하면 이민족 귀신이라는 뜻이 되는데, 그렇다면 역시 나라 바깥 먼 곳에서 온 귀신이라는 이야기가 되어 서신과 뜻이 비슷해진다.

지금도 무속에 관한 기록이 남아 있는 여러 자료를 조사하다 보면, 호귀 또는 호구라는 말이 자주 발견된다. 국가민속문화재 28호로 지정된 무속 관련 건물인 인왕산 국사당에는 19세기 말에서 20세기 초에 제작된 것으로 보이는 무속인들의 숭배 대상 그림 몇 가지가 남아 있다. 그중에는 '호구아씨'라고 하여 시녀 두 사람을 거느린 화려한 복장의 여성 그림이 있는데, 호구아씨 역시 호귀마마와 발음과 뜻이 통하는 말이다.

두신, 두귀 같은 직접적인 이름 대신 호귀마마 등의 호칭을 사용한 것은 유령의 이름을 함부로 부르는 것조차 불길하다고 생각했기 때문인 것으로 보인다. 특히 나중에는 이름을 함부로 불러대면 버릇없다고 화를 낼지도 모른다는 생각에 그냥 '마마'라고만 부르기도 했던 것 같다. 천연두를 한국에서 마마라고 부르는 것은 대단히 널리 퍼져 있어서 국립국어원 표준국어대사전에도 '마마'의 뜻이 '천연두를 일상적으로 이르는 말'로 등재되어 있을 정도다. 천연두 귀신의 마음을 거스르는 것이 얼마나 두려웠으면 그 이름을 직접 부르지도 못하고 '마마'라고 높이는 호칭만 부를 정도로 조심했을까. 그렇게 생각하면 당시의 사람들이 불쌍하다는 느낌도 든다.

그 외에도 천연두에 걸린 사람이 생기면 매일 깨끗한 물을 떠놓고 밥과 떡을 꼬박꼬박 바치면서 기도하는 풍습이 있었다고 하며, 천연두가 다 끝난 후에도 '배송拜送'이라 하여 특별한 의식을 치렀다고 한다. 전형적인 배송 의식의 모습은 종이로 깃발을 만들고 싸리나무로 말 모양을 만들어 악귀에게 바치는 것이었다고 한다. 아마도 악귀가 그 집에 머무르다가 이제 갈 때가 되었으니 잘 가라고 악귀가 타고 갈 말을 만들어주는 것이 아니었나 싶다. 그렇다면 현대에 병을 옮기는 악귀가 찾아온다면, 잘 가라고 자동차 모양을 나무로 만들어주어야 할까? 아니면 좀 더 빨리 가라고 KTX 열차 모양을 만들어서 바치는 것이 더 효과가 좋을까?

온 나라를 휩쓴 악귀를 단번에 몰살시킨 비법

너무나 당연하지만 현대 사회에서 천연두를 피하겠다고 자동차 모양의 나무 조각을 만들어 바치는 사람은 아무도 없다. 또한 천연두를 천연두라고 함부로 부르면 안 된다고 생각하는 사람도 없다. 요즘 사람들은 천연두를 그냥 거침없이 천연두 또는 두창이라고 말하며, 오히려 의사소통이 헷갈리므로 마마라는 말을 잘 안 쓴다. 그러나 그렇다고 해서 '내 이름을 함부로 동네 개처럼 부르다니 버르장머리 없는 자식, 내가 병을 들게 해주마'라고 하면서 천연두 귀신이 들러붙는 일은 없다. 전 세계에 그런 일을 당하는 사람은 지금 아무도 없다. 왜냐하면 천연두는 그런 악귀와 아무런 상관없이 생기는 병이기 때문이다.

19세기 독일의 과학자 로베르트 코흐Robert Koch는 전염병을 연구한 결과 그것에는 네 가지 규칙이 있음을 알아냈다. 이 규칙을 보통 '코흐의 가설Koch's postulates'이라고 부른다. 첫 번째는 병을 앓는 사람에게는 병의 원인이 되는 물질이 있고 건강한 사람에게는 그 물질이 없어야 한다는 것이다. 두 번째는 그 물질을 사람에서 뽑아낼 수 있다는 것이다. 세 번째는 그 물질을 건강한 사람에게 주입하면 그 사람도 병에 걸린다는 것이다. 네 번째는 그렇게 병에 걸린 사람으로부터 다시 그 물질을 찾아낼 수 있다는 것이다.

코흐의 가설 첫 번째 규칙처럼 천연두를 앓는 사람에게는 천연두 바이러스라는 물질이 있고 건강한 사람에게는 그 바이러스가 없다. 몸에 바이러스가 없는데 단지 악귀에게 기도를 소홀히 했기 때문에 그 벌로 천연두를 앓게 되는 일은 없다는 뜻이다. 그리고 세 번째 규칙처럼 사람 몸에 천연두 바이러스를 집어넣어 바이러스가 몸속에서 퍼지며 자리 잡는 데 성공하면 그 사람은 천연두에 걸린다. 그 사람이 아무리 열심히 밥과 떡을 차려놓고 온 힘을 다해 악귀에게 정성을 바치더라도 천연두 바이러스가 몸에 들어와 퍼지면 천연두에 걸린다. 천연두에서 벗어나기 위해서는 그 바이러스가 없어져야 하는 것이지, 귀도 없는 천연두 바이러스를 향해 조심스럽게 '마마'라고 돌려 말하는 풍습 따위와는 상관이 없다.

사람들이 천연두를 물리칠 수 있었던 결정적인 계기가 된 것도 악귀와는 아무런 상관이 없다. 그 답은 악귀에 대한 정성이나 유령을 대하는 정신력과는 아무 관계 없는 동물에게 있었다. 그 동물은 바로 소였다. 영국의 과학자 에드워드 제너Edward Jenner는 소가 걸리는 천연두와 비슷한 병인 우두牛痘, cow pox에 걸리고 나면 그 후 그 사람은 천연두에 걸리지 않는다는 사실을 알아냈다. 다행히 우두는 증상이 천연두에 비해 가볍다. 그래서 소가 우두에 걸리게 한 다음 그 소에서 뽑은 물질을 사람에게 집어넣어 일부러 우두에 걸리게 하는 방법을 개발했다. 그렇게 했더니 정말 그 사람은 천연두라는 무서운 병에 걸리지 않거나 걸리더라도 금방 회복되었다. 바로 이렇게 해서 역사상 최초의 백신이 탄생했다. 백신이라는 이름도 소를 뜻하는 라틴어 '바카vacca'에서 온 것이다.

이 이야기에서 내가 특히 주목하는 중요한 사실은 제너가 세상에 바이러스가 있다는 것도, 바이러스가 천연두의 원인이라는 것도 정확히 알지 못하던 시대의 사람이었다는 것이다. 그런데도 그는 천연두와 우두의 관계를 파악하여 우두를 이용해서 천연두를 예방할 수 있다는 사실을 알아내고, 그 방법이 과연 얼마나 성공적인지 정확하게 실험하고 측정하여 진짜 천연두 예방법을 개발했다. 그러니까 이런 문제를 풀 때 핵심은 실험과 검토와 측정을 통해 객관적으로 따지는 데 있다는 것이다. 최대한 정성을 기울이면 뭔가가 감동할 것 같은 느낌이 든다든가, 정성이 부족하면 악귀가 더 화를 낼 거라는 식의 막연한 주장으로는 문제를 정확히 파악할 수 없다. 비교할 수 없는 감상만 모아서는 이런 복잡한 문제를 풀 수도 없다. 자기 기분이나 자기가 믿고 있는 사상에 사실을 적당히 꿰어 맞추는 식으로 이런 재난을 해석해서는 답이 나오지 않는다.

현대의 백신 기술은 더욱더 발전하여 과거에는 물리칠 수 없었던 많은 질병 중 상당수를 손쉽게 해결할 수 있게 되었다. 그토록 긴 세월 온 세상 사람들을 끝없이 괴롭히던 악랄한 천연두는 1970년대에 전 세계의 공동 노력으로 아예 자연에서 멸종되어버렸다. 그 말인즉 지금 시대의 사람들은 아무리 가난한 사람이라도, 아무리 힘없는 사람이라도 천연두에 걸리지는 않는 세상이 되었다는 이야기다.

《조선왕조실록》을 보면 온 나라에서 우러름을 받는 임금이라고 할지라도 자신의 자식이 천연두에 걸리면 어떻게 해야 할지 알 수 없어 안절부절못하는 장면을 발견할 수 있다. 온 나라에서 못하는 일이 없다는 임금조차 그저 기도하며 눈에 보이지도 않는 신령이나 마귀 같은 것에게 잘 보이려고 애쓰는 방법 외에는 할 수 없던 시대가 있었다. 그런데 20세기의 인류는 아예 세상에서 그 병의 원인 자체를 없애버리고 말았다. 소금을 뿌리고 팥을 뿌리면 악귀를 물리칠 수 있다고는 하지만, 천연두 바이러스를 뿌리 뽑을 수는 없다. 그 기나긴 세월 동안 악귀를 달래려고 사람들이 사용했던 별의별 기도 방법과 주술들과는 아무 상관 없이 바이러스 연구와 백신의 힘으로 문제는 해결되었다.

위약 효과의 함정

《삼국유사》에는 혜통이라는 신라 사람이 중국 당나라 공주의 병을 치료한 이야기가 실려 있다. 혜통은 공주가 아픈 이유는 사악한 용이 변신하여 몸을 숨긴 채 공주의 몸을 괴롭히고 있기 때문이라고 생각했다. 혜통은 공주를 향해 흰색 콩과 검은색 콩을 뿌렸는데, 그러자 콩들은 백갑신병과 흑갑신병, 즉 흰 갑옷을 입은 병사와 검은 갑옷을 입은 병사로 변신했다고 한다. 갑옷 입은 병사들은 용을 쫓기 위해 싸웠고, 그러자 용은 모습을 드러내고 도망쳤다. 이후 공주는 곧 병에서 나았다.

요즘 누가 병에 걸려 입원해 있는데 그것을 치료해주겠다면서 병원에 와서 콩을 뿌리고 그게 병사로 변신해서 싸울 거라고 말하면 누구나 황당한 장난이라고 생각할 것이다. 이런 이야기는 전설 속의 옛이야기이기 때문에 의미가 있는 것이다. 아서 왕 전설들을 보다 보면 랜슬롯Lancelot이라는 기사가 용을 물리치는 내용이 나오는데, 그런 전설이 있다고 해서 영국 육군에서 병사들에게 용을 물리치는 방법을 훈련시키지는 않는다. 그런데 가끔은 이런 엉뚱한 수법이 오판을 불러오는 경우가 있다. 일이 그렇게 꼬이다 보면 전설이 전설로 의미를 갖는 것이 아니라 진지한 현실의 믿음으로 이어질 수도 있다. 병과 관련하여 가장 대표적인 것으로는 '위약 효과placebo effect'가 있다.

위약 효과란 실제로는 아무런 약효가 없는 것인데도 누군가 '이게 좋은 약이다'라고 말하며 약을 먹이면, 이제 낫겠다는 마음이 들어 몸이 좋아지는 것처럼 느껴지는 현상을 말한다. 사람의 마음 때문에 위약, 즉 가짜 약도 효과를 나타내는 듯한 현상이 일어난다는 뜻이다. 사람의 기대와 기분의 변화가 갖고 있는 힘은 막강하다. 특히 뇌와 직접 관련이 있는 정신 활동이나 신경에 미치는 영향은 상당히 클 것이다. 몸이 아픈 사람에게 아무 효과도 없는 설탕 조각을 약이라고 속여 먹게 하면, 적지 않은 숫자가 약간은 나아진 것 같다고 느낀다. 지쳐 있는 운동선수에게 아무 효과도 없는 맹물을 기운 나게 하는 성분이 듬뿍 들어 있는 약물이라고 속이고 먹게 하면, 어느 정도는 힘이 날 거라고 믿으며 더 열심히 뛰게 된다. 이런 것이 대표적인 위약 효과다. 사람이 아프다고 느끼는 감각이란 따지고 보면 신경을 따라 전해지는 전기가 뇌에 닿으며 일으키는 전기적인 화학 반응의 결과다. 그러므로 그냥 마음을 달리 먹는 변화 때문에 뇌에서 그 신호를 덜 느끼는 상황에 도달하기만 하면, 고통은 더 약하게 느껴질 수 있다.

가끔은 위약 효과를 일부러 이용하는 경우도 있다. 예를 들어 어떤 운동선수들은 산에 올라가 어느 바위를 향해 기도하면 좋은 기운을 받아 다음 날 성적이 좋을 거라고 생각해서 중요한 경기를 앞두고 매번 그 산에 올라간다. 그러나 사실은 그 바위는 그냥 돌덩어리일 뿐이다. 바람 불면 흙먼지나 좀 흩날릴까, 그 바위가 특별한 기운 같은 것을 내뿜지는 않는다. 그렇지만 운동선수는 그 바위에 기도했기 때문에 성적이 좋을 것이라고 스스로 믿는다. 그래서 마음이 편안해지고 자신감을 갖게 된다. 그 자신감 덕에 운동 경기를 할 때 실수는 적어지고 더 용기 있게 몸을 움직일 수 있게 된다. 결국 정말로 좋은 성적을 얻을 수 있게 된다. 행운의 바위에는 행운의 힘이 없지만, 그 행운의 바위를 믿는 내 마음이 행운을 불러온 것이다.

반대로 위약 효과는 정확한 실험과 측정을 방해하는 골칫거리이기도 하다. 두통을 치료할 수 있는 약이 될 만한 물질을 어떤 연구원이 개발해서 그 약이 정말로 효과가 있는지 실험하려고 한다고 해보자. 그런데 두통을 앓는 사람에게 그 약을 먹였을 때 두통이 좀 나아지는 것 같았다면, 그것이 약 때문인지 아니면 위약 효과 때문인지 아니면 아무 상관 없이 그냥 저절로 병이 나은 것인지 명확히 구분하기가 어렵다. 연구원은 진짜 효과가 있는 약을 개발했다고 믿고 싶겠지만, 아무 효과도 없는 설탕 조각만 먹어도 많은 사람은 위약 효과 때문에 증상이 나아졌다고 느끼는 것이 현실이다.

따라서 현대 의학에서는 약을 개발하면 항상 위약 효과를 일으킬 수 있는 가짜 약과 비교하는 실험을 한다. 두통약을 개발해 환자 100명에게 실험을 한다면, 50명에게는 새로 개발된 두통약을 주고, 나머지 50명에게는 그냥 설탕 조각 같은 가짜 약을 준다. 사람들에게는 실험 대상인 약을 주었는지, 가짜 약을 주었는지 알려주지 않는다. 이런 실험을 할 때는 처음부터 환자들에게 자신이 먹는 약이 가짜 약일 수도 있지만 알려주지 않는다는 데 동의를 받는다. 그리고 가짜 약을 먹은 사람들의 상태 변화와 비교해보았을 때 개발한 두통약이 얼마나 더 효과가 있는지를 확인한다. 그렇게 해서 가짜 약이 발휘하는 위약 효과 이상의 효과를 내는 약이어야만 진짜 효험이 있는 약이 될 수 있다.

심지어 요즘에는 이중맹검double blind 실험이라고 하여, 환자에게 약을 나누어주는 의사나 간호사에게도 그 약이 진짜인지 가짜인지 알려주지 않고 밀봉해서 전해주는 방식으로 실험을 한다. 왜냐하면 전해주는 의사가 '진짜 약이기 때문에 효과가 있을 거야'라는 식으로 희망적인 마음을 품는다면 그 마음이 환자에게 전해지거나 냉정하게 환자의 상태를 관찰하지 못하게 될 수도 있다고 보기 때문이다.

그렇다면 위약 효과 실험이 발달하지 못했고 이중맹검 실험법을 생각하지 못했던 과거에는 많은 현상을 위약 효과 때문에 착각했을지도 모른다. 예를 들어 조선 초기의 책《고사촬요》에는 당시 조선과 중국에서 떠돌던 여러 지식들이 정리되어 있는데, 특히 '벽온辟瘟'이라는 항목에는 전염병을 쫓는 방법들이 열거되어 있다. '온瘟' 또는 '온역瘟疫'이라는 말은 특정한 형태의 전염병을 일컫는 것으로, 대체로 열이 나는 전염병을 '온'이라는 말이 들어간 단어로 부르는 경우가 많았다. 그리고 '벽辟'이라는 말에는 무엇인가를 내쫓는다는 뜻이 있으므로 '벽온'은 바로 그런 형태의 전염병을 내쫓는다는 뜻이 된다. 아마도 현대의 티푸스, 장티푸스, 성홍열 등의 병이 온역에 속하지 않았을까 싶다.

《고사촬요》에는 '원범회막元梵恢漠'이라는 네 글자를 쓴 부적을 갖고 다니면 귀신이 감히 가까이 오지 못한다는 내용도 나와 있고, 사악한 것을 내쫓는 힘을 갖고 있다는 '천금목千金木'이라는 나무를 깎아 갓에 달고 다니면 효험이 있다는 내용도 나와 있다. 특정한 품종의 콩을 구해서 먹되 남자는 일곱 줄을 먹고 여자는 열네 줄을 먹어야 하며, 반드시 음력 7월 7일에 먹어야 한다는 방법이 실려 있기도 하다. 그런가 하면 동쪽으로 향한 복숭아 나뭇가지를 잘게 썰어 그 나무를 삶은 탕에서 목욕을 하면 온역을 물리칠 수 있다고 나와 있기도 하다. 아예 완연히 악귀 쫓는 주술에 가까운 내용도 있다. 1년의 마지막 날에 집 가운데에서 폭죽을 터뜨리는 것이 효험이 있다거나, 음력 5월 5일에 쑥으로 사람 모양의 인형을 만들어 문 위에 달아맨다면 효험이 있다는 내용도 있다. 이런 방법들은 실제 장티푸스나 성홍열의 원인이 되는 세균을 물리치는 데는 도움이 되지 않는다. 그러니 실제 온역을 물리치는 데도 거의 아무런 도움이 되지 않았을 것이다. 하지만 이런 온갖 방법들도 가짜 약이 갖고 있는 힘, 즉 위약 효과만은 있었을 것이다.

전염병을 앓는 사람이 '원범회막'이라는 부적을 갖고 다닌다고 생각해보자. 그 사람이 전염병을 일으킨 귀신을 몰아내는 힘이 부적에 있다고 믿는 상태에서 그 부적을 몸에 지닌다면, 자신의 믿음 때문에 몸에 힘이 돌고 긍정적인 생각을 더 하게 된다. 그러다 보면 아무래도 통증도 약간 줄어들고, 몸이 조금은 회복되는가 싶은 느낌도 잠깐 들 것이다. 이런저런 방법을 쓰다가 얼마 후 우연히 몸이 저절로 낫게 되면 '아무래도 그 부적을 사용한 후부터 몸이 점차 회복되고 결국 병이 나은 것 같다'고 생각하게 되기 쉽다.

같은 원리로 다른 방법을 쓸 때도 사람에 따라서는 위약 효과 때문에 '어쩐지 몸이 좀 좋아진 것 같다'는 느낌을 받아서 그런 방법이 용한 효험이 있다고 주변에 소문을 내는 사람들이 꽤 있었을 것이다. 어차피 병을 견디다 못해 세상을 떠난 사람들은 자신의 경험담을 다른 사람들에게 알려주지도 못한다. 이런 현상을 가리켜 생존편향이라고 부르기도 한다. 별다른 효과가 없는 약이라 그 약을 쓴 사람 중에 일부는 생존하고 일부는 생존하지 못하는 결과가 벌어졌을 때, 소문을 퍼뜨릴 수 있는 것은 어쨌거나 생존한 쪽이므로 약의 효과가 좋았다는 경험담만 잘 퍼진다는 이야기다.

하나 덧붙여 이야기하자면, 현대에는 흔히 사악한 것을 물리친다는 뜻으로 '퇴마退魔'라는 말을 사용하는 경우가 종종 있다. 그러나 퇴마는 조선시대에 사용된 사례가 거의 없다고 해도 될 정도로 쓰이지 않던 말이다. 사실 퇴마라는 말은 옛날식 한문 문법에도 그다지 맞는 단어는 아니라고 생각한다. 조선시대에는 사악한 것을 내쫓는다는 뜻으로 '벽사辟邪'라는 말을 사용했고, 귀신을 물리친다는 말로도 조선시대 기록에는 오히려 '축귀逐鬼'나 '벽귀辟鬼'라는 단어를 사용한 사례가 보인다. 나중에 천주교에서 귀신 쫓는 일을 국내에서 번역할 때도 보통 '구마驅魔'라는 단어를 사용했다. 국내에서 '퇴마'라는 말이 퍼진 것은 1990년대에 이우혁 작가의 소설 《퇴마록》에서 이우혁 작가가 즐겨 사용했기 때문으로, 퇴마라는 말은 대체로 그 이후에 유행한 것이라고 보는 편이 옳다.

기술 발전으로 밝혀지는 진실

천연두 외에도 대단히 많은 사람을 희생시켰던 콜레라, 폴리오바이러스 같은 질환은 한국에서는 현재 거의 소멸된 상태다. 오래전 긴긴 세월 동안 악귀나 사악한 혼령의 문제라고 생각하고 매달렸을 때는 결코 풀리지 않았던 것이, 진짜 원인이 무엇인지 명확하게 파악하고 그 원인을 제거하는 진짜 방법을 찾아내자 비로소 제대로 해결되었다. 이런 문제는 도통한 사람이 비술을 알려주어 해결된 것도 아니고, 우리가 모르는 또 다른 세상을 보는 사람이 초능력 비슷한 수법으로 해결해 준 것도 아니다. 태어날 때부터 귀신을 보고 악령을 물리치는 기운을 타고난 사람이 있어서 그 사람이 손을 휘저으며 외치기만 하면 저절로 전염병이 물러간다는 식의 쉬운 해결책은 결코 세상에 없었다. 대신 열심히 노력하는 많은 학자가 거듭된 실험과 검토를 통해 차근차근 연구한 결과로 병의 원인을 찾아내고 병을 막는 기술을 개발해낸 것이다.

이렇게 생각하면 설령 지금 신비해 보이고 답을 알 수 없을 것 같은 이상한 현상이 발견되더라도 결국은 기술이 더 발전하고 연구가 더 진행되면 언젠가는 진짜 답을 알아낼 수 있을 거라는 기대를 해봄직하다. 그렇게 여러 사람이 실험하고 검토하며 측정하여 사실을 밝혀내는 방식으로 수수께끼가 해결될 때 정말로 명쾌하게 답을 알아냈다고 할 수 있다.

만일 누군가 병에 걸렸는데, 어떤 초능력자가 나타나 "나는 여기에 사악한 기운이 있는 것 같다"라면서 거기에다 악을 물리치는 그림을 그리면 병이 나을 거라고 하는 상황을 상상해 보자. 그 사람이 거짓말하는 것은 아니라고 해도 그런 방식은 그 초능력자 한 사람만이 이해할 수 있는 일일 뿐이다. 설령 그 초능력자의 조치 때문에 병이 치료된다고 하더라도 다른 사람은 그런 방법을 따라 할 수도 없고, 무엇인가 측정하고 실험하여 확인할 수도 없다. 이런 일을 두고 정말로 수수께끼가 풀렸다고 보기는 어렵다. 초능력자가 사악한 기운을 몰아내는 신비로운 방법을 보여주었다고 해도, 그것으로 무엇인가를 알게 되어 우리 사회에 지식이 늘어났다고 볼 수도 없다. 그 해결책을 전 세계에 동시에 실시하거나, 가난한 나라에서도 그 병을 몰아내자고 백신이나 치료약 같은 것을 대량 생산하는 것 같은 조치를 취할 수도 없다.

다른 한편 지금 우리가 알고 있는 지식을 갖고 과거의 풍속과 속설들을 살펴보면 적어도 그중 일부는 어느 정도 왜 그런 일이 중요했는지 해석할 수 있는 것들도 있다. 예를 들어 앞서 이야기한 내용 중에 천연두에 걸린 사람이 있는 집의 가족들은 초상집이나 제사에 가지 말고 다른 행사에도 참여하지 말라는 것은 일리가 있는 대책이다. 왜냐하면 초상집 같은 곳에는 오래간만에 멀리서 오는 손님들이 많이 모이기 마련이고, 그런 식으로 사람들이 많이 모이는 곳에는 아무래도 그 주변 사람들에게는 낯선 세균이나 바이러스를 묻히고 오는 사람들도 있을 수 있다. 만약 그 때문에 그 지역 사람들이 겪은 적도 없고 면역도 없는 생소한 세균이나 바이러스를 집에 묻혀 온다면, 집 안의 천연두 환자도 그에 감염될 가능성이 생긴다. 천연두를 앓느라 몸이 약해진 환자는 그런 낯선 세균이나 바이러스의 공격에 더욱 고생할 가능성이 높다. 고려시대나 조선시대의 사람들이 바이러스나 세균에 대해서는 알지 못했겠지만, 여러 차례의 경험을 통해 그 비슷한 일이 일어나는 경향이 있다는 것은 어렴풋이 알고 있었을 거라고 나는 짐작해본다. 그렇기 때문에 아마 천연두 걸린 집의 사람들은 행사에 참여하면 안 된다는 속설이 믿을 만한 이야기로 퍼졌을 것이다.

마찬가지로 한국에서는 남의 장례식장이나 제사에 갔다 올 때 무엇인가 실수를 하면 그곳에서 악령이 붙어 따라올 수도 있다는 이야기가 꽤 퍼져 있는 편이다. 나는 이 역시 장례식처럼 낯선 사람이 많이 모이는 행사에서 생소한 세균이나 바이러스에 감염되어 병을 앓을 가능성이 높아지는 현상이 그런 이야기로 변화한 것 아닌가 추측해본다.

처용 이야기 역시 비슷한 방식으로 설명해보는 것도 의미 있다. 전염병을 물리치는 속설에 관한 이야기 중 한국에서 가장 뿌리가 깊고 또 널리 성행한 이야기는 역시 처용에 관한 전설이다.

전염병의 신이 처용의 얼굴을 보면 도망간다고 하는데, 처용은 신라시대 사람이다. 《삼국유사》의 기록에 따르면 그는

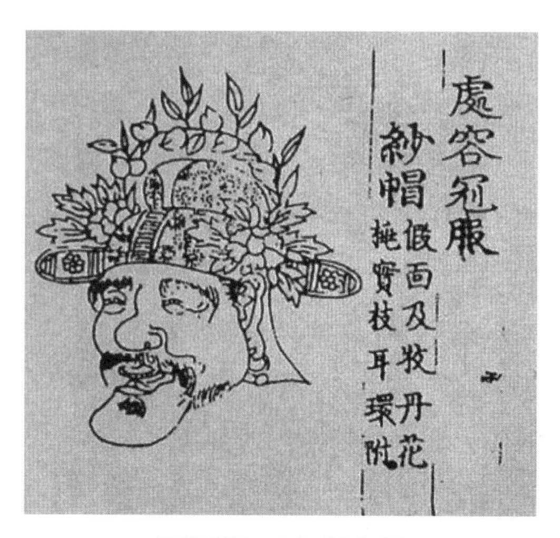

《악학궤범》(1493)에 기록된 처용

신라 후기부터 유명했던 인물이었던 것으로 보인다. 그런데 긴 세월이 흐른 후인 고려시대나 조선시대에도 처용에 대한 풍속은 꾸준히 이어지며 유행했다. 조선시대 기록을 보면 사람들이 전염병을 쫓는다는 의미로 여기저기 처용 얼굴을 그려서 붙여놓는 풍습이 있었다는 내용도 있고, 조선의 궁중에서는 처용을 표현하는 춤과 노래를 즐기기도 했다. 처용의 얼굴을 표현하는 가면을 쓰고 춤을 추었다고 하는데, 무슨 이유인지는 모르지만 폭군으로 악명 높은 연산군이 그렇게 처용놀이를 잘했다고 한다.

《삼국유사》에 따르면, 처용은 원래 용의 아들인데 잠깐 외출하고 와보니 자기 부인이 전염병의 신과 바람이 나서 집에 같이 있었다고 한다. 그런 모습을 보고 처용은 격분했을 법도 한데 오히려 신세를 한탄하는 노래를 불렀고, 그러자 전염병의 신은 너무 부끄러워서 앞으로는 처용의 얼굴만 보여도 거기에는 가지 않겠다고 맹세했다고 한다. 그래서 이후로 그 전설을 믿는 사람들은 처용의 얼굴 그림을 집 안에 붙여놓고 전염병에 걸리지 않기를 기원하게 되었다. 현대 학자들 사이에서는 현재 남아 있는 처용 그림의 얼굴이 특이한 것으로 보아 그의 부모가 중앙아시아나 중동 출신이지 않았을까 하는 추측이 상당히 인기 있는 편이다. 처용이 용의 아들이었다는 말도 아마 처용의 어머니나 아버지가 용이 사는 나라라는 생각이 들 정도로 낯설고 신기한 머나먼 나라 출신이었다는 사실을 표현한 것으로 볼 수도 있다.

그렇다면 그럴듯한 이야기 하나를 떠올려볼 수 있다. 신라 후기에 항해와 무역의 발달로 외국을 오가는 사람들이 이전보다 늘어났는데, 그러다 먼 나라에서 옮겨 온 낯선 세균이나 바이러스가 신라의 항구 지역에 도는 일도 발생했을 것이다. 신라 사람들 중 상당수는 그런 세균이나 바이러스를 견디지 못해 병을 앓았을 것이고, 사람들 사이에서는 갑자기 전염병이 심각해져 문제라는 이야기가 나왔을지도 모른다. 그런데 애초부터 해외의 먼 나라를 오가며 지냈고 그 먼 나라에 적응해 살던 처용은 그런 세균과 바이러스에 대한 면역을 갖고 있었을 수 있다. 그렇다면 사람들은 다들 전염병으로 고생하는

데 처용은 전염병에 걸리지 않으니 처용이 전염병 귀신을 쫓는 신기한 힘을 갖고 있다고 생각했을 것이다. 어쩌면 처용과 비슷한 출신의 비슷한 외모를 가진 사람들이 다들 면역을 갖고 있어 전염병에 걸리지 않는 것을 보고 '얼굴이 처용처럼 생기면 전염병 귀신이 싫어하나 보다'라는 이야기를 만들어 냈다고 추측해보면 어떨까?

물론 신라의 유적에서 세균이나 바이러스의 흔적을 발굴하는 데 성공해서 그 세부 사항을 하나하나 따져보기 전에는 정말 그랬는지 확인할 수 없다. 그렇지만 나는 오쟁이 진 남편에게 이상할 정도로 깊은 양심의 가책을 느끼는 성품의 악귀가 하나 있는데, 그 악귀가 천 년 동안이나 한반도에서 전염병 일으키는 일에 관여하고 있었다는 발상보다는 면역에 관한 이야기가 더 그럴듯하다고 본다.

11장

도깨비집을 물리치는 일산화탄소

도깨비집의 전설

도깨비집, 귀신 들린 집, 홀린 집에 관한 이야기는 전 세계 각지에 전해 내려오고 있다. 집 안에 유령, 괴물, 사악한 정령 따위가 살고 있어서 그 집에 머물면 이상한 체험을 하게 된다는 이야기가 중심이 된다. 딱히 유령이 튀어나오거나 이상한 목소리가 들리거나 하는 것이 아니라고 해도, 그 집에 가서 살게 되면 어쩐지 점차 사람이 이상해진다거나 허약해져서 결국은 모두 불행해진다는 꽤 현실적인 형태의 이야기도 있다. 현대 공포물에서는 도깨비집 이야기가 아예 하나의 유형처럼 자리 잡기도 했다. 이야기의 기본 뼈대는 어떤 이유로 유령 나오는 집인 도깨비집으로 알려져 있는 곳에서 주인공 일행이 머물게 되는데, 머무는 과정에서 이상한 체험을 하게 된다는 것이다.

전통적인 이야기에서는 주인공이 돈이 없어 달리 살 곳이 없다 보니 불길해서 아무도 살지 않는 집에 가서라도 살게 된다는 형식이 주류다. 한국의 옛 도깨비집 전설부터, 2021년에 나온 최신판 〈고스트버스터즈〉 영화 시리즈까지 줄기는 비슷하다. 가난한 주인공 일행은 유령이 나온다는 음산한 집이 아니면 달리 갈 곳도 없기 때문에 어쩔 수 없이 그 집에서 벌어지는 이상한 현상을 감수하고 버티게 된다. 그러다가 결국 그 집에 깃든 무서운 것들과 마주친다. 돈이 없다는 점이 크게 강조되어 있는 것은 아니지만, 1970년대의 〈아미티빌의 저주〉 시리즈나 2010년대의 〈컨저링〉 시리즈 역시 넓게 보면 이 유형의 이야기로 분류할 수 있을 것이다.

조금 다른 형식으로는 우연히 지나가는 길에 유령의 집에 들르게 되는 이야기도 있다. 이런 이야기는 숲속이나 산속에서 길을 잃었는데 비바람이 너무 심하거나 밤이 깊어 쉴 곳이 필요해 음산한 집에 가게 되는 도입부로 시작한다. 좀 더 강한 소재를 섞어, 사실은 그 집 안에 흡혈귀가 살더라, 연쇄살인마가 살더라, 하는 식으로 진행되는 경우도 있다. 어떤 사람이 잘 알지 못하는 외딴 마을의 모텔이나 도시 뒷골목의 낡은 여관에 갔는데, 그곳이 사실은 유령이 나오는 곳이더라, 하는 형태의 이야기도 넓게 보면 이 부류에 속할 것이다.

보다 현대적인 줄거리로는 아예 유령이 나오는 집이 있다는 소문이 이미 퍼져 있고, 일부러 그 집에 찾아가서 모험을 겪는 이야기들도 있다. 예를 들면 유령을 탐사하는 사람들이나, 신기한 현상을 찾아다니는 방송국의 촬영팀이 유령이 나온다는 소문이 도는 집에 가서 하룻밤 혹은 일주일 정도를 지내면서 그곳을 조사하는 내용이 여기에 속한다. 개중에는 철없는 젊은이들이 담력 내기를 한다고 무시무시한 집에 일부러 찾아가는 이야기도 있다.

아니면 괴상한 취향을 가진 부자가 각계각층의 사람들을 일부러 유령 나오는 집에 초대해서 누가 오래 버티는지 대결을 해보자는 이야기도 있다. 나 역시 tvN의 한 프로그램 촬영 때문에 외딴곳에 위치한 으스스한 집에 일부러 가서 실험을 해본 적이 있다. 그 집은 단순히 으스스한 분위기로 유명한 곳이었을 뿐이지 유령 나오는 집이라는 소문이 명확히 있는 곳은 아니었다. 그러나 나를 비롯한 제작진은 그곳에서 일부러 유령 부르는 놀이를 했고, 따라서 나의 체험 역시 비슷한 부류의 이야기로 분류할 만하다.

할리우드 영화에서는 이런 형태의 공포물을 흔히 홀린 집 haunted house 이야기라고 한다. 리암 니슨과 캐서린 제타 존스가 나오는 〈더 헌팅〉이나, 빈센트 프라이스가 나오는 〈헌티드 힐〉 등은 이런 소재를 제목에서부터 내세우고 있는 영화들이

'홀린 집 이야기'의 배경이 되는 집의 대표적인 모습

다. 할리우드 공포영화의 걸작으로 칭송받는 〈샤이닝〉이나 최근의 인기 시리즈인 〈파라노말 액티비티〉 같은 영화들도 충분히 정통파 홀린 집 이야기에 속하는 내용들이다. 이런 이야기들은 거대한 미국식 저택들을 마치 놀이공원의 유령의 집처럼 다채로운 공간으로 활용하면서 재미난 내용을 담아낼 수 있으므로 영화를 꾸미는 데 적합해 보인다.

그래도 나는 현실적인 사연을 잘 반영한 홀린 집 이야기로는 역시 한국식 도깨비집 이야기가 가장 내용이 풍부하다고 생각한다. 단순히 무서운 내용을 화면에 담기 위해 만들어진 이야기가 아니라 실제로 집에서 살면서 겪은 사람들의 경험담이 충분히 반영된 현장감 있는 전설들이 많기 때문이다.

한국의 도깨비집 이야기는 너무 가난해서 살 곳이 없어 어쩔 수 없이 도깨비집이라고 소문난 곳에서 살게 되었다는 식으로 경제적 어려움이 유독 강조된 경우가 많다. 그 때문에 한국식 도깨비집 이야기는 도시에서 처음 자취를 시작한 젊은 이들이 방세 걱정을 하다 보니 어쩔 수 없이 나쁜 소문이 있는 음습한 방에서라도 살게 되었다는 이야기와도 자연스레 연결될 수 있다.

실제로 요즘 인터넷에서 도는 무서운 이야기 경험담을 보면 상당수가 진학, 취업, 결혼, 사업 실패 등등의 이유로 낯선 곳에서 살게 되었는데 그곳에서 이상한 체험을 했다는 이야기가 꽤 많다. 이런 이야기들은 이야기 속 유령이 진짜냐 가짜냐를 떠나서 집값과 주거비가 폭등하는 한국 대도시의 현실을 반영하고 있다.

서울은 조선 후기부터 이미 인구 밀도가 상당히 높은 도시였기 때문에 이런 이야기가 구체성을 갖고 자리 잡을 만한 좋은 환경을 갖고 있었다. 조선 후기에 부동산 투기와 부동산 사기가 얼마나 심했는지, 1724년 조선 조정에서는 아예 집의 매매를 전면 금지하는 극단적인 정책까지 실시했던 적도 있었다. 그러니 이미 조선시대 때부터 '부동산 가격이 너무 올라서 가난한 사람은 흉흉한 집에 살 수밖에 없다'는 이야기가 뿌리 내릴 수 있었을 것이다.

게다가 조선시대에는 풍수지리를 깊이 신봉했기 때문에 사람 사는 집과 장소가 그 사람의 삶에 신비한 영향력을 끼친다는 이야기가 퍼지기 좋았다. 예를 들어 유령 나오는 집이 있다고 할 때, 그 집을 완전히 부수고 다시 새로 집을 지으면 유령은 어디로 가는가 하는 문제는 좀 애매할 수밖에 없다. 그러나 조선시대 사람들의 사고방식에 따르면 건물도 건물이지만 터가 중요하기 때문에 집을 새로 지어도 유령은 그곳에 남는다는 답이 자연히 나온다. 실제로 '도깨비집' 대신 '도깨비터'라는 말을 쓰는 전설도 있다.

그런 탄탄한 바탕 때문인지 한국의 도깨비집 이야기는 단순히 홀린 집에 들어가 살면 저주를 받는다는 내용에서 끝나지 않는다. 홀린 집에 들어가면 무서운 일을 겪게 되고 많은 어려움이 닥치지만, 만약 그러한 난관을 꿋꿋하게 견뎌내며 굳세게 살면 오히려 반대로 크게 성공할 수 있다는 예외가 달라붙어 있는 사례도 종종 보인다. 도깨비집에 살던 혼령이나 도깨비가 자신을 견뎌낸 사람을 기특하게 여기거나 혹은 존경하게 되어 도와줄 수도 있다고 생각한 것이다. 대표적으로 조선 초기 정승이었던 상진에 관한 전설은 꽤 많이 알려진 편이다. 상진은 가난한 사람이라서 살 곳이 없어 지금의 남대문시장 부근에 있던 도깨비집에서 살게 되었는데, 너무 무서운 일이 많이 일어났지만 잘 견디고 났더니 오히려 운이 풀려 성공했고 정승 벼슬까지 살게 되었다는 게 전설의 내용이다.

도깨비집이나 유령 나오는 집이 과학적으로 있을 수 있는 것은 아니다. 당연히 도깨비집에 들어간다고 무조건 저주를 받는 것은 아니다. 막연히 소문만 믿지 않고 정확히 따져본다면, 모든 도깨비집이 완벽한 도깨비집일 수는 없다. 다시 말해서 도깨비집이라고는 해도 실제로는 그 집에 사는 사람들 중에 별로 저주를 받지 않는 것처럼 사는 사람도 있을 수밖에 없다는 뜻이다. 그런데 한국인들은 부동산 문제라면 특히 꼼꼼히 따져보는 버릇이 있다. 단지 소문 속의 무서운 집이라고만 한다면 그렇게까지 하나하나 살펴볼 이유가 없지만, 큰돈이 걸린 부동산이라면 도깨비집이건 악마의 집이건 간에 누가 입주하고 등기가 어떻게 바뀌는지 따져보게 된다. 그러다 보면 도깨비집에서도 저주를 받지 않은 예외가 나타난다. 그 때문에 그러한 예외를 설명하고자, 한국 전설에서는 '도깨비집을 버텨내면 오히려 성공한다'는 이야기도 갖다 붙이게 된 것 아닌가 싶다.

결국 도깨비집 이야기에 대한 가장 단순한 설명은 선후관계의 오류다. 즉, 도깨비집에 산다고 저주를 받는 것이 아니라, 대개 망해가는 사람이 도깨비집에 살게 되기 마련이므로 그곳에 사는 사람은 결국 더 비참하게 망하기 쉽다. 도깨비집에 사는 사람이 망한다고는 하지만, 도깨비집에 살기 때문에 저주를 받아 망했다는 인과관계는 아니다. 도깨비집 거주와 망함은 그저 시간상으로 먼저 일어나고 나중에 일어난 선후관계일 뿐이다. 진짜 원인은 그 사람이 이미 망하는 처지에 놓여 있었다는 것이다.

이렇게 시간상 먼저 일어난 일이 나중에 일어난 일의 원인이라고 착각하는 일은 자주 벌어지기 때문에, '선후관계를 인과관계로 오인하는 오류'라고 짚어 부른다. 예를 들어 어떤 대통령이 취임한 뒤에 경제가 갑자기 좋아졌다거나 나빠졌다고 하자. 그게 그 대통령이 한 일 때문일 수도 있지만 전혀 다른 원인일 가능성도 충분하다. 이를테면 어느 대통령이 취임한 뒤 갑자기 이웃 나라의 반도체 공장에서 큰 사고가 터지는 바람에 장사를 할 수 없게 되어 한국 반도체 공장에 주문이 몰려들고, 그 때문에 한국 회사들이 돈을 많이 벌었다면 그것은 그 대통령의 취임이나 활동과는 관계없이 다른 이유로 한국 경제가 좋아진 것이다. 하지만 이 비슷한 일이 생기면 대개 많은 언론에서는 '어느 대통령이 경제를 살렸다'거나 반대로 '어느 대통령이 경제를 망쳤다'는 기사를 쏟아내곤 한다. 이런 식의 주장을 신문기사에 싣는 것은 경제를 판단한다고 하면서 도깨비집에 들어가는 일이다.

선후관계의 오류를 알고 따져보면, 도깨비집을 버텨내면 성공한다는 이야기도 마찬가지 틀에서 해석할 수 있다. 망해가던 사람이 도깨비집에까지 와서도 충분히 버티며 지낼 만큼 꿋꿋했다는 이야기는 그 사람이 그만큼 역경을 헤쳐낼 수 있는 마음을 갖고 있었다는 뜻이다. 그런 사람은 결국 극복해서 이후에는 상황이 더 나아지기 마련이며, 그러면 '도깨비집에서 버텨내면 성공한다'는 이야기가 탄생할 수 있다. 아울러 그런 고난을 극복한 사람은 대개 강한 용기를 갖게 되고, 힘든 시기를 지내오는 동안 여러 교훈도 얻는 경우가 많다. 따라서 그런 사람이 다시 일이 잘 풀리기 시작하면 그 후에는 더 크게 성공할 수 있다.

조선시대 도깨비집 이야기로 유명했던 상진만 하더라도, 기록에 따르면 관대하고 너그러운 정치인으로 명망이 높은 인물이었다고 한다. 상상해보자면, 상진은 가난한 처지에 도깨비집에서 사는 동안 재산이 없고 삶이 힘든 사람들의 처지를 잘 이해할 수 있었고, 또한 어려운 처지에서 서로 돕고 사는 일의 가치를 깊이 깨달았을 것이다. 한편으로는 다른 부유한 양반집에서 태어나 글공부만 하며 지낸 벼슬아치들에 비해 훨씬 강인하고 끈기가 강한 성격을 갖게 되었을지도 모른다. 그런 것들이 도깨비집 시기를 버텨내는 동안 상진이 얻은 교훈이 아니었을까? 그렇기 때문에 상진은 결국 나중에 어려움에 처한 사람들을 돕는 정치를 하는 인내심 강한 정치인이 되었고, 훌륭한 정승으로 성공할 수 있었던 거라고 나는 추측해본다. 그냥 도깨비집을 버텨냈기 때문에 도깨비들이 성공하게 해준 게 아니라, 도깨비집에서 살아야 할 정도로 힘든 시기를 지내는 동안 얻은 인생의 깨달음 덕택에 성공한 것이다.

일산화탄소는 소리 없는 살인자

도깨비집이나 홀린 집 계통의 경험담 중에는 그 집에서 살게 된 뒤에 운이 나빠졌다거나 좋아졌다거나 하는 단순한 내용 이상의 이야기도 분명히 있다. 예를 들어 도깨비집에서 무엇인가 알 수 없는 형체를 보았다거나 무시무시한 유령의 울부짖음을 들었다고 하는 이야기는, 그냥 그 집에 사는 사람마다 망해서 나갔다는 정도의 사건과는 달리 훨씬 설명하기 어려운 일을 겪은 사례다. 그 정도까지는 아니라고 해도, 도깨비집에서 살게 된 이후로 이유 없이 몸이 안 좋아졌다든가, 뭔지 모르게 가슴이 답답하고 온몸의 감각이 이상해지는 느낌이 들었다는 경험담이 상당히 구체적인 경우도 있다. 도깨비집에서 살 때는 누가 봐도 건강이 안 좋고 안색이 나빴다가, 그 집에서 나오게 되면 이상하게도 곧 회복이 되었다는 형태의 이야기도 있다.

실제로 《조선왕조실록》에는 임금님도 관심을 갖고 있었던 도깨비집 이야기가 하나 실려 있다. 성종 시기인 1486년 음력 11월 25일 기록에 나오는 이야기다. 그 무렵 호조 좌랑 벼슬을 살고 있던 이두라는 사람 집에 이상한 귀신이 나온다는 소문이 서울 시내에 파다하게 퍼져 있었다. 이에 성종은 직접 자신의 비서 역할을 하는 승정원에 명령을 내려 이에 대해 알아보라고 지시한다. 이 귀신 소동은 이보다 며칠 전인 11월 10일 기록에서도 다른 사건을 서술하면서 언급되었던 적이 있다. 그러니까 대략 보름 정도의 기간 동안 귀신 이야기가 상당한 화젯거리로 서울 시내에 돌고 있었고, 그 소문을 듣고 임금조차도 관심을 가질 정도였다고 해석할 수 있다.

나는 이 이야기와 그 전후 상황에 대해 조선시대의 각종 괴물 이야기를 담은《괴물, 조선의 또 다른 풍경》이라는 책에서 다룬 적이 있다. 그 책에는 이 이야기 속의 귀신이 자신을 일컬어 지하지인地下之人, 곧 땅 밑 세상의 사람이라고 소개했으며, 상체는 없고 하체만 보이는 모습이었다는 등의 당시 소문을 정리해 놓었다. 실록에는 이 이야기와 함께 영의정 벼슬을 살던 정창손 집에도 귀신이 나온다는 사연이 함께 쓰여 있으므로, 당시에는 이런 소문이 하나의 유형으로 퍼져 있었다는 생각도 해볼 수 있겠다.

도대체 무슨 일이 있었던 것일까? 11월 25일의 실록을 보면 승정원이 이 문제에 대해 조사하려 하자 이두가 직접 성종에게 자신의 집에 나타나는 귀신에 대해 설명한 내용이 기록되어 있다. 이 기록에 따르면 이두의 집에 귀신이 나타난 것은 음력 9월경이었고, 이후 때때로 귀신이 나타나기도 하고 나타나지 않기도 하는데, 창문 종이를 찢기도 하고, 기와나 돌을 던지기도 하고, 불빛을 내기도 하며, 사람과 부딪히기도 하는 이상한 일을 겪었다고 되어 있다. 이런 일은 흔히 현대에 폴터가이스트poltergeist라고 하는 현상과 많이 닮은 느낌이다. 이는 혼령이 기척을 내는 현상이라는 뜻으로, 집 안에 있는 물건이 누가 건드리지도 않았는데 제멋대로 움직이는 현상을 말한다.

《조선왕조실록》에서 이두는 하체만 있고 상체는 없는 귀신의 괴상한 형체에 대해서도 설명하고 있다. 단 자신은 그 모습을 본 적이 없고 자기 집의 노비들이 그 모습을 보고 설명한 것을 들었다고 정확하게 밝혀 말한다. 이두는 특별히 큰 문제를 일으키지 않았던 신하였던 만큼, 그가 임금 앞에서 고백한 내용은 적어도 그가 믿는 범위 내에서는 사실이라 할 만한 이야기였다고 보아도 좋을 것이다. 다시 말해서 이두의 이야기는 대부분 누군가의 실제 경험담이었을 것이다. 그렇다면 정말로 이두가 사는 집이 도깨비집이었을까? 왜 그즈음 정창손의 집에서도 비슷한 귀신 소동이 벌어진 것일까?

나는 이 문제의 해답을 찾기 위해 여러 가지로 궁리해보았는데, 그 과정에서 한 가지 중요한 단서를 얻었다. 내가 주목한 대목은 이두의 귀신 소동이 음력 9월부터 시작되었다는 점이었다. 멀쩡한 집이었는데 9월부터 도깨비가 등장하기 시작했다는 것은 무엇인가 이상했다. 만약 정말 도깨비나 유령이 있고 그 때문에 이두의 집이 도깨비집이 되었다면, 하필 9월경에 도깨비가 이두에게 찾아올 만한 무슨 사건이 있어야 했을 것이다. 예를 들면 이두가 9월에 산에 갔다가 도깨비가 깃든 나무를 꺾어다가 집에다 놓은 뒤에 집이 도깨비집이 되었다는 식의 이야기가 덧붙는 편이 그럴듯하다. 그러나 이두는 그런 사연에 대해 설명하고 있지 않다. 《용재총화》를 비롯한

다른 책에 실려 있는 이두의 집에 대한 소문에서도 도깨비 등장 시점과 정확히 연결되어 있는 내용은 없다.

특별히 도깨비나 유령이 9월이라는 시기를 좋아할 이유는 없어 보인다. 그렇다면 이두나 그 집안사람이 굳이 어떤 일을 저지르지 않아도, 음력 9월이 되면 저절로 벌어질 수밖에 없는 일이 귀신 소동의 원인이 되었을 거라고 추측해볼 수 있다.

음력 9월이면 본격적으로 날씨가 서늘해지기 시작하는 시기이고, 그러면 집 안을 따뜻하게 하기 위해서 난방 장치를 가동했을 것이다. 이렇게 생각하면 비슷한 시기에 귀신 소동을 겪은 정창손의 이야기와도 맞아떨어지는 점이 생긴다. 공교롭게도 두 사람의 집이 동시에 귀신에 홀린 것이 아니라, 마침 날씨가 추워지자 두 사람이 비슷한 시기에 난방을 시작했다면 거기에 공통의 원인이 있을 거라고 짐작해볼 수 있는 것이다.

내가 떠올린 것은 일산화탄소 중독이다. 일산화탄소는 탄소가 들어 있는 물질이 불에 탈 때 생기는 물질이다. 탄소는 석탄, 석유, 도시가스 등 지금 널리 쓰이는 연료는 물론이고 예로부터 쓰던 나무 장작이나 솔방울, 송진에도 풍부하게 들어 있다. 수소 연료 같은 특수한 연료를 제외하면 대부분 우리가 사용하는 연료는 탄소가 핵심이라고 해도 과장이 아니다.

그런데 탄소가 들어 있는 물질이 깔끔하게 불에 잘 타지 않으면 이산화탄소 외에도 일산화탄소가 같이 생긴다. 일산화탄소는 화학 반응을 잘 일으키는 물질이기 때문에 화학 공장에서는 상당히 유용하게 사용할 수 있는 물질이다. 예를 들어 자동차 헤드라이트를 만들 때 쓰는 고성능 플라스틱인 폴리카보네이트 같은 재료가 필요할 때 일산화탄소는 그런 플라스틱을 만드는 원료로 활용되기도 한다. 그런데 화학 반응을 잘 일으킨다는 말은 몸속에 들어오면 불필요한 엉뚱한 화학 반응을 일으켜서 몸이 정상적으로 활동하는 것을 방해할 가능성도 있다는 뜻이다. 그러므로 사람이 일산화탄소를 들이마시면 소량으로도 치명적인 중독 사고를 일으킬 위험이 있다.

1970~1980년대를 배경으로 한 영화, TV 시리즈, 소설을 자주 본 사람이라면 등장인물 중 누군가가 연탄가스 중독으로 목숨을 잃거나 잃을 뻔하는 장면을 한 번쯤 본 기억이 있을 것이다. 연탄가스 중독이 대표적인 일산화탄소 중독의 사례다. 당시에는 석탄으로 만드는 연탄을 연료로 태워 겨울철에 집을 따뜻하게 덥히는 곳이 많았다. 그런데 석탄이 불에 타다 보면 일산화탄소가 발생하는 일이 좀 더 자주 생긴다. 물론 그렇다고 해도 보통은 배관을 통해 일산화탄소가 집 바깥 굴뚝으로 빠져나가기 때문에 큰 문제가 되지는 않는다. 그런데 배관이 부서져 연기가 새는 틈이 있다거나 난방 장치가 잘못되어 있어서 연탄을 태운 연기 중 일부가 사람이 자는 곳으로 스며들게 되면, 자고 있는 사람은 그 속에 섞여 있는 일산화탄소를 들이마시게 된다. 그러면 일산화탄소 중독이 발생할 수 있고, 심각해지면 목숨을 잃는 일도 생긴다.

일산화탄소는 사람 몸속에 들어가면 사람이 산소를 사용해 숨 쉬는 것을 방해한다. 일산화탄소는 단순히 숨을 가쁘게 해서 호흡을 어렵게 하는 방식보다 훨씬 강력하게 산소 사용을 막는 성질이 있기 때문이다.

사람의 몸속에는 구석구석 혈관이 퍼져 있어서 그 혈관을 타고 온몸에 피가 돈다. 피가 몸을 돌아다니며 하는 역할 중 가장 중요한 것이 피 속에 들어 있는 산소를 온몸에 가져다주는 것이다. 피 속에는 적혈구라는 세포가 있고, 그 적혈구 속에는 산소를 품고 있는 헤모글로빈이라는 화학 물질이 있다. 말하자면 헤모글로빈은 산소를 붙이고 있는 끈끈이 테이프 같은 역할을 한다. 핏물을 따라 온몸을 돌아다니며 산소가 필요한 곳에 산소를 떨어뜨려주면 온몸에 산소가 퍼져나가는 것이다. 사람의 몸을 작동시키는 데 산소는 아주 중요한 물질이므로 이 과정은 대단히 중요하다.

그런데 헤모글로빈은 산소를 충분히 단단하게 붙이고 있지는 못한다. 그래서 일산화탄소 같은 물질이 곁에 오면 산소는 똑 떨어져버리고 엉뚱하게도 그 자리에 일산화탄소가 붙어버린다. 일산화탄소의 화학 반응을 잘 일으키는 성질이 헤모글로빈에 잘 달라붙는 데도 효과가 있기 때문이다. 애초에 헤모글로빈에 산소가 아주 굳건하게 잘 붙어 있다면 일산화탄소에게 자리를 빼앗기는 난처한 일이 발생하지는 않을 것이다. 하지만 헤모글로빈의 목적은 산소가 필요한 부위에 가서 산소를 공급해주는 것이므로 무한정 튼튼하게 산소를 붙이고 있을 수는 없다. 바로 그 어쩔 수 없는 상황의 틈을 노리는 독성 물질이 일산화탄소라고 보면 된다. 그래서 연탄가스를 잘못 마셔서 일산화탄소 중독에 걸리면 몸속에 산소가 제대로 퍼지지 못하게 된다. 만약 일산화탄소 중독이 심각하게 발생하지 않는다면 목숨은 잃지 않겠지만, 머리가 아프거나 가슴이 답답해지는 증상을 겪는다. 서울 아산병원의 자료에 따르면, 일산화탄소 중독의 전형적인 증상은 두통, 현기증, 메스꺼움, 머리가 몽롱해지고 판단이 무디어지는 증상 등이라고 한다.

나는 바로 이런 일이 500년 전 이두나 정창손의 집에서 일어났을 수 있다고 생각한다. 조선에서 사용하던 온돌은 아궁이에 불을 지피면 그 열기가 구들장으로 전달되어 바닥을 따뜻하게 만드는 방식이다. 만약 집을 지을 때 실수가 있다면 그때 불을 지피며 생긴 연기의 일부가 집 안으로 새어들 수 있다. 혹은 집을 잘 지었다고 하더라도 오랜 세월 살면서 집이 비바람에 낡거나 망가지면서 미세한 틈이 생겨 연기가 빠져나오는 곳이 생겼을지도 모른다.

만약 그날따라 아궁이에 불을 지피는데 장작이 타면서 일산화탄소가 많이 발생했다면, 그 일산화탄소를 들이마시고 중독 증세가 일어났을 가능성이 있다. 장작을 태우면서 발생하는 보통의 연기는 눈에 보이기도 하고 냄새도 난다. 하지만 그 성분 중 일산화탄소는 하필 색깔도 없고 냄새도 나지 않는 물질이다. 따라서 미세한 틈으로 일산화탄소만 솔솔 빠져나온다면 연기가 샌다는 사실도 모른 채 중독을 겪을 것이다.

중독의 정도가 가볍다면 '이상하게 그 집에만 가면 머리가 아프고 몸이 안 좋다'는 정도의 증상만을 경험하게 될 것이다. 여기까지만 해도 꽤 위험한 도깨비집 이야기가 될 수 있다. 그러다 중독이 심해져 정신이 몽롱해질 정도가 되면, 꿈과 현실 사이에서 착각이 일어날 수 있다. 그러면 꿈에서 본 발만 걸어다니는 괴물의 모습을 일산화탄소 중독의 몽롱함 때문에 현실에서 본 유령이라고 착각하게 될 것이다. 조선시대의 이두는 귀신을 보지 못했는데, 노비들은 귀신을 보았다고 했다. 이는 어쩌면 이두는 주인이라 말끔한 건물에서 지냈기에 일산화탄소 중독을 겪지 않은 반면 노비들은 낡은 건물에서 지내다 보니 아궁이에서 새어 나오는 일산화탄소를 조금씩 맡으며 이상한 체험을 하는 증세를 겪었기 때문인지도 모른다.

게다가 일산화탄소 중독은 중독을 겪은 후 별 탈 없이 회복되는 것 같지만 지연성 뇌손상이라고 하여 일정한 시간이 지나면 뇌의 일부가 파괴되는 현상을 일으키는 경우도 있다고 한다. 현대에도 지연성 뇌손상은 일부 일산화탄소 중독 환자들에게서 관찰되는 현상이라고 하니, 만약 일산화탄소 중독을 자주 겪는 노비들이 있었다면 그중 몇몇은 뇌에 손상을 입었을 가능성도 있다. 그랬다면 뇌의 오류 때문에 실제로 세상에 있지도 않은 헛것이 보인다고 착각하거나, 누군가 들려준 이야기 속의 괴물을 현실에서 경험했다고 혼동할 위험이 있다. 그런 경우라면 도깨비집에 들어가 살았더니 정말 무시무시한 유령이 나를 덮쳐오는 일을 겪게 되었다고 믿을 수밖에 없다.

일산화탄소 중독이 아궁이에 장작을 지피는 옛날식 한옥이나 연탄가스 중독으로만 발생하는 것은 아니다. 가스 연료나 석유라고 하더라도 자칫 불을 잘못 피우면 일산화탄소는 곳곳에서 생겨날 수 있다. 연기가 나가는 굴뚝에 문제가 있어서 그 일산화탄소를 사람이 계속 들이마시게 되면 위험한 사고가 발생할 확률은 높아진다.

최근에는 캠핑 중에 추위를 피하기 위해 불을 피워놓았다가 천막 안으로 일산화탄소가 가득 차는 바람에 사람이 목숨을 잃는 사고가 발생했다는 사례도 자주 있다. 만약 일산화탄소 중독에 대해서 모르는 옛사람들이 비슷한 상황을 목격했다면, 아무도 공격한 사람이 없고 다친 흔적도 없어 보이는데 건강한 사람들이 왜 산에서 갑자기 사망했는지 굉장한 수수께끼라고 여겼을 것이다. 어쩌면 그 사람들이 산의 신령을 노하게 했거나, 그 터에 어떤 저주가 서려 있어 목숨을 잃은 것이라고 이야기를 만들었을지도 모른다. 미국의 언론인 캐리 포피 역시 현대 미국의 도깨비집, 홀린 집, 유령 나오는 집을 조사해본 결과, 그중 상당수는 그 집에 일산화탄소가 너무 많이 새어 나왔기 때문에 사람들이 중독되어 몸이 나빠진 것일 가능성이 충분하다고 주장한 바 있다.

심지어 자동차 배기가스에도 일산화탄소가 섞여 있는 경우가 많다. 환기가 되지 않는 곳에서 자동차가 많이 돌아다녀 일산화탄소를 잘못 들이마시면 마찬가지로 중독 증세가 발생할 가능성이 있다. 예를 들어 환기가 잘되지 않는 어두운 주차장에서 하루 종일 일하는 사람이 갑자기 어느 날 장례식장으로 걸어가는 유령의 모습을 보았다면, 그 주차장에 정말로 유령이 찾아왔을 가능성보다는 그날따라 일산화탄소를 너무 많이 들이마시는 바람에 중독으로 착각한 것일 가능성도 의심해보아야 한다는 뜻이다.

만약 정말로 일산화탄소 중독 때문에 사람이 몸이 아프거나 정신을 잃거나 헛소리를 하게 되었다면, 그 중독을 해결하기 위한 조치를 취해야 한다. 가장 널리 알려진 방법은 고압산소치료라고 해서 산소가 빵빵하게 가득 들어 있는 쇠로 된 커다란 통 속에 사람을 집어넣는 것이다. 그 통 속에는 산소가 강한 압력으로 아주 많이 몸속에 밀려들기 때문에 헤모글로빈에 일산화탄소가 붙어 있을 기회보다 산소가 붙어 있을 기회를 조금이라도 높일 수 있다. 그런 방식으로 다시 헤모글로빈에 일산화탄소 대신 산소를 붙여서 사람 몸속에 산소가 제대로 돌게 만든다.

물론 모든 도깨비집 사건이 일산화탄소 중독 때문에 발생한다고 할 수는 없을 것이다. 그렇지만 확실한 것은 낡은 집에서 살다가 일산화탄소 중독 때문에 쓰러진 사람이 있다면, 그 사람은 일산화탄소 중독을 치료하는 고압산소치료기 속에 넣어야 살릴 수 있다는 사실이다. 그때 그 도깨비집은 유령의 원한 때문이라면서 그 원한을 풀어주는 의식을 치르거나 제물을 바치는 행동을 아무리 많이 한다고 해도 몸속의 일산화탄소가 저절로 제거될 수는 없다. 그렇게 보면 설령 일산화탄소 중독 때문이 아닌 도깨비집이 있다고 하더라도 무엇인가 진짜 이유를 찾아서 풀기 위해 노력할 필요가 있다. 막연히 거기에는 유령이 사나 보다, 무섭구나, 하고 넘어가서는 안 된다. 그 이상의 진짜 이유를 찾아내야만 희생자를 구할 방법을 찾을 수 있다.

지하 세계에서 찾아오는 황화수소

사람의 몸이 약간의 일산화탄소만으로도 이렇게 어이없게 중독되어버리는 것은 어쩌면 일산화탄소가 세상에 아주 드문 물질이기 때문인지도 모른다. 만약 공기 중에 일산화탄소가 널려 있었다면, 사람은 먼 조상 때부터 일산화탄소에 적응하여 별 무리 없이 살아남는 쪽으로 진화했을 것이다.

그러나 일산화탄소는 무엇인가를 태울 때나 되어야 생겨난다. 만약 세상에 불을 피우는 동물이 없었다면 사람이 일산화탄소를 마주칠 기회도 거의 없었을 것이다. 그러나 사람은 대략 100만 년 전에서 200만 년 전쯤 불 피우는 방법을 개발해낸 것으로 추측되고 있다. 그 덕택에 음식을 요리해 먹고 추위를 피할 수 있게 되었지만, 그 전에는 전혀 마주칠 필요가 없었던 일산화탄소라는 물질을 마주치게 되었다. 100만 년은 그렇게 생소한 물질에 적응하도록 몸이 변화하기에는 너무 짧은 세월이었던 것 같다. 몸이 자연에 맞게 진화하며 변해가는 속도보다 불을 개발해 널리 활용하는 기술 발전의 속도가 지나치게 빨랐다고 말해볼 수도 있겠다.

결국 사람은 지혜를 갖고 불을 이용하는 인간다운 삶을 살게 되면서, 냄새도 색깔도 없이 슬며시 다가와 사람의 목숨을 빼앗을 수 있는 무서운 물질인 일산화탄소를 세상에 풀어놓게 된 셈이다. 이런 관점으로 이야기를 풀어보자면, 일산화탄소라는 물질은 사람이 지혜를 갖는 대가로 탄생한 신화 속의 악령이라는 말을 꾸며볼 수도 있을 것이다.

그 비슷한 느낌을 주는 다른 물질들도 있다. 예를 들어 물체를 붙이는 접착제나 페인트를 묽게 하는 희석제 따위를 너무 많이 마시면 환각을 보게 되는 경우가 가끔 있다. 그래서 항상 접착제나 희석제 통을 읽어보면 사용할 때 환기를 잘 하라는 주의 사항이 적혀 있다.

만약 새로 만든 가건물에서 작업을 하게 되었는데, 그 가건물을 만드는 데 접착제를 너무 많이 사용했고 그 접착제가 아직 가건물에 꽤 남아 있었다고 생각해보자. 그러면 가건물에서 작업하던 사람은 접착제를 너무 많이 들이마셔서 환각에 빠질 수 있다. 하늘에서 날아온 천사나 지옥에서 찾아온 악마, 무서운 유령이나 조상의 혼령을 보게 될지도 모른다. 사실은 접착제 때문에 환각을 본 것이지만, 가건물이 위치한 땅의 신령을 노하게 했기 때문에 마귀를 만났다고 생각하는 사람이 생길 수도 있다. 또는 미술 작업실에서 밤새 작업을 하는 사람이 있는데, 그 학교에는 그곳에서 오래 작업을 하면 꼭 억울하게 세상을 떠난 학생의 유령을 만난다는 전설이 있다고 해보자. 장시간 작업 중이던 사람은 그런 생각 때문에 무서운 유령의 형체가 덮쳐오는 체험을 하게 될 것이다. 그러나 사실은 밀폐된 작업실에서 너무 오래 희석제에 페인트를 섞어 그림을 그리다 보니 희석제를 들이마시고 환각에 빠질 것일 수도 있다는 이야기다.

이런 이야기에서 접착제, 희석제는 지혜로 개발된 기술을 이용한 유용한 제품이다. 그런데 한편으로는 그 지혜의 대가로 사람이 유령을 보게 만드는 부작용의 위험도 생겨났다. 이렇게 생각해보면, 이런 이야기들이 기술과 문명, 선과 악에 대한 어떤 교훈을 갖고 있는 것 같다는 느낌도 어렴풋이 든다.

신화의 한계와 진짜 위험

그러나 현실을 보다 넓은 관점에서 찬찬히 살펴보면, 꼭 기술의 개발 때문에 무서운 물질이 탄생하는 것만은 아니다. 기술은 악을 부르고 자연은 선하다는 식의 옛날 신선 같은 생각은 막상 따져보면 들어맞지 않을 때가 많다. 자연에서 저절로 발생하는 물질이라고 하더라도 이상한 작용을 일으키는 것들은 흔하다. 그중 특히 무서운 물질로 황화수소를 소개하고 싶다.

황화수소는 무엇인가가 썩을 때 잘 생겨나는 물질이다. 동물이나 식물의 몸속에는 황sulfur이라는 원소가 조금씩 들어 있는 경우가 많은데, 그것이 썩다 보면 세균들이 그 황을 갉아먹고 황화수소라는 물질을 뿜어낸다. 황화수소는 냄새가 지독한데, 흔히 교과서에서 그 냄새를 계란 썩는 냄새라고 표현한다. 정확히 말하면 황화수소에서 계란 썩는 냄새가 나는 것이 아니라, 계란이 썩을 때 황화수소가 발생하기 때문에 썩은 계란에서 황화수소 냄새가 난다고 말하는 것이 더 옳다.

황화수소는 위험한 물질이다. 일산화탄소처럼 사람이 산소를 활용하는 것을 방해하는데, 단순히 산소를 빼앗는 것이 아니라 사람 몸의 정상 활동에 꼭 필요한 시토크롬 산화효소cytochrome oxidase의 화학 반응을 방해하는 간접적인 방식을 사용한다. 그렇기 때문에 황화수소는 몸의 다른 곳도 공격한다. 몸의 신경이 제대로 활동하려면 칼륨 통로 또는 포타슘 통로라고 부르는 아주 미세한 부위가 작동하면서 신경에 약간의 전기를 통하게 해주어야 한다. 그런데 황화수소는 칼륨 통로의 활동을 틀어막아버리는 작용을 하기도 한다. 만약 이런 일이 일어나면, 신경에는 제대로 전기가 흐르지 못하게 되고, 사람의 신경 활동은 엉망이 된다. 느껴야 하는 것을 느끼지 못하고, 뇌의 동작도 제대로 이루어지지 않게 되는 것이다.

따라서 황화수소가 잔뜩 있는 곳에 사람이 들어가면, 온갖 이상한 증세에 시달리거나 잘못하면 정신을 잃고 사망할 수도 있다. 다행히 황화수소는 무엇인가가 썩을 때 저절로 발생하는 물질이기 때문에 냄새를 쉽게 맡을 수 있고, 더욱이 그것은 바로 그 계란 썩는 냄새처럼 아주 역하게 느껴진다. 그러니 자연스럽게 황화수소가 많은 곳을 피해 갈 수 있다. 이는 아예 냄새를 느낄 수도 없는 일산화탄소와 다른 점이다.

그런데 황화수소가 몸속에 너무 많이 배어들면 냄새 맡는 능력이 점차 사라진다고 한다. 그러므로 갑자기 황화수소가 많은 구덩이 같은 곳에 들어가면 냄새가 안 좋아서 피해야 한다고 판단을 내리기도 전에 목숨을 잃을 가능성이 있다. 또는 목숨은 잃지 않는다고 해도 정신을 잃거나 몽롱함에 빠져 기괴한 체험을 하거나 신경의 손상으로 이상한 경험을 하며 고통스러워하게 될 수도 있다.

황화수소 중독 사고는 현대에도 자주 일어난다. 특히 하수구나 지하 시설에서 작업하는 사람들이 황화수소 중독을 경험하는 사례가 잊을 만하면 한 번씩 발생한다. 하수구는 썩는 물체가 많은 곳이기 때문에 황화수소가 많이 생기기 마련인데 이런 곳에 들어갔다가 사고를 당하는 것이다. 특히 황화수소는 공기보다 무거워서 허공으로 퍼져 날아가기보다는 구덩이 같은 곳에 고여 있곤 하는데, 그런 곳에 발을 잘못 디디면 황화수소가 온몸으로 덮쳐오게 된다.

어쩌면 예로부터 화장실에서 출현하는 유령 이야기가 많았던 것도, 화장실에 연결된 하수구에서 이런저런 것이 썩으며 발생한 황화수소에 중독되는 사람이 많았기 때문인지도 모른다. 2019년 부산에서는 어느 화장실에 황화수소가 잔뜩 고여 있었는데 그곳에 갔다가 중독되어 쓰러진 학생이 결국 회복하지 못하고 사망하는 사건도 있었다.

생명을 잃은 동물을 썩게 만들고 그 과정에서 황화수소 같은 물질을 만들어내어 지나가는 사람을 중독시키는 것은 세균과 같은 작은 미생물의 활동 때문이다. 그렇다면 죽음을 맞이한 동물에게 달려드는 눈에 보이지 않는 미생물들이 꼭 눈에 보이지 않는 악령 같은 역할을 하고 있다고 상상해볼 수도 있을까?

그렇다 해도 역시 결론은 일산화탄소 중독과 다르지 않다. 누군가 저주받은 동굴로 알려진 곳에 갔다가 밑바닥에 고여 있는 황화수소를 들이마시고 쓰러져 악몽 같은 체험을 하고 있다고 상상해보자. 그럴 때 동굴의 악령에게 제사를 지내거나 마귀에게 용서해달라고 아무리 빌어봐야 몸속 황화수소가 그 말을 알아듣고 저절로 없어지지는 않는다. 황화수소를 몸에서 빼낼 수 있는 치료를 최대한 빨리 받는 것만이 해결책이다.

12장

유령의 발소리를 물리치는 타우 단백질

유령 새가 있을까

널리 퍼진 유령 이야기 중에 모습은 보이지 않고 발소리만 나는 이야기가 있다. 대체로 이야기는 이런 식으로 시작한다. 어느 으슥한 저녁 무렵, 사람이 많지 않은 외딴곳에 주인공이 홀로 있다. 이곳은 평소에도 좀 스산한 느낌이 있는 곳이고, 사람들도 가기를 꺼려하는 장소다. 그런데 주인공은 너무 일이 밀려 혼자 남아 작업을 하게 되었다든가, 아니면 어떤 작업을 하기 위해 어떤 공간이 필요한데 마땅한 장소가 없어서 그런 외진 곳에 머무르게 되었다. 그런데 갑자기 어디선가 발소리가 울려 퍼진다. 주인공은 그곳에 자기 외에는 아무도 없다는 사실을 알고 있다. 누가 찾아온 것일까? 이상하게 여긴 주인공은 주위를 둘러본다. 하지만 아무도 들어온 것 같지는 않다. 문을 잠가놓았기 때문에 결코 사람이 들어올 수 없는 구조였다든가, CCTV 화면으로 보았지만 아무도 오지 않았다는 식으로 설명이 덧붙는 경우도 있다. 주인공은 잘못 들은 게 아닌가 생각한다. 그리고 그냥 하던 일을 계속한다.

얼마 후 다시 발소리가 들려온다. 주인공은 놀란다. 이상하게 여긴 주인공은 귀를 기울이고 분명히 다시 들어보기 위해 노력한다. 얼마 후 다시 소리가 들려온다. 분명 사람이 걸을 때 나는 발소리다. 다시 한번 살펴보지만 아무도 없다. 사람은 없는데 도대체 어떻게 발소리가 들리는 것일까?

알고 보니 그곳은 어떤 한 맺힌 유령이 나오는 곳이었다. 예를 들어 그곳에서 어떤 사람이 자신이 소중하게 여기던 보석을 잃어버렸는데 찾지 못하고 세상을 떠나버렸다. 그래서 유령이 되어서도 자신의 보석을 찾아 그곳을 계속 헤매게 되었다는 사연이 덧붙으면 어울린다. 주인공은 자신이 들은 소리가 자기 주변을 돌아다니는 유령의 발소리라는 사실을 깨닫고 공포에 빠지게 된다.

보통 이런 이야기에서는 굽 높은 신발을 신은 여성의 발소리가 또각또각 울려 퍼졌다는 이야기가 많은 편이다. 그런 소리 중에서는 보통 나무 마룻바닥을 밟는 구두 소리가 많다. 그렇기 때문에 이런 이야기의 배경이 학교인 경우도 흔한 편이다. 발소리가 일정하게 또각또각 울리다가 갑자기 달려오는 것처럼 빠르게 들려 내 쪽으로 습격해오려는 줄 알고 깜짝 놀랐다는 이야기가 추가되기도 한다. 떠도는 이야기 중에는 몸체가 없이 발만 따로 걸어오고 있었다는 장면에서 끝나는 것도 있다.

대개 이런 이야기는 그냥 주인공이 처음 생각했던 것 그대로를 존중하여 풀이하는 것이 평범한 해결 방법이다. 처음에 '내가 뭔가 잘못 들었나' 하고 의심했던 대로 그냥 그렇게 생각하면 간단히 설명될 수 있는 일이다. 규칙적으로 바닥을 치는 소리란 비교적 단순하고 평범한 소리다. 그런 소리를 착각해서 잘못 듣게 된다는 것은 쉽게 일어날 법한 일이다. 예를 들어 전화를 받는 일에 계속 시달리다 보면 신경이 날카로워져 아무 소리도 안 들리는데도 멀리서 어렴풋이 전화벨 소리가 들리는 것같이 느껴질 수 있다. 나도 대학원 시절 그 비슷한 체험을 몇 번이나 했다. 요즘에는 사람들이 전화기를 진동으로 설정해두는 경우가 많다 보니 전화가 오지 않는데도 괜히 전화기가 진동하는 느낌이 드는 착각을 하는 사람들도 꽤 있다고 한다. 2016년 미국 미시건대학교의 다니엘 크루거 박사 연구팀에서는 이런 현상을 겪어본 사람의 숫자가 꽤 많아서 75퍼센트 정도에 이를 것이라는 결과를 발표한 적도 있다. 이런 현상을 두고 '유령 진동 증후군phantom ringing syndrome' 이라는 이름도 붙여두었다. 유령 진동 증후군이라는 말은 유령이 정말로 나타나 진동을 일으키는 것과는 아무 관계가 없으며, 다만 전화기에 너무 신경을 많이 쓰다 보니 실제 전화기가 울리지 않는데도 울린다고 잘못 느낄 때가 가끔 생긴다는 뜻일 뿐이다.

내가 아는 어떤 사람은 자신의 선배가 멀리서 자신을 부르며 소리치면 그 소리를 듣고 달려가야만 하는 일을 너무 많이 겪었고, 그 선배가 "내가 여러 번 불렀는데도 왜 이렇게 대답을 안 하냐"라며 짜증내는 일을 몇 번 겪다 보니 선배가 부르는 소리에 굉장히 예민해진 적이 있었다. 그래서 그는 외딴곳에서 작업을 하고 있으면 괜히 멀리서 그 선배가 자신을 부르는 소리가 들리는 것 같다며 종종 걱정하며 의심했다. 이는 유령에게 정신이 홀린 것이 아니라 그냥 그 선배 때문에 정신적 스트레스를 받은 경우다.

그런데 유령의 발소리가 들린다는 이야기 중 일부는 단순히 잘못 들은 것이라고 쉽게 생각하고 넘어가기는 어려운 경우도 있다. 두 사람 이상이 동시에 소리를 들었다거나, 다른 곳에서는 그렇지 않은데 어떤 특정한 장소에만 가면 유독 그 소리를 들었다는 이야기가 그렇다. 동시에 두 사람이 같은 방식으로 착각을 하는 경우는 일어나기 어렵거니와, 그런 착각을 안 하던 사람이 어떤 장소에만 가면 갑자기 뇌가 변화하며 착각을 하게 된다는 것도 쉽게 할 수 있는 생각은 아니다. 따라서 그런 경우에는 적어도 유령의 발소리 이야기 중 일부는 그냥 잘못 들은 것 이상의 사연이 있을 거라고 추측해볼 수 있다. 유령일 리는 없다고 해도 그 이상한 발소리를 낸 실체가 있다고 짐작해보는 것이 옳을 수 있다는 뜻이다.

그렇다면 도대체 무엇이 모습은 보이지 않으면서 사람의 발소리 같은 소리를 낼 수 있을까? 나는 이런 이야기들이 갖고 있는 몇 가지 공통점에서 단서를 찾아보기로 했다. 우선 정말로 걸어다니는 유령이 보였다거나, 유령의 신발이나 발만 보였다는 이야기는 빼고 생각하기로 했다. 이런 이야기는 그 사례가 많지는 않다. 게다가 어떤 특정한 물체가 나타난다는 것은 훨씬 더 놀랍고 어려운 현상이다. 사람의 발과 닮은 모양의 형체가 스스로 나타나 움직이며 소리를 내다가 사라지는 것처럼 보이는 일은 지나치게 구체적이다. 그러면서도 여러 이야기 사이의 정체를 생각해볼 수 있을 정도로 공통점을 찾기는 어려운 특수한 현상이고 사례도 너무 적다. 그런 이야기보다는 형체는 보이지 않는데 이상하게도 발소리만 들렸다는 형태의 사연이 훨씬 더 흔한 편이다. 그렇다면 그런 사례들 중에서는 어떤 공통점을 찾아볼 수 있을 것이다.

여러 이야기 중에 내가 특별히 주목한 것은 패널로 참여했었던 TV 프로그램에서 접한 한 경험담이었다. 제보자가 부산에서 겪은 일이었는데, 그 사연의 중간 부분에는 발소리만 내는 유령 이야기가 아주 전형적인 형태로 남아 있었다. 또각거리는 구둣발 소리, 갑자기 걸음이 빨라지듯이 들릴 때가 있다는 것, 산기슭 아래의 건물 외딴곳에서 주로 이런 현상이 일어났다는 것 등이 그랬다. 제보자는 비슷한 체험을 한 사람이 여러 명 있었다는 내용을 덧붙였다. 그렇다면 단순한 착각이 아니라 실체가 있다는 이야기였다.

나는 그런 현상을 실제로 일으킬 수 있을 만한 일들을 하나둘 따져보기로 했다. 물론 어떤 사람이 장난을 치기 위해 작은 녹음기에 발소리를 녹음해서 몰래 숨겨놓았다가 틀어두었다는 식의 음모를 떠올려볼 수도 있다. 그러나 이런 일이 일어났을 확률은 높지 않다. 더군다나 누가 기계 장치로 장난을 친 거라고 말하면 비슷한 현상이 관찰된 다른 이야기들에도 하필이면 비슷한 수법을 좋아하는 장난꾼이 다 있었다는 이야기가 된다. 아예 유령이나 혼령으로 변장하고 튀어나와서 사람들을 놀라게 하는 것을 좋아하는 범죄자가 있다면 모를까, 괜히 발소리를 들려주는 특이한 악당이 무서운 이야기의 배경이 되는 전국 각지에 여럿 퍼져 있다는 상상은 가능성이 낮다. 물론 그래도 그게 차라리 유령이라는 신비한 것이 나타났다는 것보다야 가능성이 조금 더 높다고 생각하기는 한다.

보다 그럴듯한 설명을 찾아보자면, 이와 비슷한 이야기가 있는 곳의 공통점과 관련이 있어야 할 것이다. 나는 사람이 없는 외딴곳, 산기슭, 학교의 외진 곳 같은 데가 배경이라는 점에 주목했다. 그런 장소에 공통적으로 있을 수 있는 것들 중에 사람의 구둣발 소리와 비슷한 소리를 낼 수 있고 그러면서도 사람은 아니면서 비교적 흔한 것으로는 무엇이 있을까?

딱따구리는 어떨까? 딱따구리가 건물 내부에 잠깐 들어오거나 마침 건물 옆에 있는 나무에 찾아와서 나무를 부리로 쪼았다면? 딱따구리가 나무를 쪼는 소리는 구두 굽이 나무 바닥을 찍는 소리와 비슷하게 들릴 것이다. 그러니까 딱따구리 소리를 유령의 발소리로 착각한 것이 아닐까? 내가 이 이야기를 TV 프로그램 제작진에게 해주었을 때 그들은 정말 의외라고 생각했는지 아주 큰 웃음을 터뜨렸다. 충분히 그럴만하다고 생각한다. 으스스한 유령 이야기를 하고 있는데 뜬금없이 자연 다큐멘터리나 만화에 등장할 법한 딱따구리가 유령의 정체였다는 설명을 했으니 말이다. 게다가 딱따구리는 미국 유니버설 스튜디오가 제작한 애니메이션의 모습이 잘 알려져 있는 편이라 어쩐지 우습고 장난스럽다는 느낌이 있다.

물론 유령의 발소리가 들린다는 곳에서 내가 실제로 딱따구리를 발견한 적은 없다. 그렇기 때문에 100퍼센트 확신할 수 있는 이야기는 아니다. 그렇지만 나는 딱따구리가 내는 소리를 유령의 발소리로 착각한 현상이 적어도 몇 차례는 있었을 가능성이 충분하다고 생각한다. 나는 제보자의 사연에 대해 고민하다가 딱따구리를 떠올린 직후 실제로 제보자가 발소리를 들었다고 한 건물이 있다는 산에서 딱따구리가 발견된 적이 있는지 조사해보았다. 생각대로였다. 그 산에서 살고 있는 야생 조류에 대한 신문 보도를 보니 딱따구리를 관찰한 기록이 선명하게 나와 있었다. 만약 비슷한 부류의 무서운 이야기의 배경이 사우디아라비아 같은 사막 지역이었다거나 남극처럼 얼음으로 뒤덮인 곳이었다면, 내가 딱따구리 이야기를 진지하게 꺼낼 수는 없었을 것이다. 그러나 한국에서 사람이 없는 외딴곳이라면 산이나 숲에 가까운 곳일 가능성이 높다. 자연히 그곳은 딱따구리 서식지와 가까울 확률도 높아진다.

TV 프로그램이 몇 회를 지나 또다시 형체는 보이지 않는데 발소리만 들리는 유령 이야기가 제보되었을 때 나는 방송에서 딱따구리 이야기를 꺼낼 수 있는 기회를 얻었다. 웃긴 이야기였기 때문에 반쯤은 농담처럼 즐기며 떠들기는 했다. 그렇지만 새롭게 제보된 그 이야기에서도 아니나 다를까 뾰족한 구두 굽이 또각거리는 소리가 들렸다는 묘사가 나왔다. 심지어 그 이야기의 배경은 안개 낀 어느 섬, 외딴 지역의 묘지 근처 풀밭이었다. 그러니 그렇게 구두 소리가 선명하게 들릴 까닭도 별로 없는 상황이었다. 이 경우 유령이 나타나 마력을 발휘해 구두 소리를 냈다는 이야기보다는 차라리 묘지 근처에 있던 나무에 딱따구리가 나타나 나무 쪼는 소리를 냈다는 이야기가 더 현실성이 높은 이야기라고 나는 생각한다.

딱따구리는 참새나 까치에 비하면 아주 흔한 새라고는 할 수 없고, 나무를 쪼는 특이한 습성이 있기 때문에 영화와 TV에서나 볼 법한 새라고 생각할 수도 있을 것이다. 하지만 사실 그렇지는 않다. 딱따구리는 한국에서 그렇게 드문 새는 아니다. 2005년 발표된 국립환경과학원의 《2004년 야생동물 실태 조사》 자료를 보면, 한국에는 1㎢ 면적당 쇠딱따구리가 9.2마리 살고 있다고 한다. 이것은 1997년의 4.2마리에 비해 두 배 이상 늘어난 숫자다. 1㎢당 6.7마리가 산다는 꾀꼬리보다도 쇠딱따구리는 더 흔하다. 쇠딱따구리 이외의 딱따구리 종류도 합한다면 그 숫자는 더욱 많다고 볼 수 있다. 이 자료에서 제비의 숫자가 20.6마리로 나타났는데, 쇠딱따구리는 그 절반 정도다. 그러니까 쇠딱따구리만 해도 제비의 절반쯤은 될 정도로 흔한 새라고 할 수 있다.

게다가 딱따구리 종류 중에는 실제로 사람이 사는 곳 근처에 사는 무리가 적지 않다. 서울 시내 한복판이라고 할 수 있는 남산이나 길동생태공원에도 딱따구리가 살고 있는 것으로 확인되었다. 올림픽공원이나 여의도의 샛강생태공원에도 관찰된 적이 있다. 민가 근처에 딱따구리가 사는 것은 충분히 가능한 일이다. 양재시민의숲은 엄청난 양의 차량이 통행하는 경부고속도로에서 가깝고 근처에 산지가 있는 것도 아닌데, 이곳에서도 딱따구리를 볼 수 있다. 2012년 5월에는 천연기념물 242호로 지정된 멸종 위기종 까막딱따구리가 강원도 철원의 폐교에서 발견되었다는 소식이 보도되기도 했다. 이 딱따구리들은 그 폐교 안에 있는 고목나무에 집을 짓고 살고 있었다. 딱따구리는 나무를 쪼아 먹이를 먹기 위해 소리를 내기도 하지만, 어떤 딱따구리들은 나무 쪼는 소리를 이용해서 서로 어떤 일을 알리는 습성을 가지고 있다고 한다. 그렇다면 까막딱따구리들은 그 학교 주변에서 나무 두들기는 소리를 꽤 많이 냈을 것이다. 만약 누군가 그 으슥한 폐교 근처를 지나다가 또각거리는 소리를 듣게 되면 '아무도 없는데 왜 학교에서 구둣발 소리가 들릴까? 혹시 이 학교가 폐교된 것을 원망하는 어떤 선생님의 한 맺힌 유령이 떠돌아다니는 것은 아닐까?'와 같은 이야기를 퍼뜨릴 수도 있다. 그렇게 딱따구리가 유령으로 오인되는 일은 충분히 일어날 수 있는 것이다.

사실 딱따구리에게도 유령 못지않게 놀랍고 기이한 데가 있다. 딱따구리가 딱딱거리는 큰 소리를 내며 부리로 나무를 쪼는 것은 딱따구리의 재주이고, 딱따구리가 그런 특이한 재주를 갖고 사는 동물이라는 사실 자체가 이상하고 재미있는 점이다. 밑도 끝도 없고 누구 말이 맞는지 알기도 어려운 막연한 유령 이야기보다 실제로 우리 곁에 있는 딱따구리의 나무 쪼는 실력이야말로 연구해볼 가치가 있는 신기한 현상인 것이다.

딱따구리가 머리로 나무를 들이받는 힘은 대단히 강력하다. 갑자기 급격하게 움직일 때는 몸이 가속을 받으며 힘이 걸린다고 하는데, 지구에 가만히 서 있을 때 걸리는 힘을 보통 1G라고 부른다. 자동차를 타고 급발진이나 급정거를 하면 몸이 쏠리는 느낌을 받는데 그때는 1G보다 높은 가속이 걸린 것이라고 보면 된다. 비행기 조종사들이 비행기를 급격하게 움직이면 6G 내지 7G가 넘는 가속이 걸릴 때도 있다고 하는데, 지상에서 훈련을 할 때는 7G 정도면 사람이 버티지 못해 기절할 수도 있는 가속이다. 그런데 딱따구리가 나무를 쫄 때는 비록 짧은 순간이기는 하지만 머리에 1000G 정도의 가속이 걸릴 수도 있다고 한다. 물론 꽤 긴 시간 동안 훈련을 받으며 경험하는 7G와 딱따구리가 아주 짧은 순간 경험하는 1000G를 같은 기준에 놓고 비교할 수는 없다. 그렇지만 딱따구리가 또각거리는 소리를 낼 때 머리가 굉장한 힘을 견디는 것은 사실이다.

만약 다른 동물이 머리에 그 정도 충격을 받는다면 뇌진탕으로 사망하게 될 것이다. 내가 하고 싶은 이야기는 유령의 발소리가 아니라 딱따구리 소리라고 해서 곧바로 재미없고 싱거운 이야기가 되는 게 아니라는 것이다. 어떻게 딱따구리가 그 소리를 내느냐 하는 것 또한 충분히 궁금해할 만한 신기한 이야기다. 더군다나 이 궁금증은 정밀한 관찰과 실험으로 제대로 연구해볼 수도 있다.

실제로 학자들은 도대체 딱따구리는 머리의 충격을 어떻게 견디는지에 대해 여러 가지로 연구했다. 현재 널리 알려져 있는 이론은 딱따구리의 뇌를 둘러싸고 있는 머리의 구조가 다른 동물과는 다르다는 것이다. 충격을 받을 때 그 힘을 퍼뜨려 완화시켜주는 연한 받침대 역할을 하는 뼈가 있다는 점을 지적한 사람도 있고, 머리 곳곳에 작은 구멍이 송송 난 뼈가 있는데, 그것이 뇌가 받는 충격을 막아주는 역할을 한다는 이론도 있다. 딱따구리의 혀에 연결되어 있는 뼈인 설골이 뒤로 뻗어 있는데, 이 뼈가 겉은 말랑하고 속은 단단해서 머리가 받는 충격을 줄이는 데 도움을 준다는 연구도 있다. 충격을 받아주는 근육이 목 부분에 있어서 충격이 심하지 않다는 연구도 있다.

어떤 사람들은 바로 이 원리를 이용해서 사람의 머리를 보호해주는 헬멧이나 보호 장비를 만들 생각을 하기도 했다. 실제로 버토 가르시아Berto Garcia 같은 인물은 딱따구리에서 착안한 구조를 이용해 스포츠 선수들을 보호하는 장구를 만드는 데 도전했다고 한다. 가르시아는 한때 미식축구 선수였는데, 미식축구는 경기를 하다 보면 격렬한 몸싸움이 자주 일어나기 때문에 몸에 많은 충격이 가해진다. 따라서 선수를 보호하는 안전 장비가 특히 중요한데 이 장비를 만드는 데 딱따구리가 나무 쪼는 모습을 연구한 결과가 활용된 것이다.

한발 더 나아가 최근에는 대단히 연구하기 어려웠던 건강 문제 한 가지를 풀어가는 데 딱따구리의 머리 구조가 도움이 될 거라고 보는 학자들도 등장했다. 사람의 두뇌가 병으로 망가질 때 머릿속에서 타우 단백질tau protein이라는 물질이 문제를 일으킬 거라고 보는 학설이 있다. 타우 단백질이 생겨서 쌓여 있다가 특이한 조건에서 성질이 바뀌면 굳어져 고체처럼 변한다. 사람의 머릿속에도 타우 단백질이 생겨날 수 있는

데 뇌 속의 신경 주위에서 타우 단백질이 굳어버리면 뇌가 제대로 움직이지 못하게 될 수도 있지 않겠느냐는 이야기가 있다. 적지 않은 학자들이 최근에는 사람이 늙어가면서 뇌의 기능이 퇴화하는 증상을 겪을 때 바로 타우 단백질이 굳어지면서 뇌를 망가뜨리는 것이 원인일 수 있다고 보고 있다. 그래서 나이가 들어 병이 들면 기억력이 떨어지고, 과거를 잘 기억하지 못하게 되고, 몸을 잘 못 움직이게 되거나 성격이 달라질 수 있다는 것이다. 어떤 사람들은 설령 젊은 사람이라도 머리에 너무 많은 충격을 받으면 그로 인해 타우 단백질이 생겨 뇌 기능에 악영향을 받을 수 있다고 보고 있다.

그런데 보스턴대학 의과대학 연구원 조지 파라George Farah의 2018년 논문에 따르면, 딱따구리 역시 강한 힘으로 나무를 쪼다가 뇌가 받는 충격 때문에 뇌 속에 타우 단백질이 생겨나게 될 수 있다고 한다. 아무리 여러 가지 방법으로 뇌를 보호한다고 해도 딱따구리 역시 어느 정도의 영향은 받는다는 의미다. 하지만 그렇다고 해서 딱따구리의 뇌가 타우 단백질 때문에 바로 망가지지는 않는다. 딱따구리는 허구한 날 나무를 쪼아대지만 제법 멀쩡하게 살아간다. 그렇다면 딱따구리는 타우 단백질이 생겨나도 어떻게든 그것을 버티며 사는 좋은 방법을 갖고 있을지도 모른다. 정말 그렇다면 딱따구리가 어떻게 타우 단백질을 잘 처리하고 있는지 알아내서 그 방법을 사람의 뇌에 적용해볼 수도 있을 것이다. 그런 방법이 개발되면 나이가 들어서도 머리가 나빠지지 않고 초롱초롱한 정신으로 젊게 살 수 있는 묘수가 될지도 모른다. 파라의 논문 역시 바로 그런 응용 방법에 대해 이야기하고 있다. 만약 언젠가 그런 연구가 성공을 거둔다면 한 맺힌 유령이 발소리를 냈다는 데서 끝나는 이야기보다야 딱따구리 이야기가 더욱더 멋지고 훨씬 더 신기한 결론을 맺게 될 것이다.

볼펜 딸깍 유령이 사는 곳은 지하 15센티미터

동물의 움직임 때문에 이상한 현상이 일어난다고 착각할 만한 이야기는 몇 가지 더 있다. 일상생활에서 자주 접하지 않기 때문에 낯선 동물들, 또는 사실은 근처에서 종종 볼 수 있지만 눈여겨보지 않는 동물들의 특이한 습성은 충분히 오해를 일으킬 수 있다. 생각 외로 세상에는 다양한 생물들이 우리 곁에 살고 있다. 게다가 기후변화로 인해 동물들이 살기 위해 이동하는 현상이 빈번히 벌어지면서 이전까지 마주하지 못했던 낯선 동물과 사람이 만나는 사례도 점점 더 늘어나는 추세다. 그 사실을 모른 채 '이 세상에 저런 현상을 일으킬 수 있는 것은 없다'고 쉽게 단정해버리면, 그것은 결국 유령 때문이라는 생각으로 이어지기 십상이다. 소설이나 영화를 보다 보면 유령이란 없다고 단정하는 태도에 대해 과학을 지나치게 신봉하는 오만이라고 지적하는 장면이 종종 나올 때가 있는데, 이상한 현상이 벌어졌을 때 그런 현상을 일으킬 수 있는 동물이나 다른 현상이 없다고 단정하는 태도 역시 반대 방향의 오만일지도 모른다.

알고 보면 아무것도 아니지만 모르고 있으면 굉장히 신기한 이야기의 예시로 볼펜 딸깍 유령 이야기도 해보고 싶다.

배경은 학교일 수도, 독서실일 수도, 고시원일 수도 있다. 그곳이 어디건 다들 입시를 준비하느라 예민하게 지내고 있는 곳이다. 그런데 이곳에서 누구인가 유독 신경이 거슬리게 볼펜을 딸깍거리는 소리를 내는 사람이 있다. 그 사람은 소리를 규칙적으로 내지도 않고, 그렇다고 아주 불규칙적으로 내지도 않는다. 그냥 가끔 딸깍, 또 딸깍, 하고 소리를 반복해서 낼 뿐이다. 그러나 고요한 공부 장소이다 보니 그런 소리도 거슬려 하는 사람이 나타난다. 가뜩이나 입시 준비로 신경이 날카롭다 보니 그 소리는 더욱 시끄럽게 들린다. 그 사람은 볼펜 딸깍거리는 소리를 내지 말라며 화를 낸다. 그런데 그 말을 들은 사람 입장에서는 억울하다. 자기는 그런 적이 없기 때문이다. 오히려 자기야말로 어디선가 들려오는 그 소리를 꾹 참고 견디고 있었다. 두 사람은 다투다가 어디선가 울리는 딸깍 소리를 듣는다. 사람도 없고 볼펜도 안 보이는 곳에서 어떻게 그 소리가 날 수 있는지 둘은 기이하게 여긴다.

이야기의 결말은 대체로 그 근처를 어떤 한 맺힌 혼령이 돌아다니고 있다는 것이 알려지고 그 혼령의 사연은 무엇이었는지 밝혀지는 것으로 이루어져 있다. 그곳에서 정말 열심히 공부하던 사람이 안타깝게 목숨을 잃는 바람에 너무나 서러워 유령이 되어서도 그곳에 나타나 공부를 하는데 버릇이 볼펜을 딸깍거리는 것이라서 그런 소리를 낸다는 식이다. 그래서 학교나 고시원에서 그 사람이 머물던 공간은 비워둔다거나, 그 자리는 해가 지면 아무도 사용하지 못한다는 금기가 있다든가 하는 내용이 덧붙기도 한다.

잘 꾸며서 재미나게 이야기하면 무서울 수도 있는 이야기다. 그렇지만 따지고 보면 역시 좀 우스운 데가 있다. 유령이 한이 맺혀 저승에서 돌아오는 것은 그렇다 치고, 그렇게 힘들여 이승에 돌아온 유령이 굳이 또 그 자리에 찾아가 공부를 하고 있다는 이야기는 좀 어색한 느낌이 있다. 그래도 여기까지는 모든 것이 입시 중심으로 정신없이 돌아가는 한국의 학교 문화를 생각하면 그럴 법도 하다고 넘어갈 수는 있다. 참고삼아 이야기하자면 미국의 무서운 이야기 중에는 한국처럼 유령이 공부하는 이야기는 상대적으로 드문 것 같다. 미국의 무서운 이야기 속 유령은 폐쇄된 독서실 같은 곳에서 공부를 하기보다는 여름 캠프에서 사람을 공격하는 모습이 훨씬 더 잘 어울린다.

그러고 보면 공부하다 한 맺힌 유령이 이승에 돌아올 때 굳이 볼펜까지 들고 온다는 것은 준비물을 지나치게 철저히 챙겨오는 것 같지 않은가? 유령이 들고 오는 볼펜에는 모나미나 파커 같은 상표까지 적혀 있어야 할까? 그리고 그렇게까지 소중하게 볼펜을 들고 삶과 죽음의 경계를 넘었었다면, 그 볼펜으로 무엇인가 메모를 한다든가 수학 문제를 풀기 위해 무엇인가를 쓴다든가 하지 않겠는가? 예를 들어 펼쳐진 공책에 갑자기 3차 방정식의 인수분해 과정이 볼펜 글씨로 술술 새겨진다면 그것은 정말 놀라운 일일 것이다. 그런데 저승에서 들고 온 볼펜으로 유령이 하는 행동은 겨우 이승 사람들에게 딸깍거리는 소리를 들려주는 것뿐이다. 이런 이야기라면 아무래도 이 유령은 원한이나 공부와 관련된 유령이라기보다는 쇼맨십이 강한 유령이라고 할 수밖에 없다.

볼펜 소리 같은 딸깍거리는 소리를 낼 수 있는 동물로는 방아벌레가 있다. 방아벌레는 크기와 습성이 다른 여러 가지 종류가 있고, 우리나라 곳곳에 퍼져 서식하고 있다. 당연히 사람이 사는 곳 근처에 사는 방아벌레도 꽤 많다. 그리고 방아벌레 중 상당수는 가슴팍에 길게 튀어나온 부분을 서로 부딪히며 위로 높이 뛰어오를 수 있는 재주가 있다. 다른 곤충이나 새가 공격해올 때 순간적으로 멀리 도망치기 위해서 이런 재주를 부리는 것 아닐까 싶다. 그리고 그렇게 위로 뛰어오를 때 꼭 볼펜 소리처럼 딸깍하는 소리가 난다. 한국에서는 방아벌레가 위로 솟았다가 내려오는 동작이 방아 찧는 동작과 비슷하다고 해서 이름을 방아벌레라고 부르지만, 영어권에서는 그 소리에 집중해서 아예 방아벌레를 딸깍 딱정벌레, 즉 click beetle이라고 부른다. 인터넷 동영상 사이트에서 click beetle

방아벌레

을 검색해서 방아벌레가 뛰어오를 때의 소리를 눈을 감고 들어보면 확실히 볼펜을 딸깍이는 소리와 비슷하다. 방아벌레의 크기는 대개 1센티미터에서 2센티미터 정도라서 구석진 곳이나 벽 뒤쪽, 창문 바깥 틈 따위에서 뛰어오르면 눈에는 안 뜨이고 소리만 날 수 있다.

방아벌레는 결코 희귀한 벌레가 아니다. 과거에 한국에서는 지역에 따라 방아벌레를 잡아 누가 잡은 벌레가 더 높이 뛰어오르는지 견주며 노는 어린이들이 꽤 있었다고 한다. 방아벌레의 일종인 청동방아벌레는 강원도 일부 지역에서 감자 농사를 해치는 해충으로도 잘 알려져 있다. 애벌레일 때는 땅속에서 사는데, 이 애벌레는 온몸이 단단한 껍질로 둘러싸인 기다란 모양을 하고 있어 철사벌레라는 별명이 붙어 있다. 철사벌레는 땅속을 돌아다니며 살다가 우연히 감자밭에 들어가게 되면 땅속에서 감자를 갉아 먹으며 감자가 자라나는 것을 방해한다. 그래서 한국에서 방아벌레에 대해 연구한 자료를 찾아보면 대개 감자 농사를 방해하는 방아벌레의 애벌레인 철사벌레를 퇴치하기 위한 목적으로 연구된 것들이 많다.

이런 연구 자료에 따르면, 철사벌레는 대개 땅속 15센티미터 깊이에서 살며, 몇 년 동안이나 애벌레 상태로 지내다가 방아벌레로 변한 뒤에는 잠깐 바깥에 나와 활동하는 삶을 산다고 한다. 그러니까 아무것도 없는 줄 알았는데 어느 날 갑자기 외딴 방에서 볼펜 딸깍거리는 소리가 난다면, 철사벌레가 몇 년 만에 드디어 번데기가 되고 그 속에서 방아벌레가 나와 뛰어다닐 수 있게 되었을 뿐인지도 모른다. 아무것도 없는 것이 아니라, 우리 눈에는 잘 안 보이는 지하와 구석진 곳에 곤충과 같은 작은 동물이 살고 있기에 이런 현상이 벌어진다는 것이다.

조금 더 극적인 이야기를 지어내보면, 어느 공터에 새로운 학교가 생겼는데 그 건물을 짓던 자리 근방의 땅속에 방아벌레가 살고 있었다고 해보자. 그러면 그 방아벌레가 깨어나는 2~3년 후에 그 근처에서 딸깍거리는 소리가 들리기 시작할 것이다. 그런데 마침 그사이에 그 학교에 무슨 사건이나 사고가 일어났다고 하면, 예전에는 어떤 소리도 안 들리던 곳에서 볼펜 딸깍거리는 소리를 내는 유령의 장난질이 시작되었다는 소문이 돌기 딱 좋아진다.

멧비둘기의 울음소리와 여우의 웃음소리

괴이한 현상으로 착각할 만한 동물의 행동으로는 멧비둘기와 호랑지빠귀도 빼놓을 수 없다. 둘 다 한국에서 찾는 것이 어렵지 않은 새다. 멧비둘기는 비둘기답게 구구거리는 소리를 내는데, 그 소리를 좀 더 크고 강하게 낼 때는 언뜻 사람 목소리와 비슷하게 들리기도 한다. 한국의 도시 근처 산과 숲에는 멧비둘기가 상당히 흔하게 사는 편이다. 인터넷 동영상 사이트에서 멧비둘기 소리를 들어보면 언제인가 한 번쯤 들어본 소리라는 생각을 하는 사람이 많을 것이다. 호랑지빠귀는 그에 비하면 좀 더 평범한 새소리를 내는데, 얼핏 들으면 사람이 내는 휘파람 소리처럼 들리기도 한다. 이런 새소리들 역시 적당히 무서운 소문이 도는 곳에서 잘못 들으면 유령이 내는 소리로 착각할 만하다.

멧비둘기의 울음소리는 간혹 사람이 울부짖는 소리처럼 들릴 수 있다. 멧비둘기는 크기가 크지 않아서 수풀 속에 있으면 눈에 잘 뜨이지 않는다. 그러면 멧비둘기가 주변에 있어도 사람이 없다는 이유로 그냥 아무것도 없다고 단정하기 쉽다. 사람이 결코 있을 것 같지 않은 빈집이나 외딴길 혹은 산속 같은 곳에서 사람은 보이지도 않는데 사람의 울음 같은 소리가 들려온다고 생각해보자. 그러면 그런 소리를 유령의 울음으로 착각하는 사람이 생길 수 있다.

몇몇 앵무새 종류는 아예 사람 말소리를 따라 할 수 있는 것

멧비둘기　　　　호랑지빠귀

들도 있다. 이런 점을 생각해보면 새 중에 사람 목소리와 비슷한 소리를 낼 수 있는 것들이 있다는 점이 크게 놀라울 것도 없다. 다만 유령 이야기가 너무 많이 퍼져 있는 데 비해 사람들 가까이에 깃들어 사는 새들에는 어떤 것들이 있고 그 습성은 어떠한지에 대한 관심은 무척 부족하다는 생각이 든다. 그러니 특이한 소리를 내는 새보다는 오히려 유령 이야기가 먼저 떠오르는 사람이 많을 수밖에 없을 것이다.

요즘에는 호랑지빠귀를 '귀신새'라는 별명으로 부르는 사람도 꽤 많은 것 같다. 호랑지빠귀가 내는 휘파람 소리 같은 울음소리를 산길이나 외딴곳에서 들으면, 아무도 없는데 누구인가 자신을 놀리듯이 휘파람을 부는 것으로 착각할 수 있다. 그러면 자신을 홀리려고 하는 귀신이 낄낄거리고 웃으며 맴돌다가 휘파람을 분 것 아닌가 싶어 깜짝 놀랄 만도 하다. 인터넷 동영상 사이트에서 호랑지빠귀 울음소리를 찾아보면 '이게 바로 나를 그렇게 겁나게 했던 소리를 낸 범인인 귀신

새구나'라면서 허탈해하는 사람들의 댓글을 볼 수 있다.

호랑지빠귀를 귀신이나 유령으로 착각한 것은 그 역사가 꽤 깊다고 할 수 있다. 조선시대 사람들이 지은 시나 수필을 읽다 보면 관용적으로 '귀소鬼簫'라는 말이 나올 때가 있다. 귀신의 퉁소 소리, 귀신의 피리 소리, 귀신의 휘파람 소리로 번역할 만한 말이다. 대개 귀신이 나타나는 음산한 분위기에 어울리는 상징 또는 귀신을 부르거나 귀신이 등장한다는 것을 알리는 신호로 자주 사용하던 단어다. 예를 들어 '으스스한 산길을 걷고 있으니 너무 무서워서 갑자기 어디에선가 귀소가 들릴 듯했다'는 식으로 귀신의 휘파람 소리라는 말을 활용한다.

또《조선왕조실록》의《세조실록》맨 앞부분을 보면 수양대군의 비범함에 대해 설명하면서 어느 날 밤에 묘지 근처에 왔다가 세종의 아들들이 이상한 휘파람 소리를 들었는데, 수양대군이 그 소리를 듣고 "그것은 바로 귀소입니다"라고 말했다는 기록이 실려 있다. 적어도 조선 초기에는 궁중 사람들도 귀신이 나타날 때 휘파람 소리를 낸다는 것을 믿었다는 뜻이다. 하지만 나는 이 역시 수양대군에게 무당 비슷한 재주가 있었다거나 저승과 통할 수 있는 초능력이 있었다고 상상하기보다는 그 근처에 호랑지빠귀 한 마리가 나타났는데 수양대군이 괜히 관심을 끌고 싶어 그게 혼령이 내는 소리라고 말했다고 보는 편이 더 옳다고 생각한다.

이런 식으로 생각해보면, 심지어 옛이야기에 그렇게나 많이 나오는 여우가 사람을 홀린다는 이야기조차도 결국 여우의 습성에 대한 착각이 단초가 되었다고 볼 수 있을 것이다. 여우는 산에 흔히 사는 갯과 동물로, 개와 비교할 만큼 영리하고 호기심이 많은 것으로 알려져 있다. 사실상 개와 구별하기 어려운 동물인 늑대가 사람을 공격하기도 하는 무서운 동물인 것에 비해 여우는 친숙해질 수 있는 동물이다. 실제로 옛 소련에서는 드미트리 벨랴예프Dmitri Belyaev를 필두로 여러 학자들이 여우를 붙잡아 길들이면서 품종을 개량하여 개처럼 사람을 따르며 지내도록 만드는 작업을 60여 년에 걸쳐 시행하여 성공에 이르기도 했다. 그러니 여우는 사람에게 관심을 가지고 사람을 영리하게 이용할 수도 있는 동물이다.

만약 산에서 여우가 무엇인가 굉장히 영리한 짓을 하거나, 사람의 집에서 물건을 뒤지는 장면을 누군가 목격했다고 해보자. 그러면 여우가 사람을 홀린다든가 여우가 사람으로 변신하려고 한다든가 하는 이야기가 나올 만했을 것이다.

옛 시대에는 사진이나 동영상을 찍어 SNS에서 공유를 해야 이야기가 퍼져나가는 시대도 아니었으니 '여우가 내 도시락을 뒤지더라'는 이야기가 입에서 입으로 퍼져나가며 '여우가 내 도시락을 먹고 있더라', '여우가 숟가락과 젓가락을 사용해 도시락을 먹더라', '여우가 사람으로 변신해서 식사를 같이 하더라'라는 식으로 말이 점차 과장되기 좋았을 것이다.

여우가 내는 울음소리 중에는 가끔 괴상할 정도로 사람 목소리와 비슷하게 들리는 소리가 있다. 개가 늑대처럼 길게 울부짖을 때 가끔 사람이 길게 우는 듯한 느낌을 줄 때가 있는데, 그런 소리와 닮았다고도 할 수 있다. 하지만 여우 목소리는 훨씬 더 특이하다. 특히 '여우의 웃음'이라 불리는 소리를 들어보면 마치 사람이 킬킬거리며 웃는 것처럼 들릴 때가 있다. 만약 그런 소리를 깊은 밤 산길을 가던 나그네가 들었다고 상상해보자. 아무것도 보이지 않는 숲속에서 빛을 반사하는 두 개의 눈동자만 보이고 킬킬거리며 웃는 소리가 난다면, 사람을 잡아먹는 괴물이나 사람을 홀리는 유령을 떠올리며 겁에 질리기 십상이다. 그러다가 나중에 그 근처에서 여우를 발견하게 되면 '혹시 여우가 괴물로 변신해서 웃는 소리를 냈던 것 아니냐'는 이야기가 나올 만하다.

조선시대에는 여우가 사람을 홀리는 이야기가 많았지만, 녹음 기술이 없었기 때문에 정작 여우의 웃음소리를 녹음해서 사람들에게 들려준 사람은 없었다. 그렇지만 지금은 누구나 인터넷에서 여우의 웃음소리를 담은 영상을 쉽게 볼 수 있다. 그 소리를 한번 들어보면 산에서 살며 등산객을 홀리는 유령으로 착각될 만한 여우의 습성이 재미있다는 생각을 하게 된다.

한 가지 안타까운 것은 산업화로 인해 자연환경이 크게 변화하면서 우리나라에서는 여우가 거의 멸종 단계에 이르렀다는 사실이다. 그래서 최근에는 외국 여우를 수입해 인공적으로 퍼뜨려서 다시 여우를 산에 살게 하는 정부 사업이 환경부 주도로 이루어지고 있다. 그러니까 현재 한국의 여우는 옛날이야기처럼 수백 년씩 살면서 사악한 짓을 하는 요사스러운 동물이 아니다. 대한민국의 여우는 환경부 산하 기관 직원들에게 계속해서 GPS로 위치를 추적당하고, 그 삶의 습성을 일일이 관찰당하면서 조금이라도 더 잘 살아보라고 응원받고 있는 처지의 동물이다. 아무리 놀라운 술법으로 사람을 홀릴 수 있는 여우라고 하더라도 20세기 한국 산업화의 가파른 변화를 당해내지는 못했다는 생각을 하면 좀 씁쓸하기도 하다.

13장

괴이한 요정을 물리치는 금속산화물막

좀비와 요정들의 정체

되살아나서 걸어 다니는 시체, 또는 그 비슷한 모습의 괴물을 요즘에는 흔히 좀비라고 한다. 나는 몇 년 전부터 사람들에게 한국 전설 중에 좀비 비슷한 것은 없느냐는 질문을 자주 받았다. 한국 전설 중에도 되살아난 시체와 비슷한 느낌의 이야기는 몇 가지가 있다. 예를 들어 대단히 유명한 한국 전설인 '내 다리 내놔' 이야기 혹은 '덕대골' 이야기라고 불리는 설화 속에도 되살아난 시체가 등장한다. 이 전설에서는 효자가 부모님의 약으로 쓰기 위해 버려진 무덤의 시신 다리를 잘라 훔쳐 오는데, 다리를 잃은 시신이 한 발로 뛰어 쫓아오면서 "내 다리 내놔"라고 소리친다.

이 이야기는 KBS 〈전설의 고향〉에서 몇 차례 극화되어 방송되었다. 1980년대 말 1990년대 초 무렵, 이 이야기가 방송된 뒤 학교에서 수많은 아이들이 어젯밤 〈전설의 고향〉이 정말 무서웠다고 여기저기에서 떠들어대던 날을 기억한다. 한 발로 콩콩 뛰면서 "내 다리 내놔"라고 소리치며 교실과 복도를 뛰어다니는 아이들이 무척 많았다. 지금도 이 이야기는 〈전설의 고향〉을 대표하는 에피소드로 잘 알려져 있고, 내용을 기억하는 사람들도 많다.

비교적 앞선 시대에 기록되어 문헌으로 남아 있는 설화로는 《용재총화》에 실린 한종유라는 사람에 얽힌 일화를 언급해볼 만하다. 이것은 그 자체로 되살아난 좀비 이야기라고 보기는 어려운 내용이지만, 그 사연을 보면 어느 정도 통하는 점은 있다.

한종유라는 사람은 고려시대에 벼슬길에서 성공하여 높은 지위에 오른 인물이다. 그 때문에 그가 젊은 시절에도 비범한 사람이었다는 몇 이야기가 남아 사람들 사이에 유행했던 것 같다. 이를테면 그가 몇몇 친한 친구들과 함께 몰려다니면서 자기들 딴에는 의로운 일이라고 불릴 만한 일을 하고 다녔다는 이야기가 남아 있다. 그 일행은 버드나무꽃에 관한 노래를 부르며 다니는 일이 많았기 때문에 버드나무꽃 패거리라는 뜻으로 '양화도楊花徒'라 불렸다고 한다. 한종유는 말년에 지금의 서울 옥수동 앞 한강 부근인 저자도에서 살았다고 하는데, 그렇다면 혹시 양화도 일행의 근거지도 서울 옥수동 일대였는지도 모르겠다.

양화도가 몰려다니면서 했던 행동 중《용재총화》에 구체적으로 기록되어 있는 것이 있다. 양화도는 이미 세상을 떠난 사람에게 과도한 의식을 치르며 굿을 벌이는 사람들을 놀리고 다녔다고 한다. 지금 기준으로 생각하면, 남의 가정에서 자신들 나름의 기준으로 행사를 치르고 있는데 거기에 젊은이 무리가 나타나 이상한 속임수를 써서 훼방을 놓았다고 볼 수도 있다. 그러나 그 옛날 고려시대에는 이미 세상을 떠난 사람에게 주술적인 의식에 몰두하며 재물을 소비하는 것이 심각할 정도로 도가 지나쳐 사회 문제라고 여겼던 사람들이 있었다. 그러니《용재총화》의 이야기는 한종유가 훌륭한 사람이었다고 칭찬하고자 양화도의 이런 장난도 훼방이라기보다는 의로운 행동이라고 소개한 것이다.

당시 유행하던 장례식이나 제사 의식에서는 목숨을 잃은 사람을 향해 그 사람을 부르는 행동을 하면서, 그 사람이 다시 돌아와 만나면 좋겠다고 말하는 절차가 있었던 것으로 추정된다. 이때 그런 주술이나 의식을 담당하는 사람이 많은 음식을 차려놓고 성대한 의식을 치른 것으로 보이는데, 뒷이야기를 보면 주술을 담당하는 사람은 혼령을 향해 지금 어디에 있는지 물으며 얼른 와달라고 외치는 대목이 있었던 것으로 보인다. 어쩌면 주술을 담당하는 사람은 그 후에 그 혼령이 자신에게 내려왔다고 하면서 혼령이 어떤 일을 원하고 있다거나 혼령이 더 많은 재물을 들여 의식을 치르기를 원한다고 말했을지도 모른다.

그런 의식이 벌어지고 있을 때 양화도 무리는 근처에 숨어 있다가 바로 그 절정의 순간에 갑자기 사람들의 눈앞에 검게 칠한 손을 불쑥 내밀었다고 한다. 그리고 양화도는 동시에 이렇게 외친다. "여기 있다!" 마침 "저승에 간 혼령이여, 여기로 돌아와주소서!"와 같은 주문을 외우고 있던 사람들은 깜짝 놀랄 수밖에 없었을 것이다. 그들은 무서워서 곧 도망쳐버렸다고 하는데, 그러면 양화도 일행은 유유히 걸어 나와 차려놓은 음식을 챙겨 갔다고 한다. 되살아난 시체로 변장을 하여 사람들을 속이고 제사 음식을 차지한 것이다.

《용재총화》는 잘 알려진 책이므로 이 이야기도 그런대로 알려진 편에 속한다. 나는 이 이야기가 고려시대에 세상을 떠난 사람을 이승에 다시 부르는 형태의 주술이 유행한 적이 있다는 근거가 될 수 있다고 본다. 또 한편으로는 그런 믿음을 가진 사람들 사이에서는 정말로 시체가 되살아나 "나 여기 있다"라고 말하며 튀어나올 수도 있다는 생각도 어느 정도 퍼져 있었다고 짐작할 만한 근거도 될 수 있다고 생각한다. 그러니 상당히 가치도 있고, 재미도 있는 이야기다.

그런데 그동안 이 이야기에 마땅한 제목이 없어서 생각보다 널리 퍼지지는 못했던 것 같다. 그래서 이 이야기의 가장 결정적인 대사인 "여기 있다"가 《용재총화》에 "재차의在此矣"라는 글귀로 쓰여 있는 것을 보고, 나는 이 이야기의 제목을 '재차의'라고 붙였다. 내가 붙인 이야기의 제목은 제법 퍼져나가 자리를 잡은 것 같다. 2021년에는 조선시대의 되살아난 시체 이야기를 다룬 영화 제목에도 '재차의'가 사용되었다.

재차의 이야기에서 짚어볼 만한 대목은 가끔 이렇게 일부러 남을 속여서 유령이나 괴물이 있다고 거짓말을 하는 사람들이 있다는 점이다. 악한 마음을 품고 남에게 겁을 주거나 이익을 얻기 위해 유령 이야기를 거짓으로 지어내는 사람들 말이다. 물론 재차의 이야기처럼 적어도 자기 입장에서는 선량한 목적을 위해 괴물 이야기를 지어내 남을 속이는 경우도 있다.

거짓말을 한 것이기는 하지만 그 목적은 애매한 경우도 있다. 1917년 초 영국을 떠들썩하게 했으며 이후 전 세계에 알려진 코팅리 요정Cottingley Fairies 사건이 좋은 예다. 이 사건은 영국의 코팅리 마을에 머물던 엘시 라이트와 프랜시스 그리피스 두 사람이 조그마한 요정이 자기들 주위를 날아다니는 모습을 사진으로 촬영했다고 해서 화제가 되었다. 당시 두 사람은 10대 초반과 후반의 나이였는데, 두 사람과 함께 시골 마을의 숲 한편에서 손바닥만 한 크기의 날개 단 요정의 모습이 선명하게 찍힌 사진이 공개되었다. 요정이 정말로 세상에 있고, 그것이 발견된 것일까? 나는 사건으로부터 한참 시간이

코난 도일의 《요정 재림The Coming of the Fairies》(1922)에 실린 코팅리 요정

지난 1980년대 후반에 어느 책에서 그 사진을 처음 보았다. 그때 나는 굉장히 충격을 받았다. 정말로 동화책 같은 데에 나온 요정이 실제로 세상에 출현한 것 같아 보였기 때문이다. 그래서 이런 일이 실제로 세상에서 가끔 벌어질 수도 있나 싶어 무척 신기해했던 기억이 난다.

1917년 사진이 촬영된 직후 두 사람은 요정의 모습과 자신들의 모습이 함께 찍힌 사진을 그냥 단순한 재밋거리로 여겼던 것 같다. 그러나 우연한 기회에 그 사진들이 외부에 공개되면서, 청소년이 시골 숲에서 우연히 요정을 사진 촬영하는 데 성공했다는 소식이 꽤 큰 화제로 주목받기 시작한다. 1910년대 말은 제1차 세계대전의 끔찍한 피해 때문에 유럽 사람들이 충격에 빠져 있던 시절이다. 이 비정하고 무서운 세상에서 사실은 동화 속의 요정이 실제로 있다는 이야기는 사람들의 사랑을 받을 만했다. 어른들은 요정을 만날 수 없지만, 순수한 마음을 가진 아이들은 아직도 요정을 만날 수 있다는 느낌을 주지 않는가?

이 사진은 잡지에 실려 사람들 사이에 더 널리 퍼져나갔다. 추리 작가이면서 SF 작가인 아서 코난 도일도 이 사진을 살펴보았다. 당시 도일은《셜록 홈스》시리즈 덕택에 영국 최고의 인기 작가로 이름나 있었기 때문에, 그가 사진을 살펴보고 그에 대해 의견을 피력한 것은 상당한 관심을 모았다. 도일은 사진이 진짜 요정의 증거라고 전적으로 굳게 믿었던 것 같지는 않다. 하지만 신비롭게 여기며 많은 다른 전문가들의 의견을 구하고 다녔다. 그런 의견을 종합한 결과 그는 이 사진이 무엇인가 믿을 만한 신비로운 현상을 촬영한 것일 가능성이 있다는 결론을 내렸다. 아닌 게 아니라 이후 많은 사진 전문가들은 카메라에 특수 장치를 한 것 같지도 않고, 그렇다고 사진을 현상하는 과정에서 특수한 처리를 한 것 같지도 않다는 의견을 냈다.

당시 영국인들 사이에서 도일은 과학적인 추리로 모든 수수께끼를 밝혀내는 셜록 홈스의 동료와도 비슷한 느낌이었다. 그러니 도일의 이야기가 곁들여진 이후 이 사진이 실제로 숲속 어딘가에 요정이 살고 있다는 것에 대한 꽤나 믿음직한 증거라고 믿는 사람이 제법 많이 생겼다. 만약 마법을 부리는 요정이 현실에 있다면, 전설 속에 나오는 다른 이상한 것들도 사실 실제로도 있을지 모른다고 생각하는 것은 자연스럽다. 그렇다면 온갖 다른 유령과 괴물 이야기도 사실일지 모른다.

하지만 1970년대 말 이 사진에 대해 조사하던 몇몇 사람들은 사진 속 요정의 모습과 정확히 똑같은 옷차림, 똑같은 손동작, 똑같은 자세의 요정들이 클로드 셰퍼슨의 그림책에 등장한다는 사실을 알아냈다. 실제 요정들이 하필 클로드 셰퍼슨의 그림책을 보았고, 또 하필 사진이 찍히는 순간 그 그림책의 장면과 똑같은 모양을 흉내 내며 사진에 찍혔을 리는 없다. 그렇다면 사진에 찍힌 요정들은 진짜 요정이 아니라 그냥 클로드 셰퍼슨의 책에 나오는 그림을 잘라내서 세워놓은 모양이라고 생각해야 한다. 사진을 현상하면서 특수한 조작을 했을 가능성이 없는 것은 당연한 일이었다. 무슨 복잡한 특수 조작 기술을 이용해서 요정 사진을 만든 것이 아니라, 그냥 책에 나오는 그림을 잘라내어 사람 주변에 적당히 세워놓거나 붙여놓은 뒤에 그 그림과 같이 사진을 찍었을 뿐이었다. 허탈할 정도로 단순한 방법의 조작이었다. 사진은 진짜였다. 다만 사진 속 요정이 진짜 요정이 아니라 요정 그림을 그린 종이였는데 사람들이 신비감에 휩싸여 그것을 눈치채지 못한 것뿐이다.

이 사실을 알고 코팅리 요정 사진을 보면, 요정들의 모습은 확실히 종이에 그린 그림처럼 보인다. 울록불록한 입체 모양을 찍은 형체가 아니라 납작한 종이에 그린 그림같이 보인다. 게다가 색깔의 선명도나 모양의 섬세한 정도도 실제가 아니라 그림에 가까워 보인다. 내가 처음 이 사진을 본 책에는 인쇄 상태가 선명하지 않은 사진이 작게 실려 있었기 때문에 진짜 요정인가 싶을 만도 했지만, 지금 인터넷에서 선명하게 나와 있는 사진을 찾아보면 여지없이 그림 같다. 이 정도의 사진이 그 많은 사람에게 요정을 믿게 만들었나 싶을 정도다.

1985년 5월 22일, 위대한 SF 작가 아서 C. 클라크가 진행하던 텔레비전 프로그램에 엘시 라이트가 출현해 68년 전에 찍은 사진은 그냥 장난으로 만든 것이었다고 고백했다. 〈아서 C. 클라크의 이상한 힘의 세계〉라는 제목의 이 프로그램은 총 13회에 걸쳐 세상의 신비한 현상들에 대해 소개하고 분석하는 내용을 다루었는데, 1회에서는 예언을, 5회에서는 유령을, 6회에서는 전생을 다루었다. 7회에서 바로 요정을 다루었는데, 전체 상황을 종합해보면 처음에는 그냥 간단한 장난이었을 뿐인 사건이었지만 갑자기 사진이 너무 유명해지고 일이 걷잡을 수 없이 커진 것이 문제였다. 그러다 보니 수많은 사람이 사진을 너무 진지하게 받아들여버린 것이다.

유명한 강령술사 폭스 자매의 속임수

대부분의 평범한 사람들은 쓸데없이 남을 속이거나 거짓말을 하지 않는다. 그러나 거짓말이 얼마나 큰 잘못인지 잘 알지 못하는 어린이들은 사실을 부풀리거나 없는 이야기를 지어내서 말하는 일이 좀 더 잦다. 조금 다르기는 하지만, 사실인지 아닌지가 중요하지 않은 농담을 할 때나 TV 프로그램에서 재미있는 이야기를 풀어놓아야 하는 연예인들은 이야기를 하면서 사실과 조금 다른 이야기를 슬쩍 덧붙이기도 한다.

사람들 중에는 아주 가끔 그냥 재미있는 이야기를 하고 싶거나, 혹은 주목을 받고 관심을 끌고 싶어서 사실과 다른 이야기를 꾸며내는 사람도 있을 수 있다. '나는 귀신을 볼 수 있는 능력을 갖고 있다'라거나, '어제 어디에서 무시무시한 유령을 보았으므로 그곳에 다시는 가면 안 된다'라는 이야기들은 사람들의 호기심을 끌 수 있다. 그런 이야기를 하는 사람에게 주위 사람들은 흥미를 느끼며, 그 사람이 어떤 말을 하는지 귀 기울여 듣는다.

혹시라도 과학적으로 입증할 수 있을 정도로 귀신을 정확히 볼 수 있는 사람이 실제로 있다면, 그 사람이 할 수 있는 일은 힘이 세다거나 달리기를 잘한다는 것보다도 훨씬 더 놀랍고 대단한 일이다. 그런 놀라운 재주는 100미터를 8초에 달릴 수 있다는 정도가 아니라, 100미터를 날아서 이동할 수 있다는 것에 가깝다. 그러니 관심을 얻고 싶은 사람, 자신이 귀한 사람이라고 주장하고 싶어서 귀신 이야기를 지어내는 사람은 있을 수 있다.

그렇다고 해서 무서운 이야기를 하는 사람들을 무조건 허

풍선이라고 보아서는 안 될 것이다. 유령이 돌아다닌다는 것이 믿기 어려운 이야기이기는 하지만, 나는 유령을 목격한 것 같다고 주장하는 사람들의 대다수가 가짜로 이야기를 지어내는 사람은 아니라고 생각한다. 오히려 그렇게 믿기 어려운 체험을 했다고 용기 내어 솔직히 경험담을 털어놓는 사람을 존중해주어야 하며, 그 이야기를 진지하게 잘 들어줄 필요가 있다고 여긴다. 그런 사람들을 통해 그동안 알지 못했던 새로운 정보나 귀중한 지식을 얻게 될 가능성이 있기 때문이다.

그러나 거짓말로 유령을 보았다고 말하는 사람도 극소수이지만 분명 있기는 있을 것이다. 여기에 더하여 아예 어떤 이익을 위해 조직적으로 유령 이야기를 꾸며내는 사람도 세상에는 없지 않다. 자기 이익을 위해 남을 속이는 사기 범죄를 저지르는 사람이 있다면, 유령 이야기로 얻을 수 있는 이익을 위해서 교묘한 속임수로 유령 이야기를 만드는 사람도 있을 거라는 생각도 가능하다. 이런 사람들은 의도적으로 이야기를 조작해내기 때문에 쉽게 들통나지 않는 속임수를 만들어낸다. 이렇게 탄생한 유령 이야기는 근거 없이 가짜로 만들어낸 가장 가치 없는 이야기에 불과하지만 거짓이라는 사실을 입증하기 어렵도록 꼼꼼히 숨겨 진상이 무엇인지 밝히기 어렵다는 점에서 가장 위험한 이야기이기도 하다.

대표적으로 19세기 중반 미국의 강령술사 유행의 중심에 있었던 인물이라고 할 만한 폭스 자매가 있다. 폭스 자매는 나이가 많은 순서로 리아 폭스, 매기 폭스, 케이트 폭스를 말하는데, 그중에서도 매기 폭스와 케이트 폭스가 특히 많은 활동을 했다.

당시 한 마을에 이사 온 자매와 그 가족들은 집에 있을 때 뭔가 불길한 느낌을 받았던 것 같다. 그러던 어느 날 밤 가족들은 아무도 없는데 갑자기 누군가 문을 두드리는 것 같은 소리를 듣는다. 그들은 저승에 간 영혼이 이승으로 돌아와 문을 두드리는 것 같다고 생각하여 공포에 질린다. 그런데 자매 중 한 사람이 그 소리를 이용해서 영혼과 대화를 할 수 있을지도 모른다는 생각을 한다. 이를테면 "남자라면 두드리는 소리를 한 번, 여자라면 두드리는 소리를 두 번 내주세요"라고 말하고 가만히 기다린 것이다. 그 방법은 통하는 것처럼 보였다. 자매는 저승에 간 영혼을 이승으로 불러올 수 있고, 그 영혼과 의사소통도 할 수 있게 되었다고 말했다. 얼마 후 소문은 마을 전체로 퍼졌다. 무엇인가를 두드리는 사람도 보이지 않고, 소리를 낼 장치도 없었으니 그것은 저승에서 온 영혼이 신비의 힘으로 두드리는 소리였음이 분명하다는 해석을 그럴듯하게 생각하는 사람들이 있었다.

자매의 재주는 점차 알려지며 인기를 끌었다. 마침 당시 미국 사회는 이런 것이 구경거리가 될 만한 분위기였다. 무엇인가 재미있는 일을 하고 싶은 여유 있는 사람들이 어느 날 밤 한자리에 모이면, 그곳에 폭스 자매와 같은 신비한 재주가 있

폭스 자매

다는 사람을 초대하곤 했다. 그리고 저승에서 영혼을 불러내 신기한 체험을 해보려는 것이 무슨 파티의 놀이나 여흥거리처럼 퍼져나갔다. 이후 이런 것을 영혼이 내려오도록 한다고 해서 흔히 강령술이라고 부르게 되었는데, 지금까지도 강령술은 미국에서 인기 있는 주제다. 어두운 밤 둥그런 탁자에 사람들이 모여 앉아 영혼이 나타났는지 물어보다가 영혼이 무슨 신호를 보내면 저마다 정신을 집중해 무엇을 전하려고 하는지 알아내려는 모습은 이 시기 미국 문화를 상징하는 장면이라고 할 정도로 화젯거리였다.

폭스 자매는 그중에서도 거의 선두에 있다고 할 정도로 인기가 많았다. 폭스 자매는 실제로 갑부나 정치인 같은 유력 인사들에게도 초대되었다. 이런 행사에는 초대료나 입장료 같은 대가가 있어서 폭스 자매는 영혼을 부르는 일로 수입도 올릴 수 있었다. 심지어 미국 대통령이 폭스 자매를 불렀다는 이야기도 있을 정도다.

당시 미국은 많은 사망자가 있었던 남북전쟁이 끝난 지 얼마 되지 않은 시기였기 때문에, 전쟁으로 가족이나 친구를 잃은 사람들이 그리움을 견디지 못해 저승에서 그 영혼이라도 불러 대화하고 싶어 하는 경우가 있었다. 무슨 대단한 신탁을 받거나 혼령의 실재를 검증하는 실험을 하려는 것이 아니라, 그냥 영혼에게 "전쟁터에서 전사할 때 얼마나 고통스러웠느냐. 너하고 같이 산 세월은 즐거웠으니 저승에서 잘 지내라" 정도의 마지막 인사말을 전하고 싶었던 것이다. 그런 간절한 사람들이 폭스 자매 같은 강령술사를 부르는 고객이 되었다.

강령술이 점점 더 인기를 끌자 똑똑 두드리는 듯한 소리로 영혼과 의사소통을 한다는 폭스 자매 외에도 각양각색의 방식으로 영혼을 부르는 사람들이 아주 많아졌다. 그저 두들기는 소리나 내는 재미없는 방식 말고, 뭔가가 휙휙 날아다니거나 둘러앉아 있던 탁자가 들썩거리는 등의 강렬하고 화끈한 순간을 보여주는 강령술사들도 여럿 등장했다.

이후 몇 가지 이유로 폭스 자매의 인기는 과거보다 줄어들게 되었다. 자매 간에 불화도 있었던 것 같다. 삶이 힘들어지면서 자매가 알코올 중독에 시달렸다는 이야기도 있다. 그러던 중 1888년 한 언론사의 기자가 폭스 자매에게 어떻게 강령술을 연출했는지 밝히면 상당한 거액을 지불하겠다고 제안했다. 그래서 마침내 둘째인 메기 폭스가 비밀을 밝히게 된다. 폭스 자매가 사용한 방법은 대단히 간단했다. 발목이나 다리의 관절을 이용해 뚝뚝 소리를 낸 것이었고, 그것을 두드리는 소리라고 말하니까 사람들은 그런 것 같다고 대충 믿은 것이다. 누군가 탁자를 두드리는 것처럼 보이지도 않고, 도구를 따로 사용하지도 않았기 때문이었다.

폭스 자매의 강령술이 심각한 예언이나 대단한 실험이 아니라 많은 사람이 재미 삼아 참여했던 행사였을 뿐이라는 점도 그들에게는 유리했을 것이다. 강령술 모임에서 누군가 "내일 모 회사 주식이 얼마나 오를지 내릴지 알려주시오"라고 질문했다면 아무리 폭스 자매라고 해도 정확한 결과를 예측해 맞힐 수 있는 방법은 없었을 것이다. 그런데 "친구, 세상을 떠나기 전에 자네하고 심하게 다투었는데, 너무 미안하네. 나를 용서한다면 똑똑 소리를 한 번 들려주고 아니면 두 번 들려주게"와 같은 말을 하는 감성적인 분위기에서는 적당히 분위기를 맞춰 관절 소리를 들려주면 된다.

세상을 떠난 사람들에 대한 강한 그리움이 강령술을 이끌어가던 시대였기에 폭스 자매는 그 감정을 이용해 성공할 수 있었던 것이다.

신비한 장면을 연출하는 마술사들

원조 강령술사의 대표격 인사인 폭스 자매가 강령술이란 애초부터 없었고 강령술은 불가능하다고 밝혔지만, 그런 게 가능하다는 문화가 많은 사람에게 자리 잡은 이상 그것이 사라지기는 어려웠다. 우스꽝스럽게도 폭스 자매에 비해 훨씬 덜 알려지고 훨씬 수준이 낮은 강령술사들이 그 후에도 부지런히 곳곳에서 꾸준히 활약했다.

한국사에서 속임수가 들통나 망신을 당한 대표적인 인물로는 지금으로부터 약 800년 전인 12세기 초 고려시대에서 활동한 묘청이 있다. 묘청은 용이 물속에서 침을 흘리니 그 장소가 대단히 신비롭고 좋다고 주장하여 고려의 인종을 자신의 세력권인 평양에 끌어들이려고 했다. 그러나 조사해보니 진짜 용이 있었던 것이 아니라 기름이 많이 밴 떡을 물에 뿌려놓은 것일 뿐이었다. 떡에서 나온 기름이 물에 떠오르면서 신기한 빛을 반사하며 무지갯빛을 띠니까 그것이 용이 흘린 침이라고 속임수를 쓴 것이다. 묘청의 속임수가 밝혀졌으니 망정이지 만약 성공했다면, 임금과 신하들 중 다수가 묘청을 굳게 믿어 고려의 많은 일을 맡겼을 것이다. 폭스 자매는 관절에서 나는 소리로 돈을 벌었는데, 묘청은 떡에서 나온 기름으로 나라를 통째로 자기 손에 넣는 데 도전했던 셈이다.

유령이나 귀신 이야기를 하면서 사람을 속이는 데 성공한 사례도 적지 않다. 예를 들어 《조선왕조실록》 1505년 음력

11월 1일 기록을 보면, 충청도의 김영산이라는 사람이 자신의 몸에 귀신이 붙어 있어 신비로운 일을 할 수 있다고 주장했다. 앞서 1490년 음력 8월 5일 기록에도 같은 지역, 같은 이름의 인물에 대한 기록이 있는 것을 보면, 15년 이상 김영산이라는 인물은 자신 곁에 신비로운 귀신이 있고 그와 대화할 수 있다고 주장했던 것 같다. 그는 귀신이 중요한 사실을 많이 알고 있다고 하면서 사람을 끌어모았는데, 꽤 알려진 양반들 중에도 그를 믿고 따르는 무리들이 많았다고 한다. 그렇다면 그는 재물도 많이 모았을 것이고 세력도 키울 수 있었을 것이다.

《조선왕조실록》에 따르면, 그가 사용한 수법은 물을 담아놓은 그릇에서 물이 저절로 줄어드는 모습을 보여주는 것이었다고 한다. 사람이 물을 마시지도 않았는데 물이 줄었으니 자기 옆에 있는 보이지 않는 귀신이 그 물을 먹은 것이 틀림없지 않느냐고 주장하며 인기를 끈 것이다. 승정원의 관리들이 엄히 감시하는 상황에서 귀신에게 물 먹이는 실험을 했더니 실패했다고 되어 있는 것으로 보아, 아마도 물을 몰래 따라내는 구멍이 있거나 물을 조금씩 빨아올릴 수 있는 도구를 연결해놓는 속임수를 사용했던 게 아닌가 싶다.

갖가지 마술 공연을 쉽게 볼 수 있는 요즘 그와 같은 기술을 본다면 그냥 재미난 마술쇼라고 생각할 것이다. 그러나 김영산은 500년 전에 그 수법을 개발해서 사람들의 믿음과 재산을 훔치기 위한 속임수로 사용했다. 아닌 게 아니라 마술에서 자주 사용하는 기술은 유령이나 신령을 속임수의 소재로 쓰는 사람들이 사용하는 방법과 종종 통한다. 대표적으로 멘탈리즘metalism 계통의 마술을 하는 사람들이 흔히 선보이는 방법으로 콜드리딩cold reading 또는 핫리딩hot reading이 있다. 멘탈리즘 마술을 하는 사람들은 바로 이 수법을 이용해서 사람의 마음을 읽어내는 흉내를 낼 수 있다. 콜드리딩은 상대방에 대한 사전 정보가 없는 상황에서 적당히 눈치를 보아 넘겨짚으며 그 사람의 마음을 읽는 흉내를 내는 방식이고, 핫리딩은 몰래 상대방에 대해 뒷조사를 해두고 그 사람의 마음을 읽는 척하는 방식이다.

어떤 사람을 몰래 조사해서 그 사람이 어젯밤 입에서 피를 흘리는 유령 꿈을 꾸고 두려워하고 있다는 사실을 알아냈다고 치자. 나중에 그 사람을 만났을 때 "나는 혼령을 볼 수 있는 재주가 있는데, 지금 너의 등 뒤로 입에서 피를 흘리고 있는 혼령이 따라오고 있다"라고 말하면 이것이 핫리딩이다. 이런 수법을 사용하면 그 사람은 놀라며 그 말을 믿게 될 텐데, 이때 "돈을 내고 내가 주는 사자 조각상을 들고 다녀야만 그 혼령을 떼어낼 수 있다"라고 하면 그 사람은 비싼 값을 치르고 그 조각상을 사게 되는 것이다.

핫리딩 방법을 사용하기 위해 누군가를 미리 뒷조사한다는 것은 쉽지 않은 일로 들릴 수 있다. 하지만 그 사람의 친구들이나 가까운 지인들 사이에 도는 이야기를 잘 들을 수 있는 통로가 있다든가 혹은 바람잡이 같은 사람을 이용한다면 의외로 그렇게 어렵지 않다. 예를 들어 내가 옆집 아저씨에게 요즘 자꾸만 이유 없이 머리카락이 빠져서 걱정이라고 말했다고 생각해보자. 그러면 옆집 아저씨는 앞동네에 사는 점성술사를 찾아가보라고 권유해준다. 내가 그 점성술사를 찾아갔더니 점성술사는 대뜸 "유령이 네 머리카락을 뜯어 먹는 것을 좋아하는 모습이 보인다"라고 한다. 나는 점성술사가 어떻게 내 문제를 이렇게나 잘 알아채는지 깜짝 놀랄 것이다. 그런데 사실은 점성술사와 옆집 아저씨는 서로 친구이거나 동업자 관계였고, 옆집 아저씨가 머리카락이 빠져 고민인 사람 한 명이 찾아갈 거라고 미리 알려준 것이라면? 그러면 유령과는 조금도 상관없이 신비롭게 들리는 이야기를 할 수 있다.

콜드리딩 방법으로 사람의 마음을 읽는 척할 때는 그보다는 좀 더 교묘한 솜씨와 더 뛰어난 연기력이 필요하다. 가장 쉬운 것으로는 통계적으로 추측하는 방법이 있다. 예를 들어 악령을 쫓아준다는 초능력자에게 어떤 중년 부인이 찾아온다면 일단 무조건 "가족 문제로 오신 거라고 악령이 이야기해주네요"라고 말한다는 것이다. 왜냐하면 중년 부인이 혼령을 보는 사람에게까지 찾아와 고민을 털어놓을 만한 문제는 대체로 자식 문제 아니면 남편 문제일 가능성이 높기 때문이다. 가끔 들어맞지 않을 때도 있겠지만, 그래도 문제될 것은 없다. 하루에 그런 사람이 열 명 찾아온다면 좀 틀리더라도 그중 네

다섯 명 정도는 맞을 것이고, 그렇다면 악령을 보는 초능력에 놀라 감동받을 사람이 하루에 네다섯 명씩은 생긴다. 하루에 네다섯 명씩 신봉자가 생기면 신비한 초능력자라는 소문이 퍼져나가기에 충분하다.

조금 어려운 콜드리딩 방법으로는 눈치를 보며 맞춰가는 것도 있다. 예를 들어 "그러면 가족 중에서 누구 문제일까? 남편, 아들, 딸, 누구일까?"라는 식으로 천천히 말을 하면서 눈치를 보는데, 아들이라고 말할 때 상대방이 조금 움찔하고 동요하는 것 같다면 "악령이 남편하고는 상관없다고 하고, 딸 문제도 아니라고 하네. 악령이 아들을 괴롭히고 있나 보네"라는 식으로 천천히 그 사람의 마음을 떠볼 수 있다.

굳이 혼령을 볼 수 있는 초능력자나 주술사 같은 사람을 찾아와 돈을 내겠다는 사람들은 비슷비슷한 문제 때문에 고민하고 있기 마련이다. 그렇다면 그런 사람들을 오랜 기간 많이 상대하며 경험을 쌓은 사람은 이런 식으로 눈치를 보며 상대의 문제를 알아맞히는 솜씨를 점차 더 뛰어난 수준으로 익혀나갈 수 있을 것이다.

폭스 자매의 수많은 선배들

자신이 신비한 경험을 했거나 놀라운 재주를 갖고 있다고 주장한 사람들 중에 구체적으로 그 사람이 어떤 속임수를 쓴 사기꾼이라고 밝혀진 사례도 역사 기록 속에는 꽤 남아 있다. 예를 들면 《고려사절요》에 언급되어 있는 효가라는 사람이 있다. 그는 자신이 대단히 신비한 인물이어서 삶과 죽음의 세계를 초월할 수 있다고 생각했던 것 같다. 자기 몸에서는 신비로운 달콤한 액체가 피어올라 불구덩이 속에 들어가도 오히려 새로운 육체로 살아 돌아올 수 있다고 주장했다. 목격자들도 꽤 있어서 사람들은 그 말을 사실로 믿었다. 당시 사람들에게 인기가 많았던 불교에서는 고대 인도 신화에서 유래된 '감로'라는 신비의 물질을 언급할 때가 있는데, 감로는 사람의 몸에 대한 모든 문제를 해결해줄 수 있는 효능을 가진 마법의 액체였다. 효가는 자신의 몸에서 나온 달콤한 액체가 감로라고 주장했다. 그 때문에 효가는 자신을 따르고 존경하는 사람들을 잔뜩 모을 수 있었다.

그런데 조사해보니 신비의 약물인 감로라는 것은 효가가 그냥 몰래 숨겨놓은 꿀이었다. 아마도 사람들의 눈길이 미치지 않을 때 잠시 몸에 슬쩍 꿀을 바른 뒤 사람들을 향해 자기 몸에서 이상하게도 달콤한 감로가 나왔다고 주장했던 것 같다. 그가 불구덩이에서 살아 돌아왔다는 것도 장치를 이용한 속임수였다. 그는 지하 비밀통로와 연결된 곳에 장작을 쌓아놓고 불을 붙였다. 그러고는 불구덩이 속으로 들어가 몸이 불에 타는 듯 보이게 하면서 장작 사이에 감추어진 비밀통로를 통해 멀리 떨어진 곳으로 빠져나간 것이다.

《조선왕조실록》 1503년 음력 4월 28일 기록에는 단순하지만 교묘한 수법으로 사람들을 속인 사기꾼이 소개되어 있다. 이 사기꾼은 신비로운 마력 같은 것을 이용해서 대단히 치료하기 어려운 병을 치료하는 재주로 이름난 사람이었다. 이 사람의 속임수는 환자에게 마력을 사용하는 척한 뒤에 환자가 병이 있다는 말을 하면 그것 때문에 나쁜 기운이 스며든다고 주장하는 것이었다. 그는 병든 사람에게 앞으로 병이 진짜로 나을 때까지는 아무에게도 병이 있다고 말하면 안 된다고 했다. 그 말을 믿는 환자는 병이 낫기를 원하는 마음 때문에 그 이후로는 병이 있다는 말은 하지 않게 된다. 주변에서는 환자가 더 이상 병이 있다는 이야기를 하지 않으니 병이 벌써 꽤 많이 나은 것은 아닌가 착각하게 된다. 그러다 보니 주변에 그 사기꾼이 병을 고쳤다는 이야기가 퍼져나간다. 누구도 고쳤다더라, 누구도 낫게 했다더라 하는 소문이 많이 퍼지면 사기꾼의 이야기는 점점 더 그럴듯해 보이게 된다. 실제로 사기꾼에게 치료를 받았다는 사람을 찾아가서 물어봐도 더 이상 병이 있다는 이야기를 하지 않으니 더욱 많은 사람이 사기꾼을 믿게 된다. 그런 와중에 우연히 정말로 병이 나은 사람이 한둘이라도 생겨나면 그의 놀라운 실력에 대한 믿음은 더더욱 커질 수밖에 없다. 점점 더 많은 사람이 사기꾼을 찾아와 병을 고쳐달라면서 막대한 치료비를 지불하게 되는 것이다.

이런 수법은 다른 방법으로는 치료하기 어려운 병을 앓는 사람이 지푸라기라도 잡는 심정으로 사기꾼을 믿는 심정을 이용한다는 점에서 특히 더 악랄하다. '병이 있다는 이야기를 하면 병이 안 낫는다'라는 사기꾼의 주장은 의심스럽지만, 희망이 없는 환자 입장에서는 그래도 혹시나 싶어서 사기꾼의 말을 믿고 마지막까지 따르게 된다. 아마 그런 환자 중 일부는 결국 병이 낫지 않아 목숨을 잃을 텐데, 주변 사람들은 그래도 환자가 마지막까지 더 이상 그 병에 대한 이야기를 하지는 않았을 테니 '도술인지 귀신의 재주인지 하여튼 신비한 술법 때문에 그 병은 나았는데 그 전에 몸이 너무 쇠약해져 있어서 안타깝게 세상을 떠났구나'라는 식으로 생각하기 쉽다. 그러면 사기꾼의 실패는 발각되지 않는다. 사기꾼은 자신의 속임수를 계속해서 이어나갈 수 있게 된다.

실록에는 속임수로 신비한 이야기나 귀신 이야기를 꾸며내서 이익을 얻으려 했지만, 결국 한계에 부딪혀 처참하게 망한 사람의 사례도 실려 있다. 1718년 음력 8월 11일 기록에는 신의선이라는 사람의 최후가 쓰여 있다. 신의선은 강원도에서 활동한 사람으로 자신을 성스러운 인물이라고 주장했다고 한다. 그는 주문과 부적으로 귀신을 조종할 수 있다고 주장했던 것 같은데, 특히 자신의 술법을 상징하는 신비로운 칼을 한 자루 갖고 있었다. 그는 주문과 부적으로 병도 치료할 수도 있다고 주장했는데, 기록에는 농사를 그만두고 그를 믿고 따르는 사람들이 속출했다고 한다. 그러니 그해 봄까지만 해도 그의 말대로 해야 귀신의 힘을 이용해서 잘살 수 있고 나쁜 일도 피할 수 있다고 믿었던 사람이 많았던 것 같다. 그렇게 해서 신의선은 자기 말을 듣는 부하를 많이 거느리며 돈도 많이 모았을 것이다.

신의선은 가짜로 귀신의 형상을 보여주는 방법으로 사람들을 속였다고 한다. 이를테면 간단한 장치를 만들어 그 기계로 빛이나 그림자가 나타나거나 사라지는 신비로운 모습을 보여주면서 저게 사실은 자신이 다스리는 귀신이라고 주장했던 것이 아닌가 싶다. 또는 귀신 모양의 인형을 만들어 사용하거나, 귀신으로 변장시킨 자신의 부하를 사람들에게 살짝살짝 보여주면서 그게 자신이 다스리는 귀신이라고 사람들을 속인 것으로 추정해볼 수도 있겠다. 어쨌든 그를 따르는 사람들이 적지 않았던 것을 보면 꽤 그럴듯하게 귀신 모습을 꾸며 보여주는 방법을 개발해내는 데 성공했던 것 같다.

그러나 시간이 지나자 관청에서는 그가 사회를 혼란스럽게 만든다고 여겨 그의 친척들을 체포해서 감옥에 가두고자 했다. 그러자 신의선은 직접 관청에 나타나 자신의 칼을 잡고 매우 이상한 주문을 외웠다고 한다. 관청에서는 혹시라도 위험한 일이 일어나는 것 아닌가 싶어 군사들을 풀어 그를 포위해서 공격했다. 별다른 일은 없었고, 군사들의 공격에 신의선은 그대로 목숨을 잃었다. 그것으로 끝이었다. 실록의 기록에 따르면, 이후 신의선의 부하들을 조사해보니 이들은 그저 '멋모르는 시골 사람들'일 뿐이었다고 되어 있다. 그러니 신의선은 그런 식의 속임수를 쓰는 것 말고는 별다른 재주도 없었던 것 같다. 실제로 누구인가를 공격할 실력은 없는 인물이었던 것이다.

그렇다면 신의선이 싸우다가는 목숨을 잃을 것이 뻔한데도 마지막에 괜히 칼을 들고 아무 소용도 없는 무시무시한 주문을 외운 이유는 도대체 무엇이었을까? 모든 것이 망해가고 있으니 최대한 무섭게 겁이라도 주어 어떻게든 관청 사람들을 잠깐 주춤하게 만들려고 그런 짓을 한 것일까? 아니면, 그래도 부하들은 자신을 굳게 믿고 있었으니 끝내 그들을 실망시키고 싶지 않아 목숨을 잃기 직전까지도 진짜인 척했던 것일까? 아니면, 모든 것이 끝장나고 있을 때 마지막으로 자신의 속임수가 어쩌면 현실에서 진짜로 나타날 수 있을 가능성도 아주 조금은 있을 거라고 스스로 허망한 믿음을 품어본 것일까?

속임수를 밝혀내는 방법

예전의 속임수들이 지금은 보다 쉽게 간파되고 있다. 그 이유로는 감시 카메라를 설치하기 쉬워졌다는 점도 주목할 필요가 있다. 예전에는 재빠른 손동작이나 작은 장치로도 쉽게 사람들을 속일 수 있었지만, 지금은 여러 방향에서 동시에 촬영하는 카메라를 설치하여 나중에 영상을 면밀히 분석하면서 어떤 속임수를 쓰는지 세세하게 따져볼 수 있기 때문이다.

특히 상보성 금속산화물 반도체, 즉 CMOS를 이용한 화상 센서 기술이 발전하면서 성능이 뛰어난 디지털 카메라를 만드는 것이 간단해졌다. CMOS는 이산화규소에 인이나 붕소 등을 아주 소량 섞은 물질을 교묘히 조립하여 빛을 받으면 전기를 뿜어내도록 만든 아주 작은 장치다. 그리고 CMOS 화상 센서는 이런 작은 장치를 대량으로 연결하여 사진을 찍듯이 섬세하게 빛을 감지하여 그것을 전기의 흐름으로 바꾸어주는 부품이다. 이런 부품은 싼값으로 대량 생산하기에 유리하기 때문에 지금은 전화기에 달려 있는 카메라부터 각종 영상 촬영용 소형 카메라까지 수많은 촬영 장비들의 핵심 부품으로 이용되고 있다.

요즘에는 카메라와 촬영 장비의 가격이 저렴해졌고, 다양한 방식으로 설치할 수 있는 제품도 많이 개발되어 구하기가 어렵지 않기 때문에 유령이 있다고 주장하는 사람 근처에 큰 비용을 들이지 않고도 카메라를 여러 대 갖다 놓을 수도 있다. 뿐만 아니라 과거에 비해 주변 곳곳을 살필 수 있는 CCTV, 보안카메라, 방범카메라의 숫자도 늘어났다.

조선 후기 이옥이 쓴 《최생원전》에서는 짐짓 도깨비가 하는 짓인 척 가장하고는 남의 집에 몰래 계속 돌을 던져 그 집 사람을 못살게 구는 악당을 소개하고 있다. 피해자는 무속인을 불러 도깨비 쫓는 굿을 해서라도 도깨비를 막으려고 했지만, 당연히 그런 방법은 실패하고 결국 견디다 못해 망하게 된다. 그러나 만약 CMOS 센서로 만들어진 저렴한 보안카메라가 곳곳에 설치된 요즘 같은 시대였다면, 그가 몰래 돌을 던지는 모습이 분명히 카메라에 찍혀 진짜 범인을 잡을 수 있었을 것이다. 마찬가지로 "우리 집에 유령이 살고 있고, 폴터가이스트 현상을 일으켜 자꾸 집에 있는 접시를 깬다"라고 주장하는 아이가 있다면, 그냥 관심을 끌기 위해 몰래 자기가 접시를 던지고 있는 것은 아닌지 CCTV를 설치해 확인해볼 수 있다.

감시카메라의 영상이 해결하지 못하는 문제가 있다면, 기술 발전에 따라 영상을 조작하는 기술도 같이 발전하고 있다는 점이다. 예전에는 할리우드의 특수효과 기술자들이 모여 한참을 고생해야 만들어낼 수 있었던 실감나는 괴물의 모습을 2020년대에는 집에서 가정용 컴퓨터를 이용하여 어렵지 않게 만들어낼 수 있게 되었다. 유령이나 괴물이 등장하는 신비한 영상을 가짜로 만들고 싶다면, 그냥 방 안에 앉아 별 어려움 없이 영상을 조작할 수 있다는 것이다. 짧으면 몇 분, 길면 몇 시간쯤 컴퓨터를 주무르면 많은 경우 원하는 영상을 얻을 수 있다.

뭐가 되었든 많은 사람이 보기만 하면 돈을 벌 수 있는 유튜브와 SNS의 세상에서는 가짜로 만들어낸 영상도 당장 돈이 될 수 있다. 그것이 좋은 영상이건 나쁜 영상이건, 진짜 영상이건 가짜 영상이건 많은 사람이 보고 싶게 만들어 조회 수가 높아지고 구독자와 좋아요 수가 많아지게만 할 수 있다면 하여튼 그것이 가치를 갖는 것이 현대의 세계다. 실제로 그런 목적으로 가짜 유령 영상을 만들어 인터넷에 배포하는 사람들은 세계 어디에서든 늘어나고 있다.

결국 마지막에 남는 궁금증은 하나다. 세계 곳곳에서 더 많은 사람을 속여보겠다는 생각으로 가짜 영상을 기꺼이 만들겠다고 결심하는 사람들이 늘어나는 이 상황의 원인은 어디에서 찾아야 할까? 그 사람들의 머릿속에 어떤 정신이 스며들고 있기 때문이라고 해야 할까? 그들은 도대체 무엇에 홀린 것일까?

14장

거인 괴물을 물리치는 탄소 섬유

이미르의 머리뼈와 장보고

북유럽 신화에는 이미르Ymir라는 거인이 등장한다. 신화에서 이미르는 세상이 맨 처음 생겨날 때 태어난 어마어마하게 큰 거인이다. 이미르의 몸은 옛사람들이 생각하던 온 세상과 같은 크기였으므로 대충 따져보면 지구 전체의 크기와 비슷한, 수천 킬로미터에서 수만 킬로미터에 달하는 몸집을 갖고 있는 거대한 괴물이었다고 보면 될 것이다.

이미르가 그냥 평범하게 잘 살았다면 사람들이 사는 세상은 물론 온갖 문명도 없었을 것이고, 재미있고 신기한 유령과 마귀에 대한 이야기도 없었을 것이다. 그러나 이미르를 그냥 두지 않고 없애려는 자들이 나타났다. 바로 세 명의 신들이었다. 북유럽 신화에서 가장 높이 숭배받는 신인 오딘과 그 형제인 빌리와 베가 그들이다. 이미르는 죽은 뒤 온 세상이 되었다. 옛 북유럽 사람들은 세상을 이루고 있는 땅과 흙이 모두 이미르의 살이 변해서 된 것이라고 생각했다. 그리고 이미르의 몸에서 쏟아져 나온 핏물은 바다가 되었고, 이미르의 몸에 남아 있는 뼈는 광물이 되었다고 상상했다.

그들은 이미르의 머리뼈가 쪼개진 조각들이 이리저리 흩날리며 퍼지다가 멀리 높은 곳을 떠다닐 수도 있다고 생각했다. 그리고 밤하늘에 나타나는 혜성들이 바로 그 조각들이라고 믿었다.

혜성은 별처럼 생기기는 했는데 보통 별에서는 보이지 않는 긴 꼬리를 갖고 있다. 계절에 맞추어 일정하게 나타나는 것이 아니라 어느 날 갑자기 하늘에 나타난다는 것도 이상한 특징이다. 그러므로 혜성은 예로부터 신기하고 괴상한 현상의 대표 격이었다. 21세기인 현재에도 큰 혜성이 나타나면 구경거리가 된다고 해서 방송 뉴스와 신문 기사에서 그 사실을 알려준다. 망원경을 갖고 있는 사람들이 혜성을 관찰하기 위해 분주해지기도 한다. 그러니 옛사람들에게 혜성은 좀 더 충격적으로 놀라운 현상이었을 것이다. 따라서 도대체 혜성이 무엇이고 왜 나타나는지에 대해서 여러 가지 괴이한 이야기들이 생겨날 수밖에 없었다.

옛 북유럽 사람들이 혜성을 거인의 유해와 관련시켜 생각했다면, 신라 사람들은 혜성이 나라의 운수와 관련이 있다고 믿었다. 혜성이 나타나면 무엇인가 새로운 것이 등장하고 옛것은 망하는 현상이 일어난다고 생각했던 것이다. 이런 생각은 신라시대보다 더 먼 옛날부터 퍼져 있었던 것으로 보인다.

기원전 200년 무렵 한반도에서는 위만이라는 사람이 왕이 되어 나라를 차지한 일이 있었다. 이때 위만은 자신이 통치한 나라를 조선이라고 불렀다. 그래서 요즘에는 보통 위만과 그 아들과 손자가 왕이었던 시대를 고조선시대의 마지막 시기로 보는 경우가 많다. 원래 고조선이라는 말은 위만과 그 후손들이 통치한 시대보다 훨씬 앞서는 단군의 시대를 일컬어 '옛 고古' 자를 붙여 지은 이름이었다. 하지만 지금은 그냥 그 둘을 포함해 고대의 나라를 뭉뚱그려 부르는 단어로 쓰는 일이 더 많은 듯하다.

그런데 위만의 손자인 위우거가 조선의 왕이 되었을 때, 중국의 한나라는 수많은 군사들을 동쪽으로 보내 조선을 멸망시키려고 했다. 한나라의 중심지는 지금의 중국 서쪽 도시인 시안 근처였던 터라 조선과는 거리도 대단히 멀었기 때문에 쉬운 일은 아니었다. 게다가 조선의 군사력도 상당했으므로 이 전쟁에서 한나라가 승리를 장담하기는 어려웠다.

중국의 역사 기록인 《사기》를 보면 이 무렵 동쪽 하늘에서 혜성이 나타났다고 한다. 당시 중국인들은 그것이 동쪽의 한반도에서 예전부터 있던 것은 망해서 없어지고 새로운 것이 나타날 운명을 표현하는 징조라고 해석하며 좋아했던 것 같다. 조선이 망하고 중국인들이 그 자리에 들어가 새롭게 그 땅을 차지할 운명을 혜성이 보여준다고 여겼다는 이야기다. 실제로 오랜 전투 끝에 기원전 108년 고조선은 멸망하고 말았다. 전쟁이 끝나자 한나라 사람들은 역시 혜성이 보여준 징조가 맞았다고 좋아했을 것이다. 고조선 사람들도 중국인들의 그런 이야기를 전해 들었을 테니 '조선의 멸망은 운명으로 정해져 있었고, 그 운명을 혜성이 미리 보여주었다'라는 이야기는 그들 사이에 꽤 깊게 퍼졌을 거라고도 짐작해본다.

비슷한 일이 900여 년의 세월이 흘러 838년 신라에서 다시 벌어진다. 당시 김우징이라는 사람은 조정의 단죄로 가문이 망하는 바람에 신라의 임금에게 원한을 품고 있었다. 그는 복수할 방법을 찾던 중 지금의 전라남도 완도로 가게 되었다. 그곳에는 강력한 함대와 막대한 재물을 모아놓은 바다의 왕자 장보고가 세력을 갖추고 있었다. 김우징은 장보고에게 자신의 억울함과 맺힌 한을 털어놓았다. 그리고 자신과 함께 신라 정부를 뒤엎고 나라를 차지하자고 제안했다. 장보고는 김우징의 말에 설득되어 자신의 측근 정년에게 5,000명의 병력을 내어주며 한반도 내륙을 급습하도록 명령했다.

정년이 이끄는 군사는 지금의 전라남도 지역에 해당하는 무진주까지 진격하는 데 성공했다. 그러나 현재의 전라북도 남원에 해당하는 남원경 공격에는 실패하여 다시 완도의 바다로 돌아오고 말았다. 아무런 영향을 끼치지 못할 정도로 나약한 것은 아니었지만, 경주까지 쳐들어가서 말 그대로 나라를 엎어버리기에는 힘이 많이 부족했던 것이다. 이대로 장보고와 김우징의 쿠데타가 실패하는가 싶었는데, 갑자기 그해 겨울 의외의 일이 벌어진다. 밤하늘에 혜성이 나타난 것이다.

아마 그 혜성은 모양이 신비로웠거나, 아니면 밝기가 특히 밝았던 것 아닌가 싶다. 많은 사람이 "도대체 저런 게 갑자기 왜 하늘에 나타났을까?"라고 신기해하며 술렁거렸을 것이다. 그런데 그때 혜성을 나라의 운명과 관련짓는 소문이 신라에 돌기 시작했다. 모르기는 해도 꾀가 많은 장보고가 일부러 그런 소문을 부추겼는지도 모르겠다. "옛것이 망해서 없어지고 새것이 나타난다." 그러니까 지금의 신라 임금은 망하고 김우징이 새로운 임금이 된다는 징조를 하늘의 혜성이 보여주고 있다는 이야기가 돌 만한 상황이었다. 《삼국사기》의 기록에 따르면 그 이야기를 굳게 믿는 사람이 얼마나 많았는지 병사들이 김우징을 찾아가 "이제 곧 옥좌에 오르시겠습니다"라는 식으로 축하를 할 정도였다고 한다.

김우징은 다시 공격을 결심하고 장보고의 세력과 함께 신라의 수도인 지금의 경주를 향해 진격한다. 만약 그런 소문을 장보고가 부추긴 것이라면, 장보고의 의도는 병사들에게 자신감을 불어넣는 동시에 김우징이 다시 굳게 마음을 먹고 일을 벌이게 하기 위한 심리 조장이었을 것이다.

혜성 덕택에 용기를 품은 두 번째 반란군은 대단히 위력적이었다. 신라의 조정에서도 그 심상치 않은 기세를 감지하고 10만 명이나 되는 병력을 동원하여 지금의 대구에서 반란군을 막으려 했다고 한다. 그러나 신라 조정 쪽 병사들도 혜성의 등장이 현 조정이 무너질 징조라는 말에 겁을 먹은 탓인지 막대한 병력에도 불구하고 결국 장보고 쪽 군사에게 패배했다. 그리고 신라의 임금은 궁궐 밖으로 도망쳐 다른 집에 숨어 있다가 발각되어 처형당했다. 그렇게 해서 김우징은 마침내 임금이 되는 데 성공했다. 혜성 때문에 한 나라의 역사가 뒤바뀐 셈이었다.

사람들이 별과 행성을 중시한 이유

옛사람들은 하늘에 나타나는 별, 행성 등을 자세히 보면 미래를 예상할 수 있다거나 사람의 운명을 알 수 있다고 생각했다. 밤이 되면 하늘 저편에서 빛을 내뿜는 별이 아름답고 신비해 보이는 것은 예나 지금이나 마찬가지다. 과학이 발전한 현대에도 별의 아름다움에 매혹되어 우주를 연구하거나, 로켓을 개발하거나, 천문학을 비롯해 그와 관련된 물리학, 수학에 관심을 갖게 되는 사람들이 많다. 그러니 옛사람들이 그토록 멋진 것이 하늘에 있는 것을 보며 무엇인가 신령스럽고 놀라운 마법적인 상상을 하는 것은 당연한 일이었을 것이다.

예를 들어 고대 그리스 로마 사람들은 별들이 위치한 모양을 보고 별자리를 구분하여 어떤 신이나 신화 속 괴물 혹은 마법 도구 같은 것들을 나타낸다고 생각했다. 북유럽 사람들이 혜성을 이미르의 머리뼈 잔해라고 생각한 것도 비슷한 발상이다.

조선시대 사람들도 비슷한 생각을 했다. 조선시대 학자들은 가능하면 신령이나 유령 같은 것을 함부로 믿지 않기 위해 노력하는 학풍을 갖고 있었지만, 그럼에도 밤하늘에 빛나는 행성들은 지상에서는 볼 수 없는 어떤 오묘한 기운이 뭉쳐 있는 신비의 물체라는 식으로 상상하는 것이 기본이었다. 수성水星, 금성金星, 화성火星, 목성木星, 토성土星 등의 행성 이름은 고대 중국인들이 생각한 음양오행이라는 체계에 따라 세상 모든 물질을 이루는 물, 쇠, 불, 나무, 흙의 다섯 가지 기운에서 따온 것이다. 다시 말해서 조선시대 학자들에게 다섯 행성은 다섯 가지 순수한 기운을 상징하는 하늘 바깥의 오묘한 물체였던 것이다.

그렇게 생각한다면 밤하늘의 별과 행성이 세상의 운명과 관련 있다는 발상도 곧 출현할 수 있다. 예를 들어 밤하늘에 떠 있는 화성이 마르스Mars 신이라고 생각한 고대 로마 사람 입장에서 잠시 상상해보자. 오늘따라 마르스 신이 유독 밝게 보이는 위치에 나타났다. 그렇다면 마르스 신이 활발하게 활동하려고 한다는 뜻일지도 모른다. 마르스는 전쟁의 신이다.

그러면 곧 세상에 큰 전쟁이 터지도록 마르스 신은 신통력을 사용할 것이다. 그런 식으로 별들의 위치나 상태를 보고 점을 치는 점성술사들은 화성과 전쟁을 연결해서 해석했다.

앞에서도 이야기했지만 장보고 시대의 신라 사람들 또한 우주에 퍼져 있는 기운이 이상하게 뭉치다 보면 가끔 그 기운이 옛것을 없애려고 하고 새로운 것을 나타나게 하려고 할 때가 있는데, 그 기운을 하늘에서 가장 먼저 신비롭게 드러냄으로써 미래의 운명을 예고하기 위해 혜성과 같은 모양을 만들어낸다고 믿었다.

또 유럽권에서는 황도 12궁이라고 해서 태양의 궤도를 12개로 분할하여 그 위치에 놓인 별들이 특별히 신령스러운 힘을 갖고 있다는 생각이 고대부터 최근까지 긴 세월에 걸쳐 널리 퍼져왔다. 지금까지도 '너의 별자리는 뭐냐?'라고 물어보고, 그 별자리에 따라 그 사람의 성격이나 장단점이 정해진다고 여기는 풍습이 서유럽이나 미국에서는 꽤 유행하고 있다.

좀 덜 알려져 있는 사실이기는 한데, 유럽에서 유행한 황도 12궁 별자리를 따지는 풍습은 인도와 중앙아시아 방향으로도 전파되어 불교 문헌에 실리기도 했다. 그래서 별자리 점 풍습은 진작 한반도로도 전파되었다. 고려시대의 《팔만대장경》 중에도 12궁 별자리를 보고 그 사람에게 적합한 직업을 따지는 글이 잠깐 보이는 부분이 있고, 조선시대에 나온 별자리 지도인 〈천상열차분야지도〉에도 12궁 별자리가 그대로 실려 있

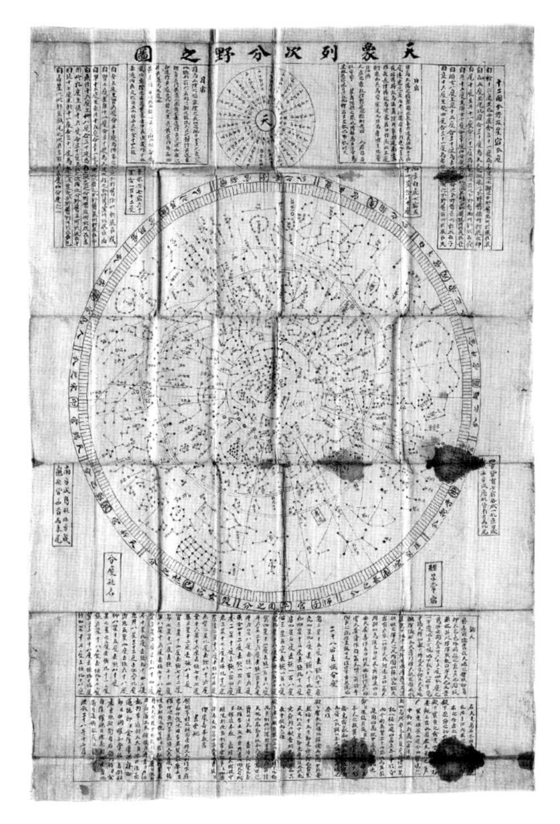

조선시대 별자리 지도 〈천상열차분야지도〉

다. 다만 한문으로 썼기 때문에 말은 조금 달라서 현대에는 양자리, 황소자리, 쌍둥이자리, 게자리, 사자자리, 처녀자리, 천칭자리, 전갈자리, 궁수자리, 염소자리, 물병자리, 물고기자리에 해당하는 별들이 각기 백양궁, 금우궁, 음양궁, 거해궁, 사자궁, 쌍녀궁, 천평궁, 천갈궁, 인마궁, 마갈궁, 보병궁, 쌍어궁이라고 적혀 있다. 요즘엔 쌍둥이자리라고 하여 그냥 쌍둥이라고 생각하기 쉬운 별들을 음양궁陰陽宮이라고 하여 남녀가 같이 있는 모습으로 보았다는 점은 눈에 잘 띄는 차이점이다. 또 염소자리를 인도 신화에 나오는 괴물 '마카라makara'라는 이름의 소리를 본떠 마갈궁磨羯宮이라고 불렀다는 것도 재미있어 보인다.

과학기술이 발전하면서 이제는 밤하늘에 떠 있는 별이나 행성이 무슨 신령이 변신한 모습이나 거인의 뼛조각 같은 것이 아니라는 사실을 모두가 잘 알고 있다. 화성은 마르스 신이 아니라 그냥 흙먼지가 날리는 거대한 돌덩어리일 뿐이다. 만약 화성에 탐사선을 보냈더니 그곳에 정말로 갑옷을 입고 커다란 검을 든 거대한 마르스 신이 나타나 "나한테 제사를 잘 지내면 지구에서 전쟁에 이기게 해주겠다"라고 말한다면 행성과 별자리로 미래를 내다보는 점성술에 대한 믿음은 확고하게 입증되었을 것이다. 그러나 우주선에 실려 날아가 화성에 착륙한 로봇들의 관찰 결과 그런 신령은 전혀 발견되지 않았다.

다른 행성, 위성이나 별들도 마찬가지다. 달도 고운 먼지 같은 흙으로 덮인 돌덩어리이고, 토성이나 목성 등의 밝고 커다란 행성은 수소와 헬륨 같은 기체들이 뭉쳐 있는 연기 덩어리다. 유원지의 풍선 속에 들어 있는 헬륨과 다를 바 없는 평범한 성분들이 그냥 거기에 모여 있을 뿐이다. '흙 토土' 자로 이름이 붙은 토성이라고 해서 흙의 기운을 나타내는 신비로운 물질이나 흙덩어리가 뭉쳐 있는 행성인 것도 아니고, '나무 목木' 자로 이름이 붙은 목성이라고 해서 마법의 나무가 자라나고 있는 행성인 것도 아니다. 옛사람들은 밤하늘 높은 곳에서 멋지게 빛나고 있으니 행성이 신령일 수도 있다고 생각했지만, 실제로 잘 살펴보니 밤하늘에 행성이 떠 있는 것은 중력의 원리 때문이었고 그 정체는 그냥 돌이나 기체였다는 이야기다.

밤하늘의 행성과 별들이 신비로운 천상의 물체가 아니라 그냥 무거운 돌덩어리나 연기와 별 차이가 없다는 생각에 쐐기를 박은 대표적인 인물이 바로 영국의 과학자 아이작 뉴턴이다. 뉴턴은 자신이 제안한 운동 법칙으로 떨어지는 돌멩이나 멀리 던진 공 같은 물체가 움직이는 속도와 거리를 잘 계산할 수 있는 방법을 개발했다. 그리고 그런 계산을 다양한 경우에 정확하게 하기 위해서 미분과 적분이라는 방법도 개발했으며, 그것을 다양하게 응용하는 방법도 만들었다. 또한 바로 그 방법을 이용해서 행성의 움직임에 대해 그 시기와 위치를 계산해내는 데 성공했다. 지구 밖 행성 또한 떨어지는 돌멩이 따위와 조금도 다를 바 없는 물체로 보고 계산했는데, 그 결과가 실제와 잘 맞아떨어진 것이다. 그 전까지 온갖 학자들이 사용하던 별별 복잡한 방식과 전통을 따르는 것보다, 그러한 뉴턴의 방법이 가장 간단하고 정확했다는 이야기다.

어떤 사람들은 뉴턴의 법칙이 밤하늘을 떠다니며 모든 나라와 사람들의 운명을 지배하던 마법의 신들을 단숨에 발에 차이는 돌과 다를 바 없는 것으로 바꾸어버렸다고 말한다. 그렇건 아니건, 태양계 천체들의 움직임을 계산하는 방법으로는 지금도 뉴턴의 이론이 가장 정확하다. 인공위성이 땅에 떨어지지 않고 우주에 떠 있게 하는 데도, 사람을 안전하게 우주에 보내려면 우주선의 움직임을 어떻게 해야 하는지 미리 계산해볼 때도, 뉴턴이 개발한 법칙과 미분, 적분을 오늘도 열심히 활용하고 있다.

점성술과 사주팔자와 과학의 관계

한국에는 사람의 운명을 두고 사주팔자四柱八字라는 말을 많이 쓴다. 예를 들어 뭔가 삶이 뜻대로 잘 안 풀리고 나쁜 일이 많이 생기면 "아이고, 내 팔자야"라고 말하며 팔자라는 단어를 운명이라는 말과 거의 같은 뜻으로 쓰곤 한다. '사주'는 한자 그대로 운명을 결정하는 네 가지 기둥을 뜻하며, 그것은 사람이 태어난 네 가지 시간인 '연, 월, 일, 시'를 말한다. 옛사람들은 연, 월, 일, 시를 표시할 때 갑자, 을축, 병인 같은 식으로, 두 글자의 한자로 나타내는 간지干支라는 표기법을 사용했는데, 간지를 사용하면 연, 월, 일, 시를 각각 두 글자로 표시하게 되므로 사주는 총 여덟 자의 글자로 표시된다. 그렇게 해서 '팔자'라는 말이 생겼다.

사람이 태어난 시점의 연, 월, 일, 시는 해와 달의 움직임에 의해 정해진다. 지구가 해를 한 바퀴 돌면 한 해가 지나가고, 달이 햇빛을 정면으로 모두 받아 보름달이 되는 위치에 오는 날이 매달 보름이다. 그러므로 사주팔자는 다른 행성과 별들은 거의 따지지 않고 해와 달만 따져 헤아리는 인생 운수다. 실제로 해에 의해 밤과 낮이 바뀌고 계절이 바뀌며, 또한 달의 위치에 따라 밀물과 썰물 현상이 일어나니 해와 달이 사람의 삶에 영향을 끼치는 것은 분명한 사실이다. 그러니 해와 달의 위치를 면밀하게 따져보는 것은 행성이나 머나먼 별들을 따지는 것보다는 더 현실적인 일이기는 하다.

또한 점성술 연구를 위해 열심히 별을 살펴보다 보니, 별의 움직임을 관찰하고 기록하고 계산할 수 있는 기술이 발전하면서 과학기술이 성장한 것도 사실이다. 한국의 1만 원짜리 지폐 뒤편에는 조선시대 과학기술의 성과를 표현하기 위해 〈천상열차분야지도〉가 그려져 있다. 그리고 혼천의渾天儀라고 하여 별들의 움직임을 표시하는 조선시대의 장치도 같이 그려져 있는데, 이런 먼 옛날의 자료와 기구들도 원래 과거에 별들을 잘 관찰해서 운명을 알고자 한 전통에 뿌리를 두고 탄생된 것이다.

과학기술의 발전에 따라 어떤 현상을 설명하는 방식 또한 바뀌어간다. 예전에는 언뜻 드는 느낌에 가까운 설명으로 그쳤다면, 세월이 흐르면서 점점 더 정확하고 쓸모가 많은 설명이 등장한다. 그러면서 설명의 대상에 대한 이해가 깊어진다. 옛사람들은 하늘에서 살고 있는 선녀님들이 하늘나라의 솜을 뿌려주면 그게 눈이 된다고 생각했지만, 요즘에는 추운 날 얼어붙은 물 알갱이들이 결정을 이루며 커지고 그게 눈송이가 되어 떨어진다고 설명한다. 선녀님들이 솜같이 생긴 걸 뿌려준다고 생각하면 그냥 그런가 보다 하고 느낄 수는 있지만, 그런 설명으로는 눈이 어느 때 오는지, 일기예보를 할 때 어떤 점을 잘 고려하면 눈이 오는 양을 추측할 수 있는지 밝히지는 못한다. 눈이 너무 많이 내리는 것이 걱정이라고 해도 무엇인가 대책을 세울 수도 없다. 기껏해야 선녀님들이 기분을 좋게 하면 눈이 좀 덜 오지 않겠느냐고 상상하면서 선녀님들을 칭송하는 노래를 부르며 춤을 추는 의식을 치른다든가 하게 될 뿐이다.

해나 달의 일부가 갑자기 빛이 가려 보이지 않게 되는 일식과 월식 같은 현상도 마찬가지다. 한국의 전설 중에는 하늘 높은 곳에 사는 거대한 개가 있어서, 그 개가 해나 달을 갑자기 물면 그것 때문에 해와 달의 일부가 가려진다는 이야기가 있다. 태양의 지름은 140만 킬로미터에 가까운데, 입이 수십만 킬로미터 크기에 달하는 거대한 개가 태양계의 우주 공간을 돌아다니며 살고 있지는 않으므로 이것은 명백하게 틀린 이야기다. 뿐만 아니라 이래서는 일식과 월식이 언제 일어나는지, 얼마나 오래 일어나는지도 알 수 없다. 그냥 그 거대한 개가 요즘은 좀 울적해서 집에서 조용히 있으면 일식이나 월식이 일어나지 않고, 반대로 거대한 개가 이상하게 날뛰면 일식이나 월식이 자주 생기겠구나 하고 생각할 수밖에 없다.

과학과 기술이 발달하면서 사람들은 일식과 월식에 대해 더 잘 이해할 수 있게 되었다. 문명이 시작된 이후 사람들은 비록 달과 해의 정확한 구조와 성분을 알아내지는 못했다고 해도, 적어도 하늘에서 해와 달이 움직이는 길이 겹치다 보면 그 순간 서로를 가리는 현상이 발생해 일식이 일어난다는 것을 진작 밝혀냈다.

원리를 알아내면 그 원리를 활용할 수 있게 된다. 일식은 우주를 날아다니는 거대한 개의 기분에 따라 일어나는 것이 아니라, 해와 달이 움직이는 시간과 날짜를 따져서 언제 일어나는지 미리 예측할 수 있는 일이 된다. 고려시대에는 1047년에 일식 예측이 정확하지 않았다고 해서 담당자를 처벌한 기록이 있다. 그렇다면 이미 천 년 전에도 처벌을 각오할 정도로 일식을 정확히 계산해서 예측할 수 있을 정도의 과학기술이 확보되어 있었다는 이야기다.

조금 다른 이야기로, 고대 중국에서는 분야설分野說이라고 하여 밤하늘의 별들이 각기 어떤 지역에 대응된다는 학설이 있기도 했다. 예를 들어 하늘의 어떤 별은 중국의 북경 지역에 해당하고, 다른 별은 중국의 낙양 지역에 해당한다는 식으로, 중국인들은 하늘에 보이는 모든 별들을 중국의 땅과 연결시켰다. 그래서 북경을 나타내는 별 앞에 별똥별이 지나가면 그것은 북경에 어떤 일이 생길 운명을 나타내는 것이고, 낙양을 나타내는 별 앞에 달이 뜨면 그것은 낙양에는 어떤 문제가 생길 운명을 나타내는 것이라고 해석했다. 이런 발상은 중국 사람들에게는 대단히 유용했다. 고대 중국인들은 중국 땅이 세상의 중요한 부분이며 하늘 아래 모든 것, 천하라고 여겼기 때문이다.

중국에서 건너온 지식들을 연구하던 고대의 한국인들은 처음부터 이러한 학설에 대해 약간 이상하다는 점을 느끼지 않았을까 싶다. 고대 중국의 분야설은 중국만을 다루므로, 이렇게 되면 한국인이 사는 세상의 운명을 나타내는 별은 하늘에 없게 된다. 한반도에도 많은 사람이 살고 있는데, 그 사람들의 운명을 나타내는 것이 없다는 것은 이상하다.

뿐만 아니라 한반도 사람들은 중국에서 더 멀리 떨어진 일본이나 그 건너 더 먼 섬나라에도 사람이 살고 있다는 사실을 진작부터 이해하고 있었다. 한반도는 중국의 북경 쪽에 가장 가까우니 그곳의 운명과 관련이 있지 않겠나 하는 식으로 나름대로 끼워 맞추어 해석하는 이야기가 퍼지기는 했지만, 한계는 명백했다.

더군다나 과학기술이 발전하고 교류가 늘어나면서 세상에는 동아시아 말고도 훨씬 더 넓은 세계가 있다는 사실도 알려지게 되었다. 지구에는 중국이 차지한 땅보다 중국 땅이 아닌 땅이 더 넓다. 중국은 현재에도 세계에서 세 번째로 큰 거대한 나라이지만, 중국 땅의 넓이는 지구 전체의 2퍼센트 정도다. 중국 땅도 더 넓은 지구의 일부일 뿐이라는 사실은 17세기 무렵 조선에서도 점차 상식으로 퍼져나가고 있었다. 하늘의 별들이 중국 사람들의 운명을 나타내기 위해 중국 각지의 지방을 서로 나누어 담당하고 있다는 학설은 중국 사람들만 중요하고 나머지는 사람이 살 곳이 아니라는 뜻일까? 그런 점성술이 들어맞을 리는 없다.

그 때문에 예로부터 내려오는 분야설은 더 힘을 잃게 되었다. 새로운 학설이 나오거나, 한반도는 한반도에 맞는 분야설이 있지 않느냐는 설도 출현하게 되었다. 예를 들어《현무발서정종》에서는 지금의 머리털자리 근처의 별들은 전라북도 전주 부근의 땅에서 사는 사람들의 운명과 관련이 있고, 까마귀자리 근처의 별들은 광주나 전라남도 부근의 땅에서 사는 사람들의 운명과 관련이 있다고 보아야 한다는 설명이 나온다.

과학기술이 발달한 현대에는 점성술과 관계없이 행성과 별들에 대해 더 정확하게 알 수 있게 되었다. 예를 들어 머리털자리에 있는 별들의 끄트머리에는 눈에 보이지 않지만 현재 인류가 발견한 가장 거대한 블랙홀인 TON618이 도사리고 있다. 이 블랙홀은 무게가 태양의 600억 배를 넘는 어마어마한 것이다. 이 거대한 덩치 덕분에 블랙홀에서는 이상한 전파가 생겨나 지구로 계속 날아오게 된다. 이런 사실이 머리털자리 쪽 별들이 중국이나 한반도의 어느 지방의 운명과 관계가 있을 거라는 추측보다 훨씬 더 재미있지 않은가.

김정은은 운명의 신 또한 조종할 수 있는가

점성술로 운명을 예측하는 방법에서 발생하는 한 가지 문제는 점성술에서 굉장히 중요한 날짜와 시간이라는 것이 따져보면 어쩔 수 없이 지상의 사람들이 적당히 정한 기준일 뿐이라는 점이다.

예를 들어 어떤 사람이 태어난 날짜가 황소자리에 속하는 날짜라고 해보자. 정확한 것은 아니지만 대략 이 별자리의 날짜에 태어난 사람은 내향적인 성격이 되는 운명이라고 한다. 그런데 하필 교묘한 날짜에 태어나서 하루 뒤에 태어나면 쌍둥이자리에 속하는 날짜가 생일이 될 수 있다고 해보자. 그 날짜에 태어나면 쌍둥이자리의 성격을 갖게 되어 외향적인 성격으로 사는 운명이 될 가능성이 높다고 치자.

여기에 더해 마침 그 사람이 태어난 시각이 밤 12시에 매우 가깝다고 해보자. 이를테면 그 사람이 밤 12시보다 30분 먼저 태어나면 내향적인 성격이 되는 운명을 갖게 되고, 30분 뒤에 태어나면 외향적인 성격이 되는 운명을 갖게 되었다. 그렇게 작은 차이로 성격과 운명이 달라질 수 있을까? 그래도 여기까지는 그러려니 하자.

하지만 이 사람이 국경 근처에 가면 문제는 좀 기묘해진다.

예를 들어 한반도와 중국 사이에는 한 시간의 시간 차이가 있다. 압록강이나 두만강을 건너는 중에 사람이 태어났는데 하필 한국과 중국의 경계에 가까운 곳에서 태어났다고 해보자. 교묘하게도 이 사람이 한반도 쪽 지역에 있을 때 태어나면 한 시간 빠른 시간에 태어난 것이 되어 황소자리의 운명을 갖게 되고, 중국 쪽 지역으로 1미터라도 넘어간 곳에서 태어나면 한 시간 늦은 지역에서 태어난 것이 되어 그다음 날짜에 태어난 것이 되므로 쌍둥이자리의 운명을 갖게 된다. 그렇다면 운명의 신은 그 사람이 어느 나라 영토에서 태어났는지, 그 국경선을 따져 운명을 점지해준단 말인가? 국경선은 나라의 협상, 전쟁, 거래의 결과에 따라 바뀌기도 하고, 어떤 때는 누구 땅인지 명확하지 않아서 서로 그 땅은 자기네 땅이라고 주장하며 대립할 때도 있다. 그렇다면 운명의 신은 어느 나라의 말을 듣는가? 더 강대국인 쪽의 주장을 듣는가? 영토와 시간을 따질 때 UN 결의와 같은 것을 운명의 신은 존중할까?

2018년 북한의 상황을 따져보면 시간을 따지는 문제는 더욱 이상해진다. 북한은 2015년부터 남한에 비해 30분 더 느린 시간대를 사용하다가 2018년에 다시 남한과 같은 시간대로 시간을 바꾸었다. 이것은 북한을 통치하는 김정은의 명령에 의해 이루어진 일이다. 그렇다면 김정은의 명령에 따라 어떤 사람은 마침 황소자리인 날짜에 태어날 수도 있고, 아슬아슬하게 쌍둥이자리인 날짜에 태어난 것이 될 수도 있다. 김정은이 북한의 공식 시간대를 어떻게 바꾸겠다고 정하면 그에 따라 시각이 바뀌고 날짜는 바뀔 수 있다는 의미다. 그렇다면 운명의 신은 김정은과 같은 통치자의 말도 귀를 기울이면서 사람의 운명을 정한다는 말일까?

점성술에 대해 깊이 연구하는 사람들 중에는 정말로 이런 일이 헷갈리는 문제고 합리적이지 않다고 고민하는 이들도 있다. 그렇기 때문에 어떤 사람들은 사람들이 임의로 정한 시간대에 따르는 시간으로 점성술을 따지면 안 되고, 실제로 하늘의 해의 움직임을 따져서 시간을 따로 정해야 한다고 주장한다. 예를 들어 같은 한국이라고 해도 동해 끝 독도에서는 해가 빨리 뜨고, 그에 비해 서해 끝 백령도에서는 해가 그보다는 늦게 뜬다. 그래도 같은 한국 안에서는 독도건 백령도건 서울이건 부산이건 다 같은 시간을 사용한다. 그런데 점성술을 정확히 사용하려면 그런 표준 시간을 무시하고, 무조건 자신이 있는 위치에서 태양이 머리 위 가장 높은 곳에 뜨는 시간을 낮 12시로 하고, 그 반대로 밤이 가장 깊은 시간을 밤 12시로 하여 따로 시간을 정해야 한다고 주장하는 사람들이 있다는 이야기다.

그러나 이런 생각조차도 언제나 통하는 것은 아니다. 예를 들어 미래에 기술이 발전하여 화성이나 달에서 살게 된다면 그곳에서의 시각은 따로 정하는 수밖에 없다. 화성에서 해가 뜨는 순간이나 지는 순간은 지구 사람들이 사용하는 시간과는 아무 관련이 없기 때문이다. 내 자식이 화성 기지에서 태어나면 그 사람이 태어난 시각은 지구의 어느 도시 시각을 기준으로 맞추어 적당히 정하는 것이 자연스럽다. 어느 도시 기준으로 맞출지는 사람이 임의로 정하는 것인데, 그렇다면 사람의 생일에 따라 운명을 정하는 점성술 운명의 신은 그러한 기술자들의 결정도 참고하여 운명을 정해야 한다는 뜻이 된다. 무엇보다도 시간을 혼란 없이 잘 정하는 방법을 개발한다고 해도, 그 사람이 태어난 달과 연도는 어쩔 수 없이 사람들이 임의로 만든 달력에 따라 정하는 수밖에 없다.

우리가 흔히 사용하는 양력 달력은 1년이 365일로 되어 있고, 그래서 1년이 지나면 계절이 비슷하게 돌아오도록 되어 있다. 한 가지 유의할 점은 4년에 한 번씩은 2월에 29일까지 있는 윤달이 돌아오게 되어 있다는 것이다. 여기에 더해 몇 가지 예외 규칙에 따라 어떤 때는 윤달이 안 돌아오기도 한다. 이런 규정은 16세기 유럽에서 그냥 적당히 보기 좋도록 정한 것일 뿐이다. 그 전에는 다른 방식을 쓰기도 했다.

심지어 21세기인 현재에도 필요에 따라 사람들이 협의하면 가끔 1초 정도 시간을 더 집어넣을 때가 있다. 예를 들어 2015년 7월 1일 오전 8시 59분 59초의 경우, 그다음 1초 후의 시각이 바로 다음인 9시 00분으로 넘어간 것이 아니라 8시 59분 60초라는 1초의 시간을 괜히 잠깐 집어넣기로 국제적으로 합의하여 그렇게 시간을 바꾼 적이 있었다. 이렇게 되면

2015년 7월 1일이라는 날짜는 원래보다 1초 더 늘어나게 되고, 2015년이라는 해도 원래보다 1초 더 늘어나게 된다. 결론적으로 운명의 신은 이러한 사람들 사이의 규칙과 합의를 따라다니며 운명을 정해주어야 한다는 뜻이다.

음력 달력으로 넘어가면 내용은 더욱 복잡해진다. 한국인들이 현재 음력이라고 부르는 달력은 중국 청나라에서 개발한 시헌력時憲曆이라는 달력 체계를 기준으로 한국천문연구원의 과학자들이 최대한 실용적으로 쓰기 좋도록 만들어낸 것이다. 당연히 한국의 음력 날짜 체계는 시헌력만 있는 것이 아니라서 시대에 따라 선명력宣明曆, 수시력授時曆, 대통력大統曆 등의 다른 체계를 수입해와서 쓴 때도 있었다. 고려시대에는 십정력十精曆, 칠요력七曜曆, 견행력見行曆, 둔갑력遁甲曆, 태일력太一曆 등의 체계를 자체 개발한 적도 있다.

음력의 경우 달력 만드는 체계가 달라지면 윤달을 넣는 것이 달라지므로 어떤 달력 체계를 택하느냐에 따라 꽤 큰 날짜 차이가 생길 수 있다. 삼국시대에는 고구려의 경우, 현재의 중국 북부에 있었던 나라로부터 인덕력麟德曆이라는 체계를 수입해서 사용했고, 백제는 중국 남부에 있었던 나라에서 원가력元嘉曆이라는 체계를 수입해 사용했다. 또한 신라는 665년 이전까지는 기록에 남아 있지 않은 또 다른 달력을 썼다. 그러므로 고구려, 백제, 신라, 세 나라의 공식 날짜가 시점에 따라 달라질 수가 있었다. 세 나라가 전쟁을 벌이면 그 지역이 어느 나라의 땅이 되느냐에 따라 그 땅에서 태어나는 사람의 생일은 달라진다. 그러니 태어난 날짜에 따라 운명을 정해주는 운명의 신이 있다면, 삼국시대의 전투 경과를 살펴보아야 했다는 뜻이다. 고구려와 백제 궁중에서 자신들의 조상 나라라고 생각했던 부여의 경우, 아예 전혀 다른 체계의 달력을 사용해서 지금의 음력 12월에 해당하는 달력이 음력 1월 역할을 하는 체계를 쓰기도 했다.

심지어 시헌력 체계 기준으로 만든 현대의 음력 달력이라고 하더라도, 그 적용과 해석의 차이 때문에 달력을 만드는 사람에 따라 음력 날짜가 달라질 수 있는 여지가 있다. 그래서 가끔 한국, 중국, 베트남 간에 음력 날짜가 달라지기도 한다. 한국이 사용하고 있는 대전광역시 유성구에 있는 천문연구원에서 기준을 세워 만든 달력을 중국이나 베트남에서 굳이 따를 이유는 없기 때문이다. 그래서 1997년에는 한국 설날과 중국 설날의 날짜가 달랐고, 2028년에도 비슷한 차이가 발생한다. 옛 시대라면 중국에 황제가 있으니 중국 달력이 진짜 기준이라고 생각할 수도 있었겠지만, 지금 기준으로 생각하면 운명의 신이 한국 사람의 운명을 정하면서 굳이 중국 공산당 정부가 만든 음력 날짜를 기준으로 생각할 이유는 없을 것이다. 따라서 태어난 날짜로 운명이 정해진다는 발상은 여러 측면에서 들어맞기 어려운 부분과 혼란스러운 내용이 있을 수밖에 없다.

이 모든 혼란의 원인을 거슬러 올라가보면, 태양이 지구를 도는 시간과 달이 보름달이 되는 시간이 딱 맞아떨어지지 않기 때문이다. 지구가 태양을 한 바퀴 도는 데 걸리는 기간을 흔히 365일이라고 하지만, 우리가 하루라고 생각하는 시간인 24시간 단위로 지구의 움직임이 딱 맞아떨어지지는 않는다. 지구가 태양을 한 바퀴 도는 데는 365일 뿐만 아니라 5시간 49분의 시간이 더 걸린다.

달이 보름달에서 다음 보름달이 될 때까지 걸리는 기간도 마찬가지다. 딱 30일이 아니고 29일 12시간 정도가 걸린다. 달력을 쉽게 만들 수 있도록 해와 달이 달력의 날짜대로 딱 맞아떨어지게 움직이지는 않는다는 것이다. 당연하다. 태양과 달이 사람 삶의 편의를 위해 그 속도를 꼭 맞춰줄 이유는 없기 때문이다.

결국 날짜와 연도는 자연에 의해 맞추어 정해지는 것이 아니라 사람이 적당히 약속해서 정할 수밖에 없다. 사람이 사상이나 관념에 의해 세상을 바라보는 방법과 실제 세상은 이런 식으로 차이가 날 수밖에 없기에, 이와 비슷한 현상은 여러 가지 상황에서 발생한다. 옛사람들은 세상이 음과 양 두 가지로 되어 있다거나, 다섯 가지 속성으로 이루어져 있다거나, 네 가지 원소로 이루어져 있다는 식으로 생각하면서, 세상 모든 현상이 머릿속에서 상상한 단순한 원리에 딱 맞게 돌아간다는 생각을 하곤 했다. 그러나 막상 정밀하게 세상을 관찰해보고 실제 해와 달의 움직임을 살펴보니, 막연히 생각한 세상의 원리와는 다르게 조금씩 차이가 나는 점과 맞아떨어지지 않는 예외가 계속해서 드러나게 된 것이다.

조선시대에는 남자가 결혼 후에 세월이 지나 사고를 당하거나 갑작스러운 병으로 세상을 떠나면 부인의 운명이 남편의 운명과 맞지 않는 점이 있어서 그런 일이 생겼다는 믿음을 품는 사람들이 있었다. 심하게는 여자의 운명 때문에 남자의 운명이 너무 나빠져서 남자가 생명을 잃었다고 수군거리는 사람들도 있었다. '남편 잡아먹은 팔자' 따위의 말을 사용하는 사람들도 있었는데, 지금 보면 이런 것은 탓할 곳이 없고 따져 물을 사람이 없는 불행을 당한 사람들이 그냥 만만한 사회적 약자를 비난한 행동을 한 것에 불과하다. 그러면서 사주팔자에 의해 정해지는 운명이라는 애매한 생각을 핑계로 가져온 것이다.

혜성의 진짜 모습

다시 혜성 이야기로 돌아가서, 그저 막연히 혜성을 머릿속으로만 생각하며 운명이나 운수를 생각하던 옛사람들과 달리 현대의 우리는 혜성의 모습과 성질을 좀 더 정확하게 알고 있다. 천문학자들을 비롯한 과학자들이 혜성을 제대로 조사할 수 있었고, 정밀 관측 장치와 우주 기술을 개발한 기술진이 혜성을 가까이에서 정말로 탐사할 수 있었기 때문이다.

2014년 11월에는 로제타Rosetta라는 우주선이 사상 최초로 탐사 로봇을 67P라는 혜성 표면에 착륙시켜서 관찰하는 데 성공했다. 이런 결과는 그냥 혜성을 보면서 적당히 그 혜성에 어떤 기운이 흐르는지 짐작하거나 음기, 양기, 불의 기운, 물의 기운 같은 것을 마음으로 느끼는 방식으로는 이루어내기 힘들다. 로제타 탐사선은 정밀한 계산에 따라 10년 8개월 동안이나 끊임없이 망망한 우주 공간을 날아갔고, 그 결과 5억 킬로미터 떨어진 머나먼 곳에 있는 혜성에 도착했다. 그랬기에 관찰을 해낼 수 있었던 것이다. 혜성은 겉면이 상당히 푹신한 돌덩어리였고, 거기에서 먼지와 수분이 튀어나오면서 꼬리 모양을 만드는 구조였다. 모양은 의외로 두 개의 돌이 붙어 있는 모양이어서 눈사람이나 땅콩, 아령과 닮은 특이한 형태였다. 지구의 생명체 몸속에서 흔히 발견되는 글라이신glycine이라는 성분이 혜성 주변의 기체에도 들어 있다는 놀라운 사실을 확인하기도 했다.

빠른 속도로 움직이는 혜성에 로봇을 착륙시켜도 로봇이 부서지지 않으려면, 로봇에서 착륙하는 부위는 대단히 튼튼하면서도 무척 가벼운 재질이어야 한다. 때문에 로제타 탐사선 임무에서는 탄소 섬유라는 재료를 이용해서 착륙을 위한 장비를 만들었다고 한다.

탄소 섬유는 연필심 성분인 흑연과 같은 재질을 가늘게 깎아서 뽑아내어 실 모양으로 만든 뒤 그것을 엮은 재료를 말한다. 탄소 섬유를 엮으면 천 모양으로 만들 수도 있고, 그것을 다시 합치면 아주 튼튼하고도 가벼운 물건을 만들 수도 있다. 그래서 요즘에는 탄소 섬유로 배드민턴 라켓처럼 일상생활 속에서 쉽게 볼 수 있는 물건부터 비행기 부품까지 온갖 제품을 만들고 있다. 그렇게 탄소 섬유를 여러 곳에 활용해나가다 보니, 혜성 탐사 임무에서도 바로 그 탄소 섬유를 활용하여 운명의 신이라는 생각을 초월해 혜성의 실제 성질을 알아볼 수 있게 된 것이다.

참고문헌

1장 변신한 악귀를 물리치는 클로르프로마진

국사편찬위원회. 《조선왕조실록》. 국사편찬위원회 조선왕조실록 정보화사업 웹사이트.

도널드 커시, 오기 오가스. 고호관 옮김. 《인류의 운명을 바꾼 약의 탐험가들》. 세종서적. 2019.

조규태. 《용비어천가》. 한국문화사. 2010.

한국공포문화연구회 엮음. 《공포특급》. 한뜻. 1993.

Anthropology Outreach Office. "Egyptian Mummies, Ancient Egypt". *Smithsonian's National Museum of Natural History, Websites and Books on Ancient Egypt* (2012).

Bernal, Byron, and Alfredo Ardila. "The role of the arcuate fasciculus in conduction aphasia". *Brain* 132, no. 9 (2009): 2309-2316.

Catani, Marco, and Marsel Mesulam. "The arcuate fasciculus and the disconnection theme in language and aphasia: history and current state". *cortex 44*, no. 8 (2008): 953-961.

French, Aaron. "The Mandela Effect and New Memory". *Correspondences* 6, no. 2 (2019).

Iyer, Anisha. "Schizophrenia Through The Years". *Berkeley Scientific Journal* 25, no. 1 (2020).

Loftus, Elizabeth F. "How reliable is your memory?". TED (youtube.com/watch?v=PB2OegI6wvI).

Loftus, Elizabeth F. and Danielle C. Polage. "Repressed memories: when are they real? How are they false?". *Psychiatric Clinics of North America* 22, no. 1 (1999): 61-70.

Loftus, Elizabeth F. and Jacqueline E. Pickrell. "The formation of false memories". *Psychiatric annals* 25, no. 12 (1995): 720-725.

2장 지옥에서 온 괴물들을 물리치는 멜라토닌

경예은. "'검은 도포+갓' 저승사자 연출 원조 최상식 PD 한국형 죽음의 이미지 고심…저작권 아쉬워". 세계일보. 2021.03.04.

국사편찬위원회. 《조선왕조실록》. 국사편찬위원회 조선왕조실록 정보화사업 웹사이트.

김태현. "조선 최초의 금서 '설공찬전'을 아시나요... 낙질도(落帙度)가 심하다는데, 낙질도는 무슨 뜻". 법률방송뉴스. 2019.05.31.

임방. 정환국 옮김. 《교감역주 천예록》. 성균관대학교출판부. 2005.

정상균. 〈설공찬전 연구〉. 청관고전문학회. 《고전문학과 교육》. Vol.1 No.(1999).

정환국. 〈설공찬전薛公瓚傳 파동과 16세기 소설인식의 추이〉. 《민족문학사연구》(2004): 38-63.

Andlauer, Olivier, Hyatt Moore, Laura Jouhier, Christopher Drake, Paul E. Peppard, Fang Han, Seung-Chul Hong et al. "Nocturnal rapid eye movement sleep latency for identifying patients with narcolepsy/hypocretin deficiency". *JAMA neurology* 70, no. 7 (2013): 891-902.

Arendt, Josephine. "Melatonin and the pineal gland: influence on mammalian seasonal and circadian physiology". *Reviews of reproduction* 3 (1998): 13-22.

Čerňanský, Andrej, Krister T. Smith, and Jozef Klembara. "Variation in the position of the jugal medial ridge among lizards (Reptilia: Squamata): its functional and taxonomic significance." *The Anatomical Record* 297, no. 12 (2014): 2262-2272.

Shon, Young-Min. "기면증의 진단과 감별진단 및 치료". *Journal of Korean Sleep Research Society* 1, no. 1 (2004): 41-48.

Smith, Krister T., Bhart-Anjan S. Bhullar, Gunther Köhler, and Jörg Habersetzer. "The only known jawed vertebrate with four eyes and the bauplan of the pineal complex". *Current Biology* 28, no. 7 (2018): 1101-1107.

3장 물귀신을 물리치는 클로로퀸

SBS. 미스터리 특공대 13회. 2008.07.31.

간혜수, 권정란, 박선영, 김현규, 박숙경. 〈2020년 국내 말라리아 발생 특성〉. 《주간 건강과 질병》 14, no. 17 (2021): 1023-1035.

국사편찬위원회. 《조선왕조실록》. 국사편찬위원회 조선왕조실록 정보화사업 웹사이트.
김문석, 박완범, 김홍빈, 김남중, 오명돈, 김가연, 홍윤호 등. 〈중추신경계 합병증을 동반한 삼일열 말라리아 1례〉. 《감염과화학요법》 41, no. 5 (2009): 309-313.
나경아, 최일수, 김용국. 〈2006년-2008년 삼일열 말라리아환자의 잠복기 연구〉. 《한국데이터정보과학회지》 21, no. 6 (2010): 1237-1242.
도널드 커시, 오기 오가스. 고호관 옮김. 《인류의 운명을 바꾼 약의 탐험가들》. 세종서적. 2019.
동아대학교 석당학술원. 《국역 고려사》. 경인문화사. 2008.
영등포구 행정지원국 문화체육과. "귀신바위와 느티나무". 영등포구 홈페이지 문화관광 영등포역사 향토문화유적.
유몽인. 노영미 옮김. 《어우야담》. 돌베개. 2006.
이경화. 한민섭 옮김. 《광제비급》. 한의학고전DB. 1790.
이본영. "말라리아 백신 첫 승인…해마다 수십만명 살릴 길 열렸다". 한겨레. 2021.10.07.
일연. 김희만 등 옮김. 《삼국유사》. 국사편찬위원회 한국사데이터베이스.
Grace, Eddie, Scott Asbill, and Kris Virga. "Naegleria fowleri: pathogenesis, diagnosis, and treatment options." *Antimicrobial agents and chemotherapy* 59, no. 11 (2015): 6677-6681.
Plonien, Klaus. "'Germany's River, but not Germany's Border'-The Rhine as a National Myth in Early 19th Century German Literature." *National Identities* 2, no. 1 (2000): 81-86.

4장 심령사진을 물리치는 파레이돌리아

"제주도 심령사진 보는 순간 등골 오싹, 찍은 후 집안에 흉사 잇따라". 부산일보. 2012.06.14.
이지나, 정희선. 〈P. 로웰(P. Lowell)의 여행기에 나타난 개화기 조선에 대한 시선과 표상, Chosön, The Land of the Morning Calm을 중심으로〉. 《문화역사지리》 29, no. 1 (2017): 21-41.
최희영. 〈퍼시벌 로웰(Percival Lowell)의 구한말 한국 음악문화에 대한 인식〉. 《한국음악사학보》 68 (2022): 189-214.
Kirkham, Matthew. "Egypt SHOCK CLAIM: How Great Sphinx is 'linked to Face on Mars'". *EXPRESS*, 14:47, Thu, Mar 14, 2019 (2019).
Pepanyan, Marine, Mike Fisher, and Audrey Wallican-Green. "Faces on Mars lesson: Incorporating art, thinking skills, and disability

differentiation strategies for twice-exceptional gifted students". *Journal of STEM Arts, Crafts, and Constructions* 3, no. 1 (2018): 8.

Sharps, Matthew J., S. Hurd, B. Hoshiko, E. Wilson, M. Flemming, S. Nagra, and M. Garcia. "Percival Lowell and the canals of Mars, part II: How to see things that aren't there". *Skeptical Inquirer* 43, no. 6 (2019): 48-51.

Tan, Yen T. "Silver halides in photography". *MRS Bulletin* 14, no. 5 (1989): 13-16.

5장 저승에서 걸려온 전화를 물리치는 위양성

HBR. "Home 〉 intelligence 〉 countries nations 〉 south korea." HBR Website.

Howard, John J., Yevgeniy B. Sirotin, and Arun R. Vemury. "The effect of broad and specific demographic homogeneity on the imposter distributions and false match rates in face recognition algorithm performance." *In 2019 ieee 10th international conference on biometrics theory, applications and systems* (btas), pp. 1-8. IEEE, 2019.

Kang, Myeongsu, Truong Xuan Tung, and Jong-Myon Kim. "Efficient video-equipped fire detection approach for automatic fire alarm systems." *Optical Engineering* 52, no. 1 (2013): 017002.

Muroi, Carl, Sando Meier, Valeria De Luca, David J. Mack, Christian Strässle, Patrick Schwab, Walter Karlen, and Emanuela Keller. "Automated false alarm reduction in a real-life intensive care setting using motion detection". *Neurocritical Care* 32, no. 2 (2020): 419-426.

Solanki, Mayur, Seyedmohammad Salehi, and Amir Esmailpour. "LTE security: encryption algorithm enhancements". *In 2013 ASEE Northeast Section Conference*. 2013.

6장 악마의 추종자들을 물리치는 곰팡이 독소

농림축산검역본부. "미치광이풀Scopolia japonica Maxim". 동물방역 질병진단 동물의 중독성 식물정보, 농림축산검역본부.

성현. 권오돈 등 옮김.《용재총화》. 한국고전종합DB. 대동야승. 1525년경.

신현동.《곰팡이가 없으면 지구도 없다》. 지오북. 2015.

위백규. 오항녕 등 옮김.《격물설》. 한국고전종합DB. 존재집. 1875년경.
이덕무. 이승창 등 옮김.《앙엽기》. 한국고전종합DB. 청장관전서 제54권. 19세기경.
이식. 이상현 등 옮김.《택당집》. 한국고전종합DB. 택당선생 별집 제15권. 1674년경.
조경남. 성낙훈 등 옮김.《난중잡록》. 한국고전종합DB. 대동야승. 1628년경.
Bartholomew, Robert E. "Rethinking the dancing mania". *Skeptical Inquirer* 24, no. 4 (2000): 42-47.
Hofmann, Albert. "Historical view on ergot alkaloids". *Pharmacology* 16, no. Suppl. 1 (1978): 1-11.
Michelot, Didier, and Leda Maria Melendez-Howell. "Amanita muscaria: chemistry, biology, toxicology, and ethnomycology". *Mycological research* 107, no. 2 (2003): 131-146.
Park, R. H. R., and M. P. Park. "Saint Vitus' dance: vital misconceptions by Sydenham and Bruegel". *Journal of the Royal Society of Medicine* 83, no. 8 (1990): 512-515.
Sherman, Larry R., and Michael R. Zimmerman. "Ergotism and its effects on society and religion". *Journal of Nutritional Immunology* 2, no. 3 (1994): 127-136.
Straus, David C. "Molds, mycotoxins, and sick building syndrome". *Toxicology and industrial health* 25, no. 9-10 (2009): 617-635.
Waller, John C. "In a spin: the mysterious dancing epidemic of 1518". *Endeavour* 32, no. 3 (2008): 117-121.
Waller, John. "A forgotten plague: making sense of dancing mania". *The Lancet* 373, no. 9664 (2009): 624-625.
Wasson, R. "Gordon. Traditional use in North America of Amanita muscaria for divinatory purposes". *Journal of Psychedelic Drugs* 11, no. 1-2 (1979): 25-28.
Weinberger, Sharon. "When the C.I.A. Was Into Mind Control". *The New York Times*, 2019.09.10.

7장 우물의 망령을 물리치는 EDTA

강성규. 〈직업적 중금속 중독 사례〉.《한국산업간호협회지》9, no. 2 (2002): 17-25.
김지연, 김종혁, 김현우, 노지호, 이관행, 천병철, 남상민. 〈최근 30년간 국내

논문에 보고된 납중독증에 대한 고찰〉.《Korean Journal of Medicine (구대한내과학회지)》66, no. 6 (2004): 617-624.
루이스 캐럴. 마틴 가드너 주석. 최인자 옮김.《Alice》. 북폴리오, 2005.
박종오. 한우물. 한국민속문학사전, 한국민속대백과사전.
서울대학교병원. "납 중독lead poisoning". 서울대학교병원 홈페이지, 건강정보, N의학정보.
식품의약안전처.《식품의 중금속 기준 · 규격 재평가 보고서》. 2017.
에드워드 기번. 송은주 옮김.《로마제국 쇠망사 세트》. 민음사. 2010
이홍열, 강경훈, 남기호, 김미혜, 정복현, 강희동, 오세현, 임재민. 〈부적을 태운 후 발생한 급성 수은증기 중독에 의한 독성〉.《대한중환자의학회지》 25, no. 3 (2010): 182-185.
함상환. "인천시, 올해 유통 수산물 안전성 검사 모두 적합". 뉴시스. 2021. 12.12.
Hernberg, Sven. "Lead poisoning in a historical perspective". *American journal of industrial medicine* 38, no. 3 (2000): 244-254.
Nriagu, Jerome O. "Tales told in lead". *Science* 281, no. 5383 (1998): 1622-1623.
Price, T. M. L. "Did the Mad Hatter have mercury poisoning?". *British Medical Journal* (Clinical research ed.) 288, no. 6413 (1984): 324.
Scott, S. R., M. M. Shafer, K. E. Smith, J. T. Overdier, Barry Cunliffe, T. W. Stafford Jr, and P. M. Farrell. "Elevated lead exposure in Roman occupants of Londinium: new evidence from the archaeological record". *Archaeometry* 62, no. 1 (2020): 109-129.
Sells, Justin. "Christian Sun Worship and Theurgy in Late Antique Rome". PhD diss., *The University of North Carolina at Charlotte*. 2021.

8장 악령 들린 인형을 물리치는 열팽창

국사편찬위원회.《조선왕조실록》. 국사편찬위원회 조선왕조실록 정보화사업 웹사이트.
김학성.《도이장가》. 한국민족문화대백과사전. 1995.
동아대학교 석당학술원.《국역 고려사》. 경인문화사. 2008.
이익. 성호열 등 옮김.《성호사설》. 한국고전종합DB. 1763년경.
이행. 이익성 등 옮김.《신증동국여지승람》. 한국고전종합DB. 1530.
정약용. 이정섭 등 옮김.《목민심서》. 한국고전종합DB. 1818.
Adelstein, Robert S., and Evan Eisenberg. "Regulation and kinetics of the

actin-myosin-ATP interaction". *Annual review of biochemistry* 49, no. 1 (1980): 921-956.
BBC. "Vibrations rotate Manchester Museum's ancient statue". BBC, 20 November 2013 (2013).
Daly, Helen. "Yvette Fielding SLAMS This Morning's haunted doll as 'publicity stunt' - and here's why". *EXPRESS* (2017).
Encyclopedia of Children and Childhood in History and Society. "Grief, Death, Funerals". *Encyclopedia of Children and Childhood in History and Society, The Gale Group, INC,* 2008 (2008).
Ramberg, Peter J. "The death of vitalism and the birth of organic chemistry: Wohler's urea synthesis and the disciplinary identity of organic chemistry". *Ambix* 47, no. 3 (2000): 170-195.
Suhir, E. "Stresses in bi-metal thermostats". J. Appl. Mech.(Trans. ASME) 53, no. 3 (1986): 657-660.
Wendroff, Jessica Ariel. "The Legends Behind the Artifacts of 'Annabelle Comes Home'". The Hollywood Reporter. 2019.06.28.

9장 예언하는 혼령을 물리치는 발표편향

김효경. 꼬대각시놀리기. 한국세시풍속사전〉 정월(正月)〉 1월〉 놀이.
이광현. 이봉호 옮김. 《발해인 이광현 도교저술 역주》. 한국학술정보. 2011.
정응수. 〈도선(道詵)의 예언서와 정경(鄭經), 그리고 정진인〉. 《일본문화학보》 82 (2019): 357-374.
조용헌. "[조용헌 살롱] 小頭無足." 조선일보. 2006.07.10.
한승훈. 〈전근대 한국의 메시아니즘: 조선후기 진인출현설(眞人出現說)의 형태들과 그 공간적 전략〉. 《종교와 문화(Religion and Culture)》 27 (2014).
Dwan, Kerry, Douglas G. Altman, Juan A. Arnaiz, Jill Bloom, An-Wen Chan, Eugenia Cronin, Evelyne Decullier et al. "Systematic review of the empirical evidence of study publication bias and outcome reporting bias". *PloS one* 3, no. 8 (2008): e3081.
Fischer, Paul E., and Robert E. Verrecchia. "Reporting bias". The Accounting Review 75, no. 2 (2000): 229-245.
Forshaw, Peter J. "The early alchemical reception of John Dee's Monas Hieroglyphica". *Ambix* 52, no. 3 (2005): 247-269.
Hill, Carole, Amina Memon, and Peter McGeorge. "The role of confirmation bias in suspect interviews: A systematic evaluation". *Legal*

and Criminological Psychology 13, no. 2 (2008): 357-371.
Izadi, Elahe. "Isaac Newton spent a lot of time on junk 'science,' and this manuscript proves it". *The Washington Post.* 2016.04.08.
Monleón Getino, Toni, and Jaume Canela i Soler. "Causality in medicine and its relationship with the role of statistics". *Biomedical Statistics and Informatics,* 2017, vol. 2, num. 2, p. 61-68 (2017).
Nickerson, Raymond S. "Confirmation bias: A ubiquitous phenomenon in many guises". Review of general psychology 2, no. 2 (1998): 175-220.
Vohs, Kathleen D. "Barnum effect". *Encyclopedia Britannica* (2007).

10장 사상 최악의 악귀를 물리치는 백신

국사편찬위원회. 《조선왕조실록》. 국사편찬위원회 조선왕조실록 정보화사업 웹사이트.
미상. 장재한 등 옮김. 《산림경제 제3권》, 벽온(辟瘟), 원범회막(元梵恢漠) 4자를 주서(朱書)로 써서 차고 먹는다(고사촬요). 한국고전종합DB. 산림경제.
어숙권. 이재호 옮김. 《패관잡기》. 한국고전종합DB. 대동야승.
이규경. 이재수 등 옮김. 《오주연문장전산고》. 한국고전종합DB. 19세기경.
이형대. 〈실크로드와 한국 고전시가〉. 《Journal of Korean Culture(JKC)》 47 (2019): 165-202.
일연. 김희만 등 옮김. 《삼국유사》. 국사편찬위원회 한국사데이터베이스.
임방. 정환국 옮김. 《교감역주 천예록》. 성균관대학교출판부. 2005.
전영준. 〈신라사회에 유입된 서역 문물과 多文化的 요소의 검토〉. 《신라사학보》 15 (2009): 161-192.
Fredericks, D. N., and David A. Relman. "Sequence-based identification of microbial pathogens: a reconsideration of Koch's postulates". *Clinical microbiology reviews* 9, no. 1 (1996): 18-33.
Moscucci, Mauro, Louise Byrne, Michael Weintraub, and Christopher Cox. "Blinding, unblinding, and the placebo effect: An analysis of patients' guesses of treatment assignment in a double-blind clinical trial". *Clinical Pharmacology & Therapeutics* 41, no. 3 (1987): 259-265.
Smith, Kendall A. "Edward Jenner and the small pox vaccine". *Frontiers in immunology* 2 (2011): 21.

11장 도깨비집을 물리치는 일산화탄소

KBS. 〈전설의 고향: 상정승골〉. 1996.08.01.
곽재식. 《괴물, 조선의 또 다른 풍경》. 위즈덤하우스. 2021.
국사편찬위원회. 《조선왕조실록》. 국사편찬위원회 조선왕조실록 정보화사업 웹사이트.
김동은, 김경훈, 김정석, 신길조, 이원철. 〈일산화탄소 중독 후 발생된 지연성 뇌병증 환자의 치험 및 호전 1 예〉. 《Journal of Korean Medicine》 22, no. 3 (2001).
성현. 권오돈 등 옮김. 《용재총화》. 한국고전종합DB, 대동야승, 1525년경.
안정환, 정윤석. 〈증례: 급속한 의식 변화를 초래한 급성 황화수소 중독 1례〉. 《대한임상독성학회지》 2, no. 2 (2004): 147-150.
이우영. "부산 공중화장실서 황화수소 중독 여고생, 두 달여 만에 결국 숨져". 부산일보. 2019.09.30.
Dorman, David C., Frederic J-M. Moulin, Brian E. McManus, Kristen C. Mahle, R. Arden James, and Melanie F. Struve. "Cytochrome oxidase inhibition induced by acute hydrogen sulfide inhalation: correlation with tissue sulfide concentrations in the rat brain, liver, lung, and nasal epithelium." *Toxicological Sciences* 65, no. 1 (2002): 18-25.
John, Kayode S., and Kamson Feyisayo. "Air pollution by carbon monoxide (CO) poisonous gas in Lagos Area Southwestern Nigeria". *Atmospheric and Climate Sciences* 2013 (2013).
Thom, Stephen R., Veena M. Bhopale, Donald Fisher, Jie Zhang, and Phyllis Gimotty. "Delayed neuropathology after carbon monoxide poisoning is immune-mediated". *Proceedings of the National Academy of Sciences* 101, no. 37 (2004): 13660-13665.

12장 유령의 발소리를 물리치는 타우 단백질

국립환경과학원. "야생동물 실태조사". 국립환경과학원, 생물다양성연구부 동물생태과, NIER No.2004-09-715 (2004).
국사편찬위원회. 《조선왕조실록》. 국사편찬위원회 조선왕조실록 정보화사업 웹사이트.
이정은. "겨울공원에서 더 분주한 새". 환경일보. 2021.12.03.
정유현. "멸종위기종 '까막딱따구리' 폐교서 발견, 살아있었네!". 머니투데이. 2012.05.28.
조관훈. "[포토] '귀신새' 호랑지빠귀 가족". 경북일보. 2020.07.08.

채승훈, 정대호, 송동주, 김석범, 정우진, 정승준, 안진석, 김민. 〈방사 여우의 주간 서식지 이용에 관한 연구〉. 《한국환경생태학회 학술발표논문집》 2017, no. 2 (2017): 36-36.
Bolmin, Ophelia, Lihua Wei, Alexander M. Hazel, Alison C. Dunn, Aimy Wissa, and Marianne Alleyne. "Latching of the click beetle (Coleoptera: Elateridae) thoracic hinge enabled by the morphology and mechanics of conformal structures". *Journal of Experimental Biology* 222, no. 12 (2019): jeb196683.
Dugatkin, Lee Alan. "The silver fox domestication experiment". Evolution: Education and Outreach 11, no. 1 (2018): 1-5.
Farah, George, Donald Siwek, and Peter Cummings. "Tau accumulations in the brains of woodpeckers". *PLoS One* 13, no. 2 (2018): e0191526.
Gibson, L. J. "Woodpecker pecking: how woodpeckers avoid brain injury". *Journal of Zoology* 270, no. 3 (2006): 462-465.
Kwon, Min, Chun-Soo Park, and Young-Il Hahm. "Occurrence pattern of insect pests on several varieties of potato". *Korean journal of applied entomology* 36, no. 2 (1997): 145-149.
Rae, Haniya. "A Helmet Inspired By Woodpeckers Could Save Football Players From Concussions". *Popular Science.* (2016).

13장 괴이한 요정을 물리치는 금속산화물막

김종서. 이재호 등 옮김. 《고려사절요》. 한국고전종합DB. 1452년경.
성현. 권오돈 등 옮김. 《용재총화》. 한국고전종합DB. 대동야승. 1525년경.
성홍석. 〈CMOS Image Sensor (CIS) 제작기술동향〉. 《The Magazine of the IEIE》 42, no. 1 (2015): 67-77.
이옥. 구인환 옮김. 《최생원전》. 신원문화사. 2003.
장활식. 〈첨성대 옛 기록의 분석〉. 《신라문화》 39 (2012): 117-158.
Abbott, Karen. "The Fox Sisters and the Rap on Spiritualism". *Smithsonian Magazine* (2012).
Anderson, Douglas A. "Fairy Elements In Bitish Literary Writings in the Decade Following the Cottingley Fairy Photographs Episode". *Mythlore* 32, no. 123 (2013): 7.
Mehta, Sanket, Arpita Patel, and Jagrat Mehta. "CCD or CMOS Image sensor for photography". *In 2015 international conference on communications and signal processing (ICCSP),* pp. 0291-0294. IEEE,

2015.
Roe, Chris A., and Elizabeth Roxburgh. "An overview of cold reading strategies." *The Spiritualist Movement: Speaking with the dead in America and around the world* 2 (2013): 177-203.
Sanderson, Stewart F. "The Cottingley Fairy Photographs: A Re-Appraisal of the Evidence". *Folklore* 84, no. 2 (1973): 89-103.
Yorkshire Television. "Fairies, Phantoms and Fantastic Photographs, Arthur C. Clarke's World of Strange Powers". *Arthur C. Clarke's World of Strange Powers* (1985).

14장 거인 괴물을 물리치는 탄소 섬유

사이언스타임즈. 편집부. "내일 오전 9시 1초 늘어난다…'윤초' 삽입". 사이언스타임즈. 2015.07.01.
강윤곤. 〈『洪烟眞訣』의 分野說 硏究〉(원광대학교 학위논문(박사)) (2010).
김부식, 이병도 옮김. 《삼국사기》. 을유문화사. 1996.07.25.
김슬기. "남이장군이 역적이 된건 '혜성' 때문". 매일경제. 2014.02.21.
당 천축삼장 불공(不空) 한역, 김상환 옮김. 《문수사리보살급제선소설길흉시일선악수요경》. 한글대장경, 동국역경원.
문화재청. "왜 시대에 따라 달력과 역법이 바뀌었을까?". 문화재사랑 문화재청 소식지. 2008.
서영교. 〈혜성의 출현과 신라하대 왕위쟁탈전: 張保皐 被殺과 관련하여〉. 《역사와경계》 62 (2007): 1-20.
이은성. 《십정력》. 한국민족문화대백과사전. 1995.
장석오. 〈古代 佛典에 나타난 마카라 문양의 系統과 意味〉. 《불교미술사학》 16 (2013): 39-72.
전용훈. 《우리나라 역법의 역사》. 한국문화사. 15권 하늘, 시간, 땅에 대한 전통적 사색, 제3장 역과 역서, 2. 우리나라 역법의 역사, 우리역사넷.
전용훈. 《한국 천문학사》. 들녘. 2017.
황의봉. "97 설날 韓-中 하루 차이…「합삭시간」 1시간 시차". 동아일보. 1996.12.30.
Bibring, J-P., Helmut Rosenbauer, Hermann Boehnhardt, Stephan Ulamec, Jens Biele, Sylvie Espinasse, Berndt Feuerbacher et al. "The ROSETTA lander (PHILAE) investigations". *Space science reviews* 128, no. 1 (2007): 205-220.
Campion, Nicholas. "Astrology in Ancient Greek and Roman Culture". *In*

Oxford Research Encyclopedia of Planetary Science. 2019.

Dolgov, A. D. "Primordial Black Holes Around Us Now, Long Before, and Far away". *In Journal of Physics: Conference Series,* vol. 1690, no. 1, p. 012183. IOP Publishing, 2020.

NASA. "Ymir". NASA Science, Solar System Exploration, MOONS 〉 SATURN MOONS 〉 YMIR, 2019.12.19.

SEIKO. "Leap years and leap seconds". *The Seiko Museum Ginza.* Timepiece Knowledge.

Swerdlow, Noel M. "The length of the year in the original proposal for the Gregorian calendar". *Journal for the History of Astronomy* 17, no. 2 (1986): 109–118.

Ulamec, S., and J. Biele. "From the Rosetta Lander Philae to an Asteroid Hopper: lander concepts for small bodies missions". *In 7th International Planetary Probe Workshop,* vol. 7. 2010.

도판 출처

1장 변신한 악귀를 물리치는 클로르프로마진

29쪽 브로카 영역, 베르니케 영역
출처: Database Center for Life Science(DBCLS)
라이선스: CC BY 2.1 JP

35쪽 도파민 구조식
출처: National Library of Medicine
라이선스: PUBLIC DOMAIN

37쪽 클로르프로마진 구조식
출처: National Library of Medicine
라이선스: PUBLIC DOMAIN

2장 지옥에서 온 괴물들을 물리치는 멜라토닌

53쪽 감재사자
출처: 국립중앙박물관 소장품 구 4397
라이선스: 공공누리 제1유형

53쪽 직부사자
출처: 국립중앙박물관 소장품 덕수 2412-1
라이선스: 공공누리 제1유형

55쪽 그림 리퍼의 상상도
출처: Pixabay, Jim Cooper
라이선스: PUBLIC DOMAIN

3장 물귀신을 물리치는 클로로퀸

76쪽 네글레리아 파울러리의 세 가지 형태
출처: Wikipedia Commons
라이선스: PUBLIC DOMAIN

82쪽 말라리아 열원충
출처: 미국 질병통제예방센터(CDC), Public Health Image Library
라이선스: PUBLIC DOMAIN

4장 심령사진을 물리치는 파레이돌리아

91쪽 퍼시벌 로웰
출처: Library of Congress, USA
라이선스: PUBLIC DOMAIN

95쪽 화성 매리너 계곡
출처: NASA's globe software World Wind
라이선스: PUBLIC DOMAIN

98쪽 바이킹 탐사선으로 찍은 화성 시도니아
출처: NASA, The Mission to Mars: Viking Orbiter Images of Mars CD-ROM 753A33
라이선스: PUBLIC DOMAIN

104쪽 파레이돌리아 현상의 예
출처: Pixabay, tombud
라이선스: PUBLIC DOMAIN

6장 악마의 추종자들을 물리치는 곰팡이 독소

141쪽 헨드리크 혼디우스, 〈무도광〉(1642)
출처: Hendrik de Hondt, 1642
라이선스: PUBLIC DOMAIN

147쪽 맥각이 돋아난 호밀의 모습
출처: Wikimedia, Dominique Jacquin
라이선스: CC BY-SA 3.0

159쪽 미치광이풀
출처: 가야산야생화식물원
라이선스: 공공누리 제1유형

7장 우물의 망령을 물리치는 EDTA

167쪽 코모두스 황제의 조각상
출처: Musei Capitolini
라이선스: PUBLIC DOMAIN

172쪽 로렌스 앨마 태디마, 〈엘라가발루스의 장미〉(1888)
출처: Lawrence Alma-Tadema, 1888
라이선스: PUBLIC DOMAIN

187쪽 영화 〈이상한 나라의 앨리스〉(2010) 속 매드 헤터의 모습
출처: Flickr, Sean McGrath
라이선스: CC BY 2.0

8장 악령 들린 인형을 물리치는 열팽창

193쪽 영화 〈아미티빌의 저주〉(1979)의 배경이 된 실제 아미티빌 저택 사진
출처: en.wikipedia
라이선스: PUBLIC DOMAIN

196쪽 부두 인형
출처: Pixabay, Desetrose7
라이선스: PUBLIC DOMAIN

9장 예언하는 심령을 물리치는 발표편향

239쪽 미국의 위자보드 게임
출처: Freepic
라이선스: PUBLIC DOMAIN

10장 사상 최악의 악귀를 물리치는 백신

268쪽 《악학궤범》(1493)에 기록된 처용
출처: 1493년 악학궤범 제9권 관복도설冠服圖說 중 처용관복도설
라이선스: PUBLIC DOMAIN

11장 도깨비집을 물리치는 일산화탄소

274쪽 '홀린 집 이야기'의 배경이 되는 집의 대표적인 모습
출처: Pixabay, darksoul1
라이선스: PUBLIC DOMAIN

12장 유령의 발소리를 물리치는 타우 단백질

313쪽 방아벌레
출처: gailhampshire, Valbona National Park, Albania
라이선스: CC BY 2.0

316쪽 멧비둘기/ 호랑지빠귀
출처: 한국문화정보원
라이선스: 공공누리 제1유형

13장 좀비를 물리치는 금속산화물막

326쪽 코난 도일의 《요정 재림The Coming of the Fairies》(1922)에 실린 코팅리 요정
출처: Publicdomainreview
라이선스: CC BY 3.0

333쪽 폭스 자매
출처: Library of Congress, N. Currier. http://lccn.loc.gov/2002710596
라이선스: PUBLIC DOMAIN

14장 거인 괴물을 물리치는 탄소 섬유

357쪽 조선시대 별자리 지도 〈천상열차분야지도〉
출처: 국립중앙박물관
라이선스: 공공누리 제1유형